DISCOVRS

MIRABLES, DE LA NA-

TVRE DES EAVX ET FON-

TEINES, TANT NATVRELLES QV'AR-
tificielles, des metaux, des sels & salines, des
pierres, des terres, du feu & des emaux.

AVEC PLVSIEVRS AVTRES EXCEL-
lens secrets des choses naturelles.

PLVS VN TRAITE' DE LA MARNE, FORT
vtile & necessaire, pour ceux qui se mellent de
l'agriculture.

LE TOVT DRESSE' PAR DIALOGVES, es-
quels sont introduits la theorique & la practique.

Par M. BERNARD PALISSY, inuenteur des rustiques
figulines du Roy, & de la Royne sa mere.

A TRESHAVT, ET TRESPVISSANT
sieur le sire Anthoine de Ponts, Cheualier des ordres
du Roy, Capitaine des cents gentils-hommes, & con-
seiller tresfidele de sa maiesté.

A PARIS,

Chez Martin le Ieune, à l'enseigne du Serpent,
deuant le college de Cambray.

1586. 1580.

AVEC PRIVILEGE DV ROY.

EXTRAIT DV PRIVILEGE.

PAR GRACE & priuilege du Roy eſt permis
à Martin le Ieune, libraire & imprimeur en l'vni-
uerſité de Paris, de pouuoir imprimer ou faire
imprimer vn liure intitulé, *Diſcours admirables, de
la nature des eaux & fonteines, tant naturelles qu'artificielles, des metaux, des ſels & ſalines, des pierres,
des terres, du feu & des emaux, &c.* Defendât a tous
libraires, imprimeurs ou autres, de quelque eſtat
qualité ou condition qu'ils ſoyent, de n'imprimer
ou faire imprimer, vendre ne diſtribuer autres que
ceux que ledit le Ieune aura imprimé ou fait imprimer, ſur peine de confiſcation des liures qui ſe
trouueroyent autrement imprimez & d'amende
arbitraire. Et ce iuſques au temps & terme de huit
ans finis & accomplis, ſur ce donné à Paris, le huit-
ieſme de Iuillet 1586.

Signé par le conſeil,

De l'Eſtoille.

A TRESHAVT ET TRES-

puiſſant ſieur le ſire Antoine de Ponts, Cheualier des ordres du Roy, Capitaine des cents gentils-hommes, & conſeiller tresfidele de ſa maieſté.

E nombre de mes ans m'à incité de prendre la hardieſſe de vous dire qu'vn de ces iours ie conſiderois la couleur de ma barbe, qui me cauſa penſer au peu de iours qui me reſtét, pour finir ma courſe : & cela m'à fait admirer les lis & bleds des cãpagnes, & pluſieurs eſpeces de plantes, leſquelles changent leurs couleurs verles en blãches, lors qu'elles sõt preſ-

*̤ 2   tes

tes de rendre leurs fruits. Auſſi pluſieurs arbres ſe haſtent de fleurir
quand ils ſentent ceſſer leur vertu vegetatiue & naturelle, vne telle conſideration m'à fait ſouuenir qu'il eſt
eſcrit: que l'on ſe donne garde d'abuſer des dons de Dieu, & de cacher le
talent en terre: auſſi eſt eſcrit que le
fol celant ſa folie vaut mieux que le
ſage celant ſon ſçauoir. C'eſt dõques
choſe iuſte & raiſonnable que chaſcun s'efforce de multiplier le talent
qu'il à receu de Dieu, ſuyuant ſon cõ-
mandement. Parquoy ie me ſuis efforcé de mettre en lumiere les choſes
qu'il à pleu a Dieu me faire entendre,
ſelon la meſure qu'il luy à pleu me departir, afin de proufiter à la poſterité.
Et par ce que pluſieurs ſouz vn beau
Latin, ou autre langage bien poli, ont
laiſſé

laiſſé pluſieurs taléts pernicieux pour
abuſer & faire perdre le temps à la
ieuneſſe : qu'ainſi ne ſoit, vn Geber,
vn Roman de la roze, & vn Raimód
Lule, & aucuns diſciples de Paracelſe,
& pluſieurs autres Alchimiſtes ont
laiſſé des liures en l'eſtude deſquels
pluſieurs ont perdu & leur temps &
leurs biens.   Tels liures pernicieux
m'ont cauſé gratter la terre, l'eſpace
de quaráte ans, & foüiller les entrail-
les d'ïcelle, à fin de cónoiſtre les cho
ſes qu'elle produit dens ſoy, & par tel
moyen i'ay trouué grace deuát Dieu,
qui m'à fait connoiſtre des ſecrets qui
ont eſté iuſques à preſent inconnuz
aux hommes, voire aux plus doctes,
comme l'on poura connoiſtre par
mes eſcritz contenuz en ce liure. Ie
ſçay bien qu'aucuns ſe moqueront, en
diſant

difant qu'il eft impoffible qu'vn homme deftitué de la langue Latine puiffe auoir intelligence des chofes naturelles, & diront que c'eft à moy vne
grande temerité d'efcrire contre l'o-
pinió de tant de philofophes fameux
& anciens, lefquels ont efcrit des
effects naturels, & rempli toute la
terre de fageffe. Ie fçay auffi qu'autres iugeront felon l'exterieur, difans
que ie ne fuis qu'vn pauure artifan: &
par tels propos voudront faire trouuer mauuais mes efcrits. A la verité il
y à des chofes en mon liure qui ferõt
difficiles à croire aux ignorans. Non-
obftant toutes ces confiderations, ie
n'ay laiffé de pourfuyure mon entre-
prife, & pour couper broche à toutes
calomnies & embufches, i'ay dreffé
vn cabinet auquel i'ay mis plufieurs
chofes

chofes admirables & môftrueufes, q̃
i'ay tirees de la matrice de la terre, lefquelles rendent tefmoignage certain
de ce que ie dis, & ne fe trouuera hôme qui ne foit contraint confeffer i-
ceux veritables, apres qu'il aura veu
les chofes que i'ay preparees en mon
cabinet , pour rendre certains tous
ceux qui ne voudroyent autrement
adioufter foy à mes efcrits. S'il venoit d'auenture quelque groffe tefte,
qui voulut ignorer les preuues mifes
en mô cabinet, ie ne demãderois autre iugement que le voftre, lequel eft
fuffifant pour conuaincre & renuerfer toutes les opinions de ceux qui y
voudroyent contredire. Ie le dis en
verité, & fans aucune flatterie: car côbien que i'euffe bon tefmoignage de
l'excellence de voftre efprit, des le

temps

temps que retournaſtes de Ferrare, en voſtre chaſteau de Ponts, ſi eſt-ce que en ces derniers iours auſquels il vous pleut me parler de ſciences diuerſes, aſçauoir de la Philoſophie, Aſtrologie, & autres arts tirez dès Mathematiques. Cela di-ie m'a cauſé doubler l'aſſeurāce, & ſuffiſance de voſtre merueilleux eſprit, & combien que le nōbre des iours de pluſieurs diminue leur memoire, ſi eſt-ce que i'ay trouué la voſtre plus augmentée que diminuée. Ce que i'ay connu par les propos qu'il vous à pleu me tenir. Et pour ces cauſes i'ay penſe qu'il n'y à ſeigneur en ce mōde auquel mon euure puiſſe mieux eſtre dedié qu'à vous, ſçachant bien qu'au lieu qu'il pouroit eſtre eſtimé d'aucuns comme vne fable pleine de menſonges, qu'en

voſtre

voſtre endroit il ſera priſé & eſtimé
choſe rare. Et s'il y à quelque choſe
mal polie, ou mal ordónée, vous ſçau
res treſbien tirer la ſubſtance de la
matiere, & excuſer le trop rude lãga-
ge de l'aucteur, & ſouz telle eſperance, ie vous ſupplieray treshumblemét
de me faire ceſt honneur de le receuoir comme de la main de l'vn de
voz treshumbles ſeruiteurs.

ADVERTISSEMENT
aux Lecteurs.

AMY lecteur le desir que i'ay que tu prouffites a la lecture de ce liure, m'à incite de t'aduertir que tu te dónes garde de enyurer ton esprit de sciences escriptes aux cabinets par vne theorique imaginatiue ou crochetée de quelque liure escrit par imagination de ceux qui n'ont rien practiqué, & te donnes garde de croire les opinions de ceux qui disent & souftiénent que theorique à engendré la practique. Ceux qui enseignent telle doctrine prennent argument mal fondé, disans qu'il faut imaginer & figurer la chose que l'on veut faire en son esprit, deuant que mettre la main a sa besongne. Si l'homme pouuoit execu-

ter ses

ter ses imaginations, ie tiendrois leur party & opinion : mais tant s'en faut , si les
choses conceües aux esprits se pouuoyent
executer, les souffleurs d'alchimie feroyent
de belles choses & ne s'amuseroyent a
chercher l'espace de cinquante ans , comme plusieurs ont fait. si la theorique figu-
rée aux esprits des chefs de guerre se pouuoit executer , ils ne perdroyent iamais
bataille. I'ose dire à la confusion de
ceux qui tiennent telle opinion , qu'ils
ne sçauroyent faire vn soulier, non pas
mesmes vn tallon de chausse , quand ils
auroyent toutes les theoriques du monde.
Ie demanderois a ceux qui tiennent telle
opinion, quand ils auroyent estudié cinquante ans aux liures de Cosmographie
& nauigation de la mer, & qu'ils auroyent les cartes de toutes regions & le ca-
dran de la mer, le compas & les instru-
ments

mēts aſtronomiques, voudroyent ils pourtant entreprendre de conduire vn nauire
par tout pays:comme fera vn homme bien
expert & practicien,ils n'ont garde de ſe
mettre en ce danger, quelque theorique
qu'ils ayent apriſe: & quand ils auront
bien diſputé,il faudra qu'ils confeſſent que
la practique à engendre la theorique. I'ay
mis ce propos en auant,pour clorre la bouche à ceux qui diſent,comment eſt il poſſible qu'vn homme puiſſe ſçauoir quelque
choſe & parler des effects naturels, ſans
auoir veu les liures Latins des philoſophes?
vn tel propos peut auoir lieu en mon endroit, puis que par practique ie prouue en
pluſieurs endroits la theorique de pluſieurs
philoſophes fauſe,meſmes des plus renom-
mez & plus anciens,cōme chaſcun poura
voir & entendre en moins de deux heures,moyennāt qu'il vueille prendre la peine de

ne de venir voir mon cabinet, auquel l'on
verra des choses merueilleuses qui sont mises pour tesmoignage & preuue de mes escrits, attachez par ordre ou par estages,
auec certains escriteaux au dessouz : afin
qu'vn chacũ se puisse instruire soy-mesme:
te pouuant asseurer (lecteur) qu'en bien
peu d'heure, voire dens la premiere iour-
nee, tu apprendras plus de philosophie naturelle sur les faits des choses contenues en
ce liure, que tu ne sçaurois apprendre en
cinqante ans, en lisant les theoriques &
opinions des philosophes anciens. Aucuns ennemis de science se mocqueront des
astrologues: en disant, ou est l'eschelle par
où ils sont montez au ciel, pour connoistre
l'assiette des astres? Mais en c'est endroit
ie suis exempt de telle moquerie; par ce
qu'en prouuant mes raisons escrittes, ie
contente la veüe, l'ouye & l'atouchement:
à rai-

à raiſon dequoy , les calomniateurs n'auront point de lieu en mon endroit: comme
tu verras lors que tu me viendras voir en
ma petite Academie.

Bien te ſoit.

DEPVIS que le liure à esté cõmencé de mettre suz la presse, plusieurs personnages m'ont requis d'en faite lecture, afin d'auoir plus cettaine cõnoissance des choses difficiles, qui m'à incité d'escrire ce qui sensuit: A sçauoir que si apres l'impression dudit liure, il se presente quelqu'vn qui ne se contente d'auoir veu les choses par escrit en son priué, & qu'il desire auoir vne ample interpretatiõ, qu'il se retiré par deuers l'imprimeut, & il luy dita le lieu de ma demeurance, auquel on me trouuera tousiours prest à faire lecture & demonstration des choses contenues en iceluy.

Aussi si quelqu'vn vouloit edifier vne fontaine, selon le desein y contenu, & qu'il ne puisse entendre clerement l'intention de l'aucteur, ie luy feray vn modelle, par lequel il pourra facilemẽt entendre ce que dessus.

LES PRINCIPAVX POINTS,
traitez en ce liure.

DES EAVX ET FON-
taines. Theorique commence.

E me trouuay ces iours paffez (allant par les champs) fort alteré,
& paffant par quelque village ie de-
manday ou ie pourrois trouuer ql-
que bonne fontaine, afin de me ra-
fraichir & defalterer, a quoy me fu refpodu qu'il
n'y en auoit point audit lieu, & que leurs puits e-
ftoyent tous taris, à caufe de la fechereffe, & qu'il
n'y auoit qu'vn peu d'eau bourbeufe au fond defdits puits. Ce qui me caufa grande facherie, &
futs fort eftonné de la peine ou eftoyēt les habitans de ce village, à caufe de l'indigence d'eau. Et
lors me fouuint d'vne promeffe que tu mas faite
long temps y a de me monftrer à faire des fonteines aux lieux les plus fteriles d'eaux. Or puis que
nous fommes de loyfir, ie te prye (fuyuant ta promeffe) de m'apprendre cefte fcience qui me fera
fort vtile: Car i'ay vn heritage ou il n'y a point de
fonteines, & n'y a qu'vn puits qui eft fuiet à tarir
auffi bien que les autres.

A

Praſt-

Ie le feray volontiers : Mais auant que parler des fontaines de mon inuention , ie suis d'auis de te faire vn petit discours de la cause des bonnes ou mauuaises eaux, & de l'imprudence d'aucuns fonteiniers modernes: Aussi des naissances des sources naturelles. Et pour cest effect il faut regarder à l'inuention moderne, pour connoistre son vtilité & lógue duree. Plusieurs desdits modernes, n'ayabts nul moyen de trouuer sources ne fonteines viues, ont creusé les terres pour faire des puits, & pour obuier au grand labeur de tirer l'eau ils ont contemplé les pompes des nauires , & combien qu'elles soyét inuentees par ñoz antiques, aucuns artisans (desirans de gaigner, & se mettre en credit, aussi pour croistre leurs renommees) ont conseillé à plusieurs seigneurs & autres de faire des pompes à leurs puits, non cóme inuention vieille, mais comme premiers inuenteurs , & s'en sont beaucoup fait valoir, & plusieurs ont fait de grandes despéces esdites pópes, lesquelles ont encores à present grát regne: Toutesfois ie sçay a la verité, tant par Practique que Theorique, que lesdittes pompes auront bien peu de duree, à cause de la violence des mouuements desdites pompes, qu'ils endurent , tant par la subtilité des eaux, que par les vents qui s'entonnent dedans les tuyaux: Et faut conclure que toutes choses violentes ne peuuent durer.

Des pompes.

Theo-

Theorique.

Comment est ce que tu ofes mefprifer vne inuentiõ fi ingenieufe, & tant vtile, veu que toy mefmes confeffe qu'elle eft inuentee par les anciens, &
de tous temps l'on en à vfé pour la cõferuatiõ des
nauires: car fans lefdites põpes ils periroyent bien
fouuét: auffi l'on fçait bié qu'en plufieurs minieres
de metaux l'on fe fert defdites pompes: car autro-
mét les eaux les fubmergeroyent à tous les coups.

Practique.

Ie ne mefprife point l'inuention des pompes:
mais au contraire ie l'eftime beaucoup: & quicon-
ques la inuentée à eû vne grande confideration, &
n'a pas efté fans auoir confideré l'anatomie de
nature humaine. Car ie fay bién que l'eau qui eft
montée le long des canaulx, n'eft montee finon
par vne atraction d'halene caufee par la foufpape,
laquelle ayãt donné lieu à l'afpiration, ou fucemét
du vent qui eft amené par le bafton de la pompe,
& que par l'atraction & hauffemét tant de la foufpape que du bafton, eftãt entre vne quãtité d'eau
au dedans du tuyau, ladite foufpape eftant remife
en fon lieu enferme l'eau & le vent, qui font enclos dedans la pompe, eftant demeuree & pouffee
par le mouuemét dudit bafton, lequel contrainct
l'eau de mõter en haut, & cela ne fe peut faire fans
grãde violéce: Cõme tu vois qu'vn hõme ne peut
cracher fans premieremét atirer à foy du vent ou
de l'air, & cela ne fe peult faire q̃ la foufpape de la

A 2   gor-

gorge de l'hôme (que les chirurgiens appellent la
luette) ne ioüe côme celles des pompes. Et combien que i'eſtime l'inuention deſdites pôpes merueilleuſement grande, & que ie ſçay qu'elles ſeront touſiours de requeſte, & vtiles tant aux nauires que minieres, ſi eſt ce que pour les puits do-
meſtiques elles ſeront bien peu de requeſte : par
ce qu'il faut touſiours des ouuriers apres, à cauſe
des fractiôs engendrees par les violences : & qu'il
ſe trouue bien peu d'hommes qui les ſachent re-
parer. Voila pourquoy ie parle hardiment, comme eſtant bien aſſeuré que pluſieurs dedans Paris
& ailleurs ont fait faire deſdites pompes auec
grands fraiz, qui à la fin les ont delaiſſees à cauſe
des reparations qu'il y failloit ſouuent faire. Auſſi
ie ſçay qu'il y à eu de noſtre temps vn architecte
François, qui ſe faiſoit quaſi appeller le dieu des
maçons ou architectes : & d'autant qu'il poſſe-
doit vint mil en benefices, & qu'il ſe ſçauoit bien
accommoder à la court, il aduint quelque fois
qu'il ſe venta de faire monter l'eau tant hault qu'il
voudroit, par le moyen des pompes ou machines.
& par telle iactance incita vn grâd ſeigneur à vouloir faire monter l'eau d'vne riuiere en vn haut
iardin qu'il auoit pres ladite riuiere. Il commanda
que deniers fuſſent deliurez pour faire les frais : ce
qu'eſtant acordé, ledit architecte feit faire grande
quantité de tuyaux de plomb, & certaines roües
dedens la riuiere, pour cauſer les mouuemêts des
　　　　　　　　　　　　　　　　　　　 mail-

maillets, qui font iouër les foufpapes: mais quant
ce vint à faire monter l'eau, il n'y auoit tuyau qui
ne creuaft; à caufe de la violéce de l'air enclos auec
l'eau: dont ayant veu que le plomb eftoit trop foible, ledit architecte commanda en diligence de
fondre des tuyaux d'airain, pour lefquels fut employé vn grand nombre de fondeurs, tellement
que la defpence de ces chofes fuft fi grande, que
l'on à trouué par les papiers des controleurs, qu'-
elle montoit à quarante mil francs, combien que
la chofe ne valuft iamais rien: Et à ce propos i'ay
veu plufieurs pompes, qui ont amené par le mouuement de la foufpape vne fi grande quantité de
fable qu'en fin il failloit rompre les tuyaux, pour
ofter le fable qui eftoit dedens.

Theorique.

Ie ne fçay comment cela que tu dis fe peult faire: car i'ay veu vn millier de modelles de pópes, qui
iettoyent l'eau auffi naturellemét que fi c'euft efté
vne fource. ### Practique.

Tu t'abufes en m'allegant les modelles: car ils
ont trompé vn million d'hommes, tant és baftiments que platteformes, batteries, pontages &
defuoyemêts de riuieres, chauffees, leuees ou paif-
fieres: & fingulierement aux eleuations des eaux.
Car plufieurs ayáts approuué l'efleuatió & vuidá-
ges des eaux par modelles de pompes, ont fait de
grandes entreprifes, pour fonder des piliers dedás
les riuieres, cuidans qu'apres que l'eau feroit rem-

paree alentour du lieu deftiné pour le fondement
des piliers il feroit bien aifé de la vuider par les
pompes, ont fait faire de grandes pompes fuyuant les modelles qu'ils auoyent trouué veritables, en quoy ils ont eftez deceus, & fe font ruinez:
d'autant qu'ils n'ont fçeu faire en grand volume
ce qu'ils faifoyent en petit. Autant en eft il aduenu à plufieurs fur les defuoyemens des cours des
riuieres. Si inquifition eftoit faite de ces chofes
l'on en trouueroit quelque refmoignage à Tho-
loufe, en l'edification d'vn pont affis fur la Garonne; parquoy faut conclure que les pompes font
vtiles & neceffaires és nauires & en quelques minieres: mais pour en faire eftat pour les puits, l'on
en eft bien toft las, pour les caufes que i'ay dites
cy deffus: parquoy ie ne t'en parleray d'auantage.

Theorique.

Et quant à l'eau des puits, que t'en femble? la
trouues tu bonne ou mauuaife?

Practique.

Ie ne puis autre chofe dire des eaux des puits finon qu'elles font toutes froides & croupies, les
vnes plus les autres moins, & ne faut pas que tu
penfes que les eaux des puits procedét de quelque
fource: car fi c'eftoit de quelque fource continu-
elle, les puits s'empliroyét foudain: parquoy eft à
noter qu'elles ne viennent de gueres loing: &
n'eft feulement que les efgoufts des pluyes qui
tombent à l'entour des puits: & ceux qui font de-

dens

Des Eaux
des puits.

dans les villes sont suiets à receuoir plusieurs vrines, & s'il y a des priuez circonuoisins il ne faut
douter que l'eau desdits puits ne s'é resente: & ne
peut on autrement conclure, sinon que les eaux
des puits sont esgouts continuels des pluyes, qui
se rendēt petit à petit en bas au trauers des terres.
Et ce qui fait qu'aucuns puits sont meilleurs les
vns que les autres, & n'est autre chose sinon que
les terres circonuoisines sont nettes de tous mineraux, salpestres & autre substāce que les eaux
pouroyent prendre en passant par les terres. Toutesfois depuis que les eaux sont entrées dedans les
puits elles croupissēt, & sont aisees à empoisōner
par ce qu'elles n'ont point de cours. Si tu auois
leu l'histoire de Iehan Sleidan, tu connoistrois que
les eaux des puits & cisternes sont suiettes aux
poisons. Il raconte que durāt la guerre que l'Em-
pereur Charles cinqiesme fit contre les protestās,
il fut empoisonné plusieurs puits & eaux dormā-
tes, & qu'il fut pris vn homme qui confessa estre
venu de lointain pays, expres pour faire ce mauuais effect, & ce par le cōmandemēt de deux grāds
personnages que ie ne veux nommer. Au grand
marché de Meaux en Brie en la maison des Gillets
l'on voulut curer vn puits, & pour ce faire le premier, q̄ y descendit mourut soudain au fonds dudit puits, & fut enuoyé vn autre pour sçauoir la
cause, pourquoy iceluy ne disoit aucune chose, &
mourut cōme l'autre: il en fut renuoyé encore vn,

qui defcendit iufques au milieu : mais là eſtant ſe
print à crier pour ſe faire tirer diligemment, ce
que fut fait, & eſtant dehors ſe trouua ſi malade
qu'il trauailla beaucoup à ſauuer ſa vie.

Item vn autre hiſtoire racompte qu'il y eut ia-
dis vn Medecin qui ſe voyant deſtitué d'argent &
de practiques s'auiſa de ietter quelques drogues
dans les puits de la ville de ſon habitatiõ, qui fut
cauſe que tous ceux qui beuuoyent de l'eau eſtoyent pris d'vn flux de ventre, qui les tormentoit à
merueilles, & les faiſoit courir apres le Medecin,
lequel eſtant ioyeux de l'operation de ladite medecine, conſoloit hardiment les malades, & fein-
dant leur bailler des medecines bien cheres, il leur
bailloit de bon vin à boire, leur defendant de boire, de l'eau, & par tel moyen la malice de l'eau s'en
alloit, & la nourriture du vin demeuroit, & le Medecin gaignoit beaucoup.　Il y a auſſi quelques
puits voiſins des riuieres, deſquels l'eau qui y
eſt ne vint que de la riuiere circonuoiſine : & cela eſt conneu d'autant que quand les riuieres
ſont groſſes il y a beaucoup d'eau dedans leſdits puits, & quant les riuieres ſont baſſes auſſi
ſont les eaux deſdits puits: & cela nous donne à
connoiſtre qu'il y à certaines veines qui vont des
puits iuſques aux riuieres, par leſquelles les eaux
ſe viennent rendre audits puits.　Aucuns de ceux
qui ont beſongné à la congelation du ſel qui ſe
fait en Lorrainne, m'ont atteſté que l'eau de la-
quel-

quelle ils font ledit fel, fe préd dedans des puits:&
quant les riuieres font grandes il entre de l'eau
doulce dedans lefdits puits, qui caufe qu'ils font
arreftez iufques à ce que les riuieres foyent remi-
fes dedans leurs limites. partant ie conclus qu'aucuns puits font entretenus des eaux des fluues circonuoifins.

Theorique.

Puis que nous fommes fur le propos des eaux,
que te femble de l'eau des mares? defquelles, en
plufieurs pays, ils font côtraints fe feruir, tât pour
leur vfage, que pour l'vfage de leurs beftes.

Practique.

Il y a plufieurs efpeces de mares : plufieurs les
appellent claunes: en quelque lieux ce n'eft qu'vne
foffe gueres profonde, mife en quelque place in-
clinee d'vn cofté , afin que les eaux des pluyes fe
rendent dans laditte foffe ou mare, & que les
beufs, vaches & autre beftail puiffent aifement
entrer & fortir pour y boire,& icelles ne font creu
fées que deuers la partie pendante. A la verité telles eaux ne peuuent eftre bonnes n'y pour les hômes n'y pour les beftes. Car elles font efchauffees
par l'air & par le foleil,& par ce moyen engendrét
& produifét plufieurs efpeces d'animaux.& d'autant qu'il y à toufiours grande quantité de grenouilles, les ferpens,afpics & viperes fe tiennent
pres defdites claunes: affin de fe repaiftre defdites
grenouilles. Il y a auffi communement des fang-
fues

sues, que si les beufs ou vaches demeurent quelque temps dedans lesdites mares, ils ne faudron d'estre piquez par les sangsues. Iay veu plusieur fois des aspics & serpens, couchez & entortillez au fond des eaux desdites mares : parquoy ie dis que lesdites eaux ainsi aërees & eschauffees ne peuuent estre bonnes ; & bien souuent il meurt des beufs, vaches & autre bestail, qui peuuét auoir prins leurs maladies és abreuuoirs ainsi infectez. Si les hommes qui verront les enseignemens que ie donneray cy apres, me vouloyent croire, ils auroyent tousiours des eaux pures & nettes, tant pour eux que pour leurs bestes.

Theorique.

Que veux tu dire des mares qui sont plus basses, desquelles on se sert en plusieurs endroits de la Normandie & aultre pays, pour le seruice de la maison?

Practique.

Que veux tu que ie te die, sinó que c'est vne eau croupie? mais d'autant qu'elle est plus froide, elle ne peut produire aucun animal, d'autant qu'il ne se fait iamais de generatió, tant des choses animees, que des vegetatiues, sans qu'il y ait vne humeur eschauffee. Mais si au dessus desdites eaux & mares il y a seulement du limó verd, c'est vn signe de putrefaction & commencement de generation de quelque chose : & plus y apparoist & s'y engendre de putrefaction, & l'vsage en est pernicieux.

Theorique

Theorique.

Di moy qu'il te semble des cisternes que noz predecesseurs ont eu en vsage, comme nous voyons tant par leur vestiges que par tesmoignage des escritures.

Practique.

Les eaux des cisternes prouiennent des pluyes, comme celles des claunes: mais d'autant qu'elles sont closes, fermees, bien maçonnees, & au dessouz paues, il ne peut estre qu'elles ne soyés sans comparaison meilleures que celles des mares : à cause quelles ne peuuent rien produire, pour leur froidure & le peu d'aër qu'elles ont: toutesfois toutes ces eaux ne sont point naturellement bonnes, comme celles que i'ay entrepris te monstrer cy apres. Ie me tairay donc à present de parler des eaux croupies, & parleray de celles des fontaines naturelles, qui sont à present en nostre vsage.

Des Cisternes.

Theorique.

Et que sçaurois tu dire des fontaines naturelles ? puis qu'elles sont naturelles tu n'y sçaurois tronuer à redire, comme tu as fait sur les mares & pompes & puits : que si tu entreprend de parler contre les fontaines naturelles tu entreprens contre Dieu, qui les à faites.

Practique.

Tu me reprens deuant que i'aye parlé, ie sçay bien que les sources des fontaines naturelles sont

faites

faites de la main de Dieu:parquoy ie n'y sçauro
rien reprendre des fautes qui se cōmettent pou
cōduire les eaux des sources naturelles: mais d'au
tant que les fontenieres qui amenent les source
par tuyaux , canaux & aqueducs, depuis la sourc
iusques aux maisons, villes & chasteaux peuuen
commettre de grandes fautes. Voila de quoy i'en
tens parler : d'autant que la vie de l'homme est 1
brefue qu'il est impossible qu'en l'espace de si peu
d'annees vn homme puisse connoistre les effect:
des eaux, & ne les connoissant point il est impossible de les conduire & amener vn long chemin
qu'il n'y ait quelque faute , & si on l'amene de
deux ou trois lieües loin, enclose & enfermee par
tuyaux elle sera de bien peu de duree, & y faudra
souuent mettre la main. voila pourquoy ie te veux
bien dire que l'eau & le feu ioints auec l'aër ont
vn effect si tresubtil & vehement, que iamais hōme ne l'a directement conneu, comme tu pouras
entendre, lors que ie parleray des tremblemens
de terre: & si tu veux vn peu contempler les vestiges & antiquitez de noz predecesseurs,tu trouueras grand nombre de pyramides antiques, con-
struites tant par les Empereurs Romains, que par
les Rois d'Egypte,tu trouueras aussi grand nombre darcs triomphans construits du temps des
Cæsars, comme tu as veu en la ville de Xaintes
deux arcs triomphans, que combien qu'ils soyent
fondez dedans leau,si est ce qu'ils sont encores de
bout

bout, & ne peut on nier qu'ils ne foyent du tēps
des Cefars, l'efcriture qui y eft infcrite en fait foy.
Ie t'ay mis ce propos en auant pour te monftrer
que combien que noz predeceffeurs ayent auffi
fait de grands defpés pour les aqueducs, tuyaux &
beauté de fonteines, fi eft ce que tu ne me fçaurois monftrer vne feule fontaine antique, comme
les baftimens des arcs triõphans, palais & amphi-
theatres : & ne faut pourtant penfer que noz predeceffeurs antiques ne fe foyent eftudiez & em-
ployez à grands defpens auffi bien és fonteines
que és autres baftiments, & qu'ainfi ne foit, quelcun m'à affeuré auoir veu en Italie des aqueducs
contenans cinquante lieües de long (chofe in-
croyable toutesfois) lefquels ont eftez faits pour
amener les eaux d'vn lieu à l'autre. Nos antiques
montrent par là qu'ils auoyēt bien conneu que les
eaux amenees par les aqueducs venoyent plus à
leur aife que non pas celles qui viennent enclofes
dedans des tuyaus. Il eft certain qu'à Xaintes (qui
eft ville antique, en laquelle fe trouue encores des
veftiges d'vn amphitheatre, & plufieurs antiqui-
tés, pareillement grande quantité de monnoye
des Empereurs) il y auoit vn aqueduc duquel les
veftiges y font encores, par lequel ils faifoyent
venir l'eau de deux grándes lieües diftant de ladite ville, & toutesfois la ruine s'en eft enfuyuie en
telle forte qu'à prefent, il y à bien peu d'hommes
qui ayent connoiffance des veftiges de laquduc
fufdit.

ſuſdit. Voyla pourquoy i'ay dit que combien que
les antiques ayent beſongné de meilleures eſtofes que les modernes, & qu'ils ayent moins regardé aux frais , ſi eſt ce que l'on ne treuue aucunes
fontaines antiques. Ie ne di pas pourtant que les
ſources ſoyent perdues: car l'on ſçait bien que la
ſource antique de la ville de Xaintes eſt encores
au lieu d'ou elle procedoit : pour laquelle voir, le
Chancelier de l'hoſpital ſe deſtourna de ſon chemin (reuenant du voyage de Bayonne) pour voir
l'exellence de laditte ſource.　Il y a encores en certaines vallees entre la ville & la ſource, quelques
arcades ſur leſquelles l'on faiſoit paſſer les eaux de
laditte ſource: toutesfois la cauſe deſdites arcades
eſt inconnue au vulgaire.　Et ſi tu veux ſçauoir
pourquoy ie te mets deuant les yeux ces arcades
aux vallees, c'eſt pour te monſtrer l'ignorance des
modernes.　Car ſi les antiques euſſent amené les
tuyaux de leurs cours de fonteines par deſſouz la
terre il euſt faillu móter & puis deſcédre, & enço-
res monter autant de fois qu'il y euſt eu de mótai-
gnes & valees , & euſt faillu accómoder les tuyaux
à toutes ces paſſions; & comme ie t'ay dit en pluſieurs endroits l'eau qui eſt ainſi contrainte, ioints
les vents ſubtils entremellez auec elle , font des
efforts tels que nul homme n'a iamais eu la parfaite connoiſſance de la violence deſdites eaux. C'eſt
vne choſe merueilleuſe des effects des eaux en-
ſerrées; il y à bien peu d'homnies qui vouluſſent
croire

croire que l'eau qui remplift & occupe vn tuyau
de deux poulces de diamettre, eftant violemment
pouffee par les vents ou autres eaux elle fe re-
ferrera en telle forte qu'elle paffera par vn canal
d'vn poulce de diamettre : & parce que les vents,
qui font enclos dedans lefdits tuyaux , ou canaux
occupent autât de place ĝ les eaux, les fonteiniers
font bien fouuent trompez en leurs entreprifes:
mefmement aux tuyaux enclos fouz terre : car
quelquefois lefdits tuyaux font occupez par des
racines qui s'engendrêt & veiettêt dedans , ayants
quelque bout racinal entre les ioinĉtures : autres
font occupez & engorgez par les eaux congelatiues, qui fe lapifient au dedans defdits tuyaux. Ceft
pourquoy les antiques faifoyent les aqueducs aë-
rez auec grande defpence, afin d'amener les eaux
fans violence , & euiter tous ces accidens fufdits.
Toutesfois ie fuis certain que quand les eaux fe
viennent à congeler foit en criftal oû autrement,
elles font contraintes de fe referrer en leur congelation , & ne fe fait nulle congelation fans compreffion. Le femblable fe trouue en la violence du feu, qui fe trouuant enclos dedans les montaignes engendre vne vapeur aqueufe & vn vent fi
impetueux qu'il fait trembler la terre & renuerfer
les montaignes , & bien fouuent les villes & villages, c'eft la caufe pourquoy les antiques faifoyêt
venir leurs fources d'eaux par aqueducs , & pour
donner pente legitime à leurs eaux ils faifoyent
des

des arcades aux valees, pour s'accommoder au
montaingnes. Ie ne demande point de meillet
tefmoignage que le pont du Gua, qui eft en Lar
guedoc, lequel à efté fait expreffement pour por
ter l'aqueduc qui trauerfoit la valee entre deu
montaignes : afin d'amener l'eau de dix lieües di
ftant de la ville de Nimes : & ce pour obuier au
compreffiõs & violences que les eaux euffent en
gendrees fi on les eut voulu faire fuyure les mon
taignes & valees. Ledit pont eft vne euure admi
rable:car pour venir depuis le bas des montaigne
iufques a la fõmité d'icelles,il à fallu edifier troi
rangs d'arcades l'vne fur l'autre , & font lefdite
arcades d'vne hauteur extraordinaire , & cõftrui
tes de pierres de merueilleufe grandeur. De la
nous pouuons tirer que Nimes (ville antique, en
laquelle fe trouue tefmoignage tant par l'amphitheatre que par autres veftiges) eftoit vne ville en
laquelle les anciens Empereurs Romains & leurs
proconfuls auoyent faict de grandes & fuperbes
defpenfes,pour l'embellir & enrichir,& y auoyēt
employé des gens de fçauoir, des plus grands qui
fuffent en l'Empire Rommain,comme l'ouurage
en fait encores foy. Si tu auois efté à Rome tu
pourois aifément iuger combien les modernes
font efloingnez des inuentions de noz predeceffeurs fur le fait des fontaines,car il y à bien peu de
bonnes maifons dedans Rome aufquelles il n'y ait
des fonteines prouenátes des aqueducs conftruits

en

en laër & qu'ainſi ne ſoit regarde vn peu vn pour-
traiſt de laditte ville de Rôme qui à eſté nouuellement imprimé, tu verras en iceluy vn receptacle
d'eau hault eſleué d'vne grâdeur aſſez ſuperbe, leſql
receptacle côtiét ſi grâde quâtite d'eau, qu'il fournit la plus grand part de laditte ville de Rôme, car
il y a audit receptacle pluſieurs acqueducs diuiſez
par brâches amenez & côduits de rue en rue, pour
fournir les palais & grandes maiſons de la ville, &
ſont leſdits acqueducs amenez & côduits ſur certaines arcades aſſez pres l'vne de lautre & toutesfois autât eſleuées en l'aër ſ̃ les maiſons de laditte
ville. Et te fault notter qu'il y à vn grâd acqueduc
principal venât de bien loin qui fournit le grâd receptacle, duquel procedent tous les autres acqueducs. Or ſi les fonteines des fonteniers antiques
faites auec ſi grande deſpenſe n'ont peu durer iuſques à preſent, combien moïns de durée peut on
eſperer de celles que les fonteniers modernes ſont
paſſer par monts & vaux auec des tuyaux de plôb
ſoudez & cachez trois ou quatre pieds dens terre:
Si môſieur l'architecte de la Royne, qui auoit hâ-
té l'Italie, & qui auoit gaigné vne auctorité & cô-
mandement ſur tous les artiſans de ladire Dame,
euſt eu tant ſoit peu de philoſophie ſeulement naturelle, ſans aucunes lettres il euſt fait faire quelque muraille ou arcade à la valee de ſaint Cloud,
& de la faire venir ſon eau tout doucemét, depuis
le pont de ſaint Cloud iuſques aux murailles du

B

parc

parc, & puis renfforcer ladite muraille de la cloftu
re dudit parc pour faire paffer l'eau par deffus,& au
bout de l'angle & coing dudit parc faire certaines
arcades, en diminuant petit à petit iufques au dedans, & lors la fontaine euft peu durer & n'y euft
faillu faire tant de regards.

Theorique.

Puis que tu trouues tant d'imperfections és
eaux des mares, puits & és côduits ou tuyaux des
fontaines,ie te veux à prefent faire vne demande,
afçauoir qui eft la caufe que les fources des fontaines naturelles font meilleures les vnes que les
autres. *Pratique.*

Vn homme qui à hanté les minieres, foffez &
tranchees, & qui à confideré les diuerfes efpeces
des terres argileufes, & qui à voulu connoiftre les
diuerfes efpeces de fels & autres chofes foffiles, il

La caufe que les eaux des fources font meilleures les vnes que les aultres.

peut ayfémēt iuger de la caufe de la bôté ou mau-
uaiftié des eaux prouenans des fources naturelles.
Et pour en donner iugement certain, il faut premierement confiderer qu'il n'y à aucune partie
en la terre qui ne foit remplie de quelque efpece
de fel,qui caufe la generation de plufieurs chofes,
foit pierre,ardoyfe,ou quelque efpece de metal ou
mineral, & eft chofe certaine que les parties interieures de la terre ne font non plus oyfiues que les
exterieures, qui produifent iournellement arbres,
buiffōs,ronces,efpines & toutes efpeces de vegetatif. Il faut donc côclure qu'il eft impoffible que
le

le cours des fonteines puiſſe paſſer par les veines
de la terre ſans mener auec ſoy quelque eſpece de
ſel, lequel eſtant diſſoult dedans l'eau eſt incôneu
& hors du iugement des hommes : & ſelon que le
ſel ſera veneneux il rendra l'eau veneneuſe ; côme
celles qui paſſent par les minieres d'airain, elles a-
menêt auec ſoy vn ſel de vitriol ou coperoze fort
pernicieux : Celles qui paſſent par des veines alu-
mineuſes ou ſalpeſtreuſes, ne peuuent amener ſinon la ſubſtâce ſalſitiue par ou elles paſſe : & ſi aucunes ſources paſſent par des bois ou trôcs pourriz dedâs terre, telles eaux ne peuuent eſtre mauuaiſes, par ce que le ſel des bois pouriz n'eſt veneneux comme celuy de la coperoſe. Ie ne dy pas
qu'il n'y aye quelque arbre, & conſequémment des
plantes, deſquelles le ſel peut eſtre veneneux; & ne
faut penſer que toutes eaux bonnes à boire ſoyét
exemptes de venin : mais vn peu de venin en vne
grande quantité d'eau n'a pas pniſſance d'actionner ſa nature mauuaiſe ; côme les eaux qui paſſent
par des veines ou il y à du ſel commun, ne peuuéc
eſtre mauuaiſes. Celles qui paſſent dedans les canaux des rochers ne peuuent amener autre choſe
que du genre de ſel qui à cauſé la congelation deſdits Rochers:& ledit ſel eſt conneu en la calcination extraité des pierres deſdits Rochers; & lors ǧ
telles pierres ſont calcinees l'on trouue au gouſt
de la langue la mordication & acuïté dudit ſel, lequel eſtant dedans l'eau peult auſſi bien congeler

B 2 des

des pierres au corps de l'homme comme il fait en
la terre, n'estoit la raison que i'ay alleguée cy def-
sus;que la grande quantité d'eau efface le pouuoir
d'vn peu de venin. C'est chose certaine qu'il y a des
fôteines qui donnét les fieures à ceux qui en boyuent. Ie n'ay iamais veu venir estranger au pays de
Bigorre pour y habiter, que bien tost apres n'ayt
pris les fieures . l'on voit audit pays grand nom-
bte d'hommes & femmes qui ont la gorge grosse
côme les deux poings; & est chose toute certaine
que les eaux leur causent ce mal, soit par la froidure des eaux ou par les mineraux, par ou elles ont
passé. Pline raconte au trentiesme liure de son
histoire naturelle, chap. 16. qu'il y a vne fonteine
en Arcadie, de laquelle l'eau est d'vne nature si per-
nicieuse qu'elle dissipe tous les vaisseaux ausquels
elle est mise: Et ne peut on trouuer aucun vaisseau
qui la puisse contenir. Sur ce propos ie diray ce
qu'é escrit Plutarque en la vie d'Alexandre le grád,
c'est qu'aucuns ont pensé qu'Aristote enseigna à
Antipater le moyen de pouuoir receuillir de ceste
eau, asçauoir dans l'ongle d'vn asne, & qu'Alexandre fut ainsi empoisonné. C'est vne chose toute
certaine que tout ainsi qu'il y a diuerses especes de
sels en la terre, qu'il y a aussi diuerses huiles, tes-
moin l'huille de petrolle, qui sort des rochers : &
faut croire q̃ le bitumé n'est autre chose qu'huille
au parauant qu'il soit congelé. Et tout ainsi comme
les eaux souzternees apportent auec elles quelques

ques especes de sels par ou elles passent, semblablement si elles treuuent des huiles elle les ame-
neront auec elles, & en beuuant telles eaux nous
beuuons souuët & de l'huile & du sel. N'as tu pas
l'eu quelques historiens, qui disent qu'il y à vn
fleuue & quelques fontaines d'ou il sort. grandè
quantité de bitumen, lequel est recueilli par les
habitans du pays, lesquels en font grand traficq,
le faisant transporter en pays estranges? Et pour
l'asseurance & tesmoignage de ce que i'ay dit, que
les huiles & sels peuuent rendre les eaux mauuaises & pernicieuses:ceux qui ont escrit des fontaines & fluues, rendét tesmoignage que telles eaux
font pernicieuses,& que mesme les oyseaux meu-
rét de la senteur d'icelles. Les sources qui passent
au trauers des mines des terres argileuses, ne peuuét qu'elles n'amenét quelque salsitude mauuaise:
d'autàt qu'il se treuue bien peu de terres argileuse
ou il n'y ait quelques marcasites sulphurees & cö-
mencement de metaux: aussi qu'il y à bien peu de
terres argileuses, qui ne soyent de diuerses, couleurs,comme de blanc,rouge,Iaune, noir ou gris,
entremellees des couleurs susdites,lesquelles couleurs font causees par les mineraux sulphurez,qui
font dedans icelle:comme nous sçauös à la verité,
que le fer,le plomb,l'argent, l'anthimoine & plusieurs autres mineraux ont en eux vne teinture
iaulne, dont les terres iaunes ont pris leur couleur. Voyla donc vn tesmoignage inexpugnable
B 3　　　　que

que les eaux qui paſſent par les terres argileuſes
amenent auec elles du ſel ſemblable à celuy qui
eſt eſdites terres : leſquelles terres ne pourroyent
iamais s'endurcir, cuyre, colliger n'y ſe fixer ſi ce
n'eſtoit la vertu du ſel, qui eſt eſdites terres, & par
le moyen dudit ſel elles ſont bonnes à faire briques, tuilles & toutes eſpeces de vaiſſeaux pour le
ſeruice de l'homme, côme ie donneray plus clairement à entendre parlant des terres argileuſes &
des pierres : & feray fin au propos de la bonté ou
malice des eaux, ſi ce que i'en ay dit t'a ſuffiſem-
ment contenté.

Theorique.

Ie me contente plus que ſuffiſammét de ce que
tu m'en as diſcouru : toutesfois iuſques icy ie n'ay
rien entendu de toy de la cauſe des eaux chaudes,
qui ſont en pluſieurs pays, & meſmes en France,
au lieu de Cauterets, Bauieres, & en pluſieurs autres lieux.

Practique.

Ie ne te puis aſſeurer d'autre choſe, qui puiſſe
La cauſe des cauſer la chaleur des eaux, que les quatre matie-
eaux chau- res cy deſſus nômees, ſçauoir le ſouphre, le char-
des. bon de terre, les mottes de terre, & le bitumen :
mais nullé de ces choſes ne peut eſchaufer les eaux
ſi premierement le feu n'eſt ietté ou eſprins au
dedans de l'vne de ces quatre matieres. Tu me
diras qui eſt ce qui auroit mis le feu ſoubs terre
pour bruſler ces choſes ? A ce ie reſpon, qu'il ne
faut

faut qu'vne pierre de rocher tomber ou s'encliner
contre vn autre, pour engendrer certaines eſtin-
celles, leſquelles feront ſuffiſantes pour alumer
quelque veine ſulphurée : & de là le feu poura
ſuyure l'vne des quatres matieres ſudits en telle
forte que le feu ne feſteindra iamais, tant qu'il
trouuera matiere pour ſe nourrir ; & quant l'vne
de ces quatre eſt allumée,les eaux,qui ſont encloſes dedans les Rochers, deſcendantes continuellement de degré en degré, iuſques à ce qu'elles
ſoyent au lieu ou leſdites matieres ſont alumees,
ne peuuent paſſer qu'elles ne ſ'eſchaufent, & cela
ne ſe pent faire qu'il n'y ait vn merueilleux tour-
ment engendré du feu & de l'eau:& quelque cho-
ſe que les philoſophes ayent dit des tremblemens Des tremble-
de terre, ie ne confeſſeray iamais qu'aucun trem- ments de ter-
blement de terre ſe puiſſe faire ſans feu : bien leur re.
confeſſeray-ie que les eaux ſeules auec les vents
enclos dedás icelles, peuuent abyſmer chaſteaux,
villes & montaignes,tant par l'effect du vent,en-
clos dedans les cauernes , que par la compreſſion
des eaux desbordees , qui par leur ſubtilité & vehemence peuuent pouſſer, demolir & ruyner, ce
que deſſus : & ce par le moyen d'auoir chaſſé les
terres ſur leſquelles ces choſes feront aſſiſes , &
ayant concaué par deſſouz les fondements,icelles
choſes peuuent tomber dedans c'eſt abiſme, ſans
aucune,ayde n'y action ignee. Mais les tremblements de terre ne peuuent eſtre engendrez que

B 4 pre-

premierement il n'y ait le feu, l'eau & l'aër ioin&s
enſemble. Quelques hiſtoriens racontent qu'en
certains pays il y a des tremblemens de terre, qui
onr duré l'eſpace de deux annees (choſe fort aiſée
à croyre) & cela ne ſe peut faire par autre moyen
que par celuy que i'ay mis cy deſſus. Il faut qu'au
parauant que la terre tremble il y ait grande quantité de l'vne de ces quatre matieres (que i'ay nō-
mees cy deuant) allumee & eſtant allumee qu'elle aye trouué en ſa voye quelques receptacles
d'eaux dedans les rochers, & que le feu ſoit ſi
grand qu'il aye puiſſance de faire boullir les eaux
encloſes dedans les rochers, & alors par le feu les
eaux & l'aër enclos, s'engendrera vne vapeur qui
viendra ſouleuer par ſa puiſſance les rochers, ter-
-res & maiſons, qui ſeront au deſſus. Et d'autant
que la violence du feu, de l'eau & de l'aër, ne pourra ietter d'vn coſté n'y d'autre vne ſi grande maſſe, elle le fera trembler, & en tremblant il ſe fera
quelque ſubtiles ouuertures qui donneront quelque peu d'aër au feu, à l'eau & au vents, & par tel
moyen la violence qui autrement eut tout ren-
uerſé eſt pacifiée, que ſi les trois matieres qui font
trembler, ne prenoyent quelque peu d'aër en faiſant leur action, il n'y à ſi puiſſante mōtaigne qui
ne fut ſoudain renuerſée, comme il eſt aduenu en
pluſieurs lieux, que pluſieurs mōtaignes ont eſté
conuerties en valees, par tremblements de terre,
& pluſieurs vallees en montaignes, par vne meſme

me action. Et lors que lesdits tremblements ont
ietté bas villes, chasteaux & montaignes, ç'à esté
lors que les trois matieres susdites estant en leur
grand côbat ne pouuoyent auoir aucune haleine.
Or il failloit necessairemét, ou que les choses qui
estoyent dessus ces trois elements vainquissent,
& qu'elles estoufassent lesdits elements, ou bien
que les elements ioints ensemble en leur superbe
grandeur vainquissent, se donnât ouuerture pour
viure.   Veux tu que ie te die le liure des Philosophes, ou l'ay appris ces beaux secretz ? ce n'a esté
qu'vn chauderon à demy plein d'eau, lequel en
boullant quant l'eau estoit vn peu aspremét pous-
sée par la chaleur du cul du chauderô, elle se sous-
leuoit iusques par dessus ledit chauderô:& cela ne
se pouuoit faire qu'il n'y eust quelque vent engédré dedans l'eau par la vertu du feu. d'autant que le
chauderon n'estoit qu'a demy plein d'eau quand
elle estoit froide, & estoit plein quand elle estoit
chaude. Les fourneaux ausquels ie cuis ma besongne, m'ont donné beaucoup à connoistre la violence du feu: mais entre les autre choses qui m'ôt
fait connoistre la force des elements, qui engendrent les tremblements de terre, i'ay consideré
vne pôme d'airain qu'il n'y aura qu'vn petit d'eau
dedans, & estant eschaufee sur les charbons, elle
poussera vn vent tresuehemét qu'elle fera brusler
le bois au feu, orcs qu'il ne fut coupé que du iour
mesme.

Theo-

Theorique.

Tu és pris à ce coup par tes mefmes paroles:car tu as dit cy deffus que les eaux & l'aër pouffez & courroucez par la violence du feu, qui eft leur cô-traire, ne pouuoyent fubfifter enfemble,qui cau-foit les tremblements de terre, & renuerfements des villes & chafteaux,comme feroyent plufieurs czques de poudre à canon enflambez. Et à prefent ie prouue le contraire, par le recueil de tes paro-les. Car tu dis que les caux chaudes(defquelles on fait les bains, tant à Aignes-caudes, Cauterets, Bauieres,qu'à Aix en Alémagne, Sauoye & Prö-uence, & autre lieux) font efchaufees par le feu qui eft continuel fouz la terre, ou par le fouphre, le charbon & mottes de terre, ou par le bitumen. Et ce neantmoins ie fçay bien qu'il y à long têps que lefdites fontaines chaudes ont duré,& durent encores en mefme eftat, voire fi long temps,que la memoire en eft perdue. Et fi ainfi eftoit que tu dis,le feu,l'aër & l'eau,n'euffent il pas long temps y à ruyné & defpecé & fait fauter à dextre & à fe-neftre les canaux & voutes, par lefquelles lefdites caux paffent?ou pour le moins elles engendroyêt (felon que tu dis) vn continuel tremblement de terre.

Pract́ique.

Tu as fort mal entendu mes propos:car quand ie t'ay parlé des tremblements de terre,ie t'ay dit qu'en tremblant par la force des trois elements
enclos

enclos deſſouz, qu'il ſe faiſoit quelques ſubtiles
ouuertures, par leſquelles ſortoit vne partie de la
force & haleine de la vapeur deſdits elements, &
qu'autrement, leſdits elements tourneroyent cul
ſur pointe, toutes les voutes de deſſuz les canaux,
ou ſe fait le mouuement, & d'autant que tu m'as
dit que cela ce deſſroit faire dedans les voutes, par
leſquelles les eaux des bains ſont eſchaufees, par
le meſme effect que celles qui cauſent le tremblement de terre, à ce ie reſpon que la cauſe, pourquoy la terre ne peut eſtre eſbranlee, n'y agitee
par leſdits feux, eſt par ce qu'il y à vn canal par lequel les eaux paſſent & ſortent hors, qui appaiſe
la violence deſdits elements. Car iceux prennent
haleine, & aſpirent par le canal par ou l'eau ſort.
Et tout ainſi comme l'homme ne pourroit viure
ayāt le col ſerré & l'aër enclos dedās le corps, auſi
le feu ne ſçauroit viure ſans aër. Et tout ainſi que
l'hōme & la beſte à qui l'on eſtouperoit les conduits de l'haleine feroyent de grands efforts pour
eſchaper, ainſi le feu ſe trouuant occupé de trop
grande abondance d'aër, que luy meſme à cauſé,
eſmouuant l'humide, ſe trouuant dy-ie ainſi op-
primé, & ne voulant point mourir, alors il renuer-
ſe les montaignes, pour auoir haleine, tendāt afin
de viure. & c'eſt vne concluſiō ſi aſſeurée, qu'il n'y
à Philoſophe qui la ſçeut impugner par raiſons
legitimes, ie laiſſeray à dire le ſurplus iuſques à ce
que nous parlions de l'alquimie.

Theo-

Theorique.

Puis que nous sommes sur le propos des eaux
chaudes di moy la cause pourquoy tant de personnes se vont baigner esdites eaux, tant en France
qu'en Alemagne. As tu quelque iugement qu'elles puissent seruir à guerir toutes maladies? Si tu
en as quelque connoissance, ie te prie me le dire.

Practique.

Tout ce que ie puis connoistre de ces choses,
c'est que comme le poisson, le lard & autres chairs
sont fortifiées & endurcies par l'action du sel, il
peut estre que les sels qui sont meslez parmy les
eaux chaudes pouroyent endurcir quelques las-
ches humeurs putrifiées au corps de ceux qui se
baignent : mais pour t'assurer n'y croire quelles
puissent seruir à toutes maladies, ie suis logé bien
loing d'vne telle opiniõ. Ie me suis tenu quelques
année à Tarbe principale ville de Bigorre, & ay veu
plusieurs malades aller ausdits bains qui sont reue-
nuz autant malades qu'ils estoyent au parauant.
D'autrepart si le feu est ceste année en vn endroit
ou il y aura quelque espece de mineral, & que iceluy aye vertu de guerir quelque maladie, peut
estre que l'année qui vient le feu trouuera vn autre
mineral, duquel le sel ne pourra faire la mesme
action que la premiere. Voila pourquoy ie dy que
les choses sont incertaines, d'autant que les eaux
viennent de lieux inconnuz.

*La cause
pourquoy lon
se baigne és
chaudes, &
de leurs ef-
faits.*

Theo-

Theorique.

Et des eau de Spa au pays de Liege, veux tu aufi
dire que la garifon d'icelles foit incertaine? N'y à
il pas iournellemēt des perfonnes malades de diuerfes maladies, qui vont demeurer quelque tēps
andit lieu, pour boire de ladite eau, & s'en trouuent bien? il n'eft pas iufques aux femmes fteriles
qu'elles n'y allent, a fin de conçeuoir.

Practique.

Ta demande n'eft pas à propos : par ce que les
eaux de Spa ne font pas chaudes : toutesfois afin
de refpondre à ta demande ie te di que fi les eaux
de Spa pouuoyent caufer vne conception aux fē-
mes, elles feroyēt de beaux miracles. Ie fçay bien
que plufieurs y font allees boire de ladite eau, qui
euffent eu plus de proufit de boire du vin. Ie ne dis
pas que ladite eau ne foit vtile contre la grauelle:
par ce que plufieurs s'en font bien trouuez: & la
caufe de ce eft d'autant qu'elle prouoque à vriner:
& ne demourant guerres à paffer par les parties
ordinaires, les matieres qui caufent la pierre n'ōt
pas le loifir de s'affembler pour s'endurcir & lapifier. Aucuns medecins & autres perfonnes tiennēt pour certain que lefdites eaux paffent par des
minieres de fer, & prennent cet argument de ce
que la geule de la fource eft tainte en iaune. l'argumēt eft fort bien fondé comme tu l'entēdras par
les preuues que ie te diray cy apres. Il fe trouue en
plufieurs villages du pays de Liege des fonteines

Des eaux de Spa.

qui

qui ont la mefme vertu : Mais les habitans de Spa
ont publié la leur des premiers, dont il leur reuiét
vn grand proufit. Si ainfi eft que la mine de fer ait
telle vertu, il fe trouuera au pays des Ardennes
grand nombre de fonteines autant bonnes que
les fufdites: par ce que les terres du pays font pleines de mine de fer, les terres argileufes iaunes qui
y font, en rendent tefmoignage.

Theorique.

Tu m'as cy deuant fait entendre que fi les eaux
des bains de Bauieres, Cauterets, Argelais & Air,
auoyent quelque vertu de guarir les maladies,
que cela fe faifoit par la vertu des fels, & à prefent
tu dis que la mine de fer caufe la vertu de l'eau de
Spa.   ### Practique.

Quand tu auras bien entendu tout mon difcours, tu connoiftras que le fer n'eft engédré d'autre chofe que de fel. Mais par çe que ce propos fe
fe trouuera mieux à point en prouuant qu'il y à
du fel en toutes chofes ic l'y réferueray.

Theorique.

Si ainfi eft nous ne mangerions point de beure
frais. Ie ne vis iamais vn plus arrefté, fur ces fels.
Mais me penferois tu faire croire qu'il y euft du
fel fouz la terre, & que les eaux le puiffent amener
pour caufer les effects de la medecine?

Practique.

Tu n'és gueres fage de faire vne telle demande,
as tu point ouy dire à ceux qui font venus de Polongne

longne que la miniere de ſel eſt merueilleuſement
baſſe dedans terre? n'as tu pas auſſi ouy diré que il
y à des puits ſalez en Lorrainne? Il me ſemble l'a-
uoir dit cy deſſus. Ne ſçait on pas qu'en Bearn il
y à des fontaines ſalees, deſquelles l'on fait le ſel
qui fourniſt la pluſpart dudit pays, & de Bigorre?
Ce n'eſt pas encores aſſez: car quant il n'y auroit
point de ſel commun és terres & canaux ou le feu
eſt allumé, par ou les eaux chaudes paſſent, il y en
aura de pluſieurs autres eſpeces : par ce que ſi le
feu qui eſt embrazé dedans les parties ſouſternées trouue du marbre, ou autre eſpece de pierre,
de laquelle l'humeur ne ſoit fixe, le feu les calci-
nera & eſtant reduites en chaux, les eaux qui paſſent par laditte chaux diſſoudront le ſel qui eſtoit
au marbre, & autres pierres imparfaites. i'appelle
pierres imparfaites celles qui ſont ſuiettes à ſe calciner. Les parfaites ne ſe calcinent iamais : ains ſe
vitrifient. Ité ſi le feu qui eſt allumé, & qui à cauſé la chaleur des eaux s'eſt attaché és mottes de
terre, qui ſont plaines de petites racines, ce qui les
fait bruſler, les mottes & racines eſtant bruſlees,
laiſſeront le ſel qui eſt en elles, & l'ayant laiſſé dedans les cendres, & les eaux paſſant au trauers
d'icelles ne faudront iamais d'emporter le ſel diſſoult en icelles : autant s'en pourra faire des cendres du ſouphre & du charbon de terre. Et encores que les eaux ne peuſſent eſtre ſalées par les
moyens que ie di (ce qui ne peut eſtre autremét).

encores

encores feroyét elles falées du fel qui degoutte cô-
tinuellemét auec les eaux qui paffét au trauers des
terres pour fe rédre iufãs au lieu là ou lefdits feux
font allumez. Il faut donc côclure que dedãs lefdittes eaux chaudes, il y peut auoir plufieurs & diuerfes efpeces de fels tout en vn mefme temps : ie di &
fel commun, fel de vitriol, fel d'alũ, & de coperoze,
& de toutes efpeces de mineraux. Et outre ce ã ie
di il y peut auoir plufieurs efpeces de fels, qui ferõt
entremeflez auec du fable ou caillous, en telle forte ã la violence du feu les aura côtrains fe vitrifier:
comme ainfi foit que cela foit aduenu par accidét
à ceux qui premieremét ont inuenté le verre. Aucuns difent que les enfans d'Ifrael ayant mis le feu
en quelã boys, le feu fut fi grand qu'il efchauffa le
nitre auec le fable iufques à le faire couler & diffi-
ler le long des mõtaignes, & ã deflors on chercha
l'inuentiõ de faire artificiellemét ce qui auoit efté
fait par accident, pour faire les verres. Autres difent que l'exemple fut pris fur le riuage de la mer,
la ou quelque pirates eftoyent defcenduz à bort,
& voulant faire boullir leur marmitte, & n'ayans
aucuns chenets ou lãdiers, prindrét des pierres de
nitre, fur lefquelles ils mirét des groffes buches,
& grãde quãtité de bois, qui caufa vn fi grand feu,
ã lefdites pierres fe vindrét à liquifier, & eftant li-
quifiees, defcouleré t fur le fablõ, qui fut caufe que
ledit fablõ eftant entremeflé auec le nitre fut vitrifié cõme le nitre, & le tout fit vne matiere diaphane &

ne & vitreufe. Auffi ie re di qui pourroit voir
le lieu ou les feux fontallumez deffouz les terres
& montaignes,que l'on trouueroit plufieurs matieres vitrifiees de diuerfes couleurs. Auffi trouueroit on or & argent fondu, & autres metaux &
mineraux;car tout ainfi que i'ay dit vne autrefois,
que l'exterieur de la terre eft tout plain de plantes
diuerfes,auffi l'interieur, fe trauaille iournellemét
à produyre chofes diuerfes. & par ce que i'ay dit
cy deffus,que les feux qui font enclos foubs la terre ne penuent engendrer tremblement, finon
quant ils ne peuuent afpirer, & que l'halene eft
referree. Pour tefmoignage de mon dire i'ay efté
aduerti par plufieus dignes de foy , que aux lieux
ou il y à des terres fulphurees l'on voit de nuit vn
grand nombre de petis trous au trauers de la terre, par lefquels fortent des flambes de feu procee-
dantes du fouphre qui eft allumé par deffouz la
terre, & difent que les trouz ne font pas plus grâs
q trouz de vers , & au tour de l'étree defdis trouz
l'on trouue du fouphre,que les flambes du feu ont
efleué de deffouz la terre,& cefdits feus n'aparoif-
fent que de nuit. Tu peux connoiftre par là que le
feu prenant afpiration par lefdits trouz. brufld
fans faire aucune violence n'y tremblement en la
terre. Autant en eft il de celuy qui efchaufe les
eaux des bains : par ce qu'il prend haleine par le
canal defdites eaux. Iufques à prefent i'ay pris
peinne de te faire entendre la caufe des bontez

C ou

ou malices des eaux, tant de celles des fources naturelles, que des puits, mares & autres receptacles, & tout cela tendant afin que tu connoiffes
mieux la bonté de l'eau des fonteines, que ie te
veux apprendre à faire és lieux les plus fteriles de
eaux. Ie lefferay dōc tous autres propos pour venir à la caufe des fources naturelles: Et ce d'autant
qu'il eft impoffible d'imiter nature en quelque
chofe que ce foit, que premierement l'on ne con-
tēple les effects d'icelle, la prenant pour patron &
exemplaire. car il n'y à chofe en ce monde ou il y
ait perfection, que és euures du fouuerain. En
prenant donc exemple à ces beaux formulaires,
qu'il nous à laiffez, nous viendrons à l'imitation
d'iceux.

Qúand i'ay eu bien long temps & de pres confideré la caufe des fources des fonteines naturelles, & le lieu de la ou elles pouuoyent fortir, en fin
i'ay conneu directement qu'elles ne procedoyét
& n'eftoyent engendrees finon des pluyes. Voila
qui m'a meu d'entreprendre de faire des recueils
des pluyes, à l'imitation & le plus pres aprochans
de la nature, qu'il me fera poffible. & en enfuyuāt
le formulaire du fouuerain fontenier, ie me tiens
tout affeuré que ie pourray faire des fonteines
defquelles l'eau fera autant bonne, pure & nette,
que de celles qui font naturelles.

D'ou proce-
dent les four-
ces naturel-
les.

Theorique.

Aprés que i'ay entendu ton propos ie fuis cō-
traint

traint de dire que tu és vn grand fol. Me cuides tu
si iguorāt que ie veuille adiouster plus de foy à ce
que tu dis, qu'à vn si grand nombre de philosophes, qui disent que toutes les eaux viennent de
la mer & qu'elles y retournēt? Il n'y à pas iusques
aux vieilles, qui ne tienne vn tel langage ; & de
tout temps nous l'auons tous creu. C'est à toy
vne grande outrecuidance de nous vouloir faire
croire vne doctrine toute nouuelle, comme si tu
estois le plus habile philosophe.

Practique.

Si ie n'estois bien asseuré en mon opinion tu
me ferois grand honte : mais ie ne m'estōe pas
pour tes iniures n'y pour ton beau langage: car ie
suis tout certain que ie le gaigneray contre toy &
contre tous ceux qui sont de ton opinion, fut ce
Aristote & tous les plus excellents philosophes
qui furent iamais : car ie suis tout asseuré que mon
opinion est veritable.

Theorique.

Venons donques à la preuue: baille moy quelque raisons par lesquelles ie puisse connoistre
qu'il y à quelque apparence de verité en ton o-
pinion.

Practique.

Ma raison est telle, c'est que Dieu à constitué
les limites de la mer, lesqlles elle ne passera point:
ainsi qu'il est escrit és prophetes. Nous voyons
par les effects cela estre veritable, car combié que

la mer en plusieurs lieux soit plus haute que la terre, toutesfois elle tient quelque hauteur au milieu : mais aux extremitez elle tient vne mesure,
par le cōmandement de Dieu. afin qu'elle ne vienne submerger la terre. Nous auons de fort bons
tesmoings de ces choses, & entre les euures de
Dieu, ceste la est grandement merueilleuse, car si
tu auois pris garde aux terribles effects de la mer:
tu dirois qu'il semble qu'elle vienne de vintqua-
tre heures en vint quatre heures, deux fois combatre la terre, pour la vouloir perdre & submer
ger. Et samble sa venue à vne grande armee qui
viendroit contre la terre, pour la combatre : & la
pointe, comme la pointe d'vne bataille, vient hur-
ter impetueusément contre les rochers & limites
de la terre, menant vn bruit si furieux qu'il semble qu'elle veuille tout destruire. Et pource qu'il
y a certains canaux sur les limites de la mer és terres circonuoisines, aucuns ont edifié des moulins
sur lesdits canaux, ausquels l'on à fait plusieurs
portes pour laisser entrer l'eau dedans le canal, à la
venue de la mer: afin qu'en venant elle face moudre lesdits moulins & quāt elle vient pour entrer
dedans le canal, elle trouue la porte fermée & ne
trouuāt seruiteur plus propre qu'elle mesme, elle
ouure la porte & fait moudre le moulin pour sa
bien venue. Et quand elle s'en veut retourner, cōme vne bonne seruāte elle mesme ferme la porte
du canal, afin de le laisser plein deau, laquelle eau
                                              l'on

l'on fait paſſer apres par vn deſtroit : afin qu'elle
face touſiours moudre le moulin. Et s'il eſtoit
ainſi que tu dis, ſuyuant l'opinió des philoſophes
que les ſources des fonteines vinſſent de la mer,
il faudroit neceſſairement que les eaux fuſſent ſalees, comme celles de la mer, & qui plus eſt, il faudroit que la mer fuſt plus haute que non pas les
plus hautes montaignes, ce qui n'eſt pas.

Item tout ainſi que l'eau qui eſt entrée au dedás des canaux, & fait moudre les moulins, & qui
amene les bateaux en pluſieurs & diuers canaux,
pour charger le ſel, bois & autre choſes limitrofes
de la mer, eſt ſuiette à ſuyure la grande armée de
mer, qui eſt venue eſcarmoucher la terre. En cas
pareil ie di qu'il faudroit que les fonteines, fleuues & ruiſſeaux, s'en retournaſſent auec elle : &
faudroit auſſi qu'ils fuſſent taris pendant l'abſence de la mer, tout ainſi que les canaux ſont emplis
par la venue de la mer, & tariſſent en ſon abſence.
Regarde à preſent ſi tes beaux philoſophes ont
quelque raiſon ſuffiſante pour cõuaincre la mien-
ne. C'eſt choſe bien certaine que quand la mer
s'en eſt allée elle deſcouure en pluſieurs lieux plus
de deux grands lieues de ſable, ou l'on peut mar-
cher à ſec. & faut croire que quand elle s'en retourne, les poiſſons s'enfuyent auec elle. Il y à
quelque genre de poiſſons portant coquilles, cõme les moulles, ſourdons, petoucles, auaillons,
huitres & pluſieurs eſpeces de burgans, leſquels

C 3 ſont

font faits en forme de limace, qui ne daignét fuyure la mer. mais fe fiant en leurs armures, ceux
qui n'ont qu'vne coquille s'atachét contre les rochers, & les autres qui en ont deux demeurent
fur le fable. Aucuns genres d'iceux, lefquels font
formez comme vn manche de couteau ayant enuiron demy pied de long, fe tiennent cachez dedans le fable bien auant, & alors les pefcheurs les
vont querir. C'eft vne chofe admirable que les
huitres eftant apportees à dix ou douze lieües de
la mer, elles fentét l'heure qu'elle reuiét & appro-
che des lieux ou elles faifoyent leurs demeurances, & d'elles mefmes s'ouurent, pour receuoir
aliment de la mer, comme fi elles y eftoyent encores. Et à caufe qu'elles ont ce naturel, le cancre
fachant bien qu'elles fe viendrót prefenter portes
ouuertes quád la mer retournera en fes limites, fe
tient pres de leurs habitations, & ainfi que l'huitre aura fes deux coquilles ouuertes, ledit cancre
pour tromper l'huitre prend vne petite pierre, laquelle il met entre les deux coquilles; afin qu'elles
ne fe puiffent clore, & ce fait, il à moyen de fe repaiftre de ladicte huitres. Mais les fouris n'ont pas
conneu la caufe pourquoy les huitres auoyent
deux coquilles: car il eft aduenu en plufieurs lieux
bien diftant de la mer, lors que les huitres fen-
toyent l'heure de la marée, & qu'elles fe venoyent
à ouurir, comme i'ay dit cy deffus, les fouris les
trouuans ouuertes, les vouloyent menger, &
l'huitre

l'huitre fentant la douleur de la morfure venoit à
clorre & refferrer fes deux coquilles : & par ce
moyen plufieurs fouris ont efté prifes : car elles
n'auoyent pas mis de pierre entre deux, comme
le cancre. Quád eft des gros poiffós, les pefcheurs
des ifles de Xátonge ont inuenté vne belle chofe
pour les tromper; car ils ont planté en certains
lieux dedans la mer, plufieurs grandes & groffes
perches, & en icelles ont mis des poulies, aufquelles ils attachent des cordes de leurs rets ou
filets;& quád la mer s'en eft alée,ils laiffent couler
leur filets deffus le fable,laiffans toutesfois la corde ou ils font atachez, tenant des deux bouts au-
dittes poulies.   Et quand la mer s'en remient, les
poiffons viennent euec elle, & cherchent pafture
d'vn chofté & d'autre,ne fe donnant point de difficulté des filets qui font fur le fable, par ce qu'ils
nagent au deffus : & quand les pefcheurs voyent
que la mer eft prefte de s'en retourner, ils leuent
leurs filets iufques à la hauteur de l'eau, & les ayát
atachez audites perches, le bas defdits filets eft
compreffé de plufieurs pierres, de plomb, qui les
tient roides par le bas.Les mariniers ayants tendu
leurs rets & efleuez en telle forte, attendent que
la mer s'en foit allée, & comme la mer s'en veut
aller,les poiffons la veulent fuyure,comme ils ont
accouftumé: mais ils fe trouuent deceus d'autant
que les filets les arreftét,& par ce moyen font pris
par les pefcheurs, quand la mer s'en eft allée.

C 4   Et

Et afin de ne ſortir hors de noſtre propos ie te
donneray vn autre exemple. Il faut tenir pour
choſe certaine que la mer eſt auſſi haute en eſté
comme en hyuer, & quand ie diroys plus, ie ne
mentirois point: par ce que les marées les plus
hautes ſont en la pleinne l'vne du mois de mars,&
à celle du mois de Iullet: auquel temps elle couure plus de terre és parties maritimes des inſulai-
res Xaintoniques, que non pas en nulle autre ſaiſon. Si ainſi eſtoit que les ſources des fonteines
vinſſent de la mer, comment pouroyent elles tarir en eſté ? veu que la mer n'eſt en rien moindre
qu'en hyuer, prens garde à ce propos, & tu connoiſtras que ſi la mer alaictoit de ſes tetines les
fonteines de l'vniuers, elles ne pouroyent iamais
tarir és mois de Iullet, Aouſt & Septembre, auquel temps,vn nombre infini de puits ſe tariſſent.
Il faut que ie diſpute encores contre toy & tes
philoſophes Latins: par ce que tu ne trouues rien
de bon s'il ne vient des Latins. Ie te di pour vne
regle generale & certaine,que les eaux ne montét
iamais plus haut que les ſources d'ou elles procedent. ne ſçais tu pas bien qu'il y à plus de fontaines és montaignes que non pas aux valées: &
quant ainſi ſeroit que la mer fuſt auſſi haute que
la plus haute mótaigne, encores ſeroit il impoſſible que les fonteines des montaignes vinſſent de
la mer: & la raiſon eſt, par ce que pour amener
l'çau d'vn lieu haut pour la faire monter en vn autre

tre lieu aufſi haut, il faut neceſſairement que le
canal par ou l'eau paſſe ſoit ſi bien clos qu'il ne
puiſſe rien paſſer au trauers: autrement l'eau eſtât
deſſendue en la valée elle ne remonteroit iamais
és lieux hauts: mais ſortiroit au prochain trou
qu'elle trouueroit. A preſent donc ie veux conclure que quand la mer ſeroit auſſi haute que les
montaignes, les eaux d'icelle ne pouroyent aller
iuſques aux parties hautes des montaignes, d'ou
les ſources procedent. Car la terre eſt pleine en
pluſieurs lieux de trouz fentes & abymes, par leſquels l'eau qui viendroit de la mer ſortiroit en la
plaine, par les premiers trouz, ſources ou abiſmes
qu'elle trouueroit, & au parauant qu'elle môtaſt
iuſques au ſommets des montaignes, toutes les
pleinnes ſeroyent abiſmées & couuertes d'eau: &
qu'ainſi ne ſoit que la terre ſoit percée, les feux
continuels, qui ſortent des abiſmes amenent auec
ſoy des vapeurs ſulphurees, qui en rendent teſmoignage, & ne faudroit qu'vn ſeul trou, ou vne
ſeule fente, pour ſubmerger toutes les plines. Or
va querir à preſent tes philoſophes Latins pour
me donner argument contraire, lequel ſoit auſſi
aiſé à connoiſtre, comme ce que ie mets en auant.

Theorique

Tu dis que ſi les ſources des fonteines venoyent de la mer, que les eaux en ſeroyent ſalées, côme celles de la mer, & touresfois l'opinion generale & commune eſt que les eaux ſe deſſalent en
paſſant

paſſant par les veines de la terre.

Practique.

Ceux qui ſouſtiennent vne telle opinion n'y
entendent rien:parce qu'il eſt plutoſt à croire que
le ſel de la mer vient de la terre,y eſtant porté tant
par les eaux des riuieres qui ſe rendent en icelle,
que par les flots impetueux,qui frappent violemment contre les rochers & terres ſalées. Car il te
faut notter qu'en pluſieurs pays il y à des rochers
de ſel. Il y à quelq̃ autheur qui à mis en ſes euures
qu'il y a vn pays ou les maiſons ſont faites de pier
res de ſel;quoy conſideré il te faut chercher arguments plus legitimes,pour me faire croire que les
eaux des fonteines & riuieres procedẽt de la mer.

Theorique.

Et ie te prie fay moy donc bien entendre ton
opinion,& d'ou tu cuides qu'elles peuuent venir,
ſi elles ne viennent de la mer.

Practique.

Il faut que tu croyes fermement que toutes
les eaux qui ſont,ſeront & ont eſté, ſont crées des
le commencement du monde: Et Dieu ne voulãt
rien laiſſer en oyſiueté, leur commande aller &
venir & produire . Ce quelles font ſans ceſſe,cõ-
me i'ay dit que la mer ne ceſſe d'aller & venir. Pa-
reillemẽt les eaux des pluyes qui tõbent en hyuer
remontent en eſté , pour retourner encores en
hyuer,& les eaux & la reuerberation du ſoleil & la
ſiccité, des vents frappans contre terre fait eſleuer gran-

ᵫer grande quantité d'eau: laquelle eſtant raſſem-
blée en l'aër & formée en nuées, ſont parties d'vn
coſté & d'autre comme heraux enuoyez de Dieu.
Et les vents pouſſant leſdittes vapeurs, les eaux re-
tombent par toutes les parties de la terre, & quãd
il plait à Dieu que ces nuees (qui ne ſont autre
choſe qu'vn amas d'eau) ſe viennent à diſſoudre,
leſdittes vapeurs ſont conuerties en pluies qui
tombent ſur la terre.

Theorique.

Veritablement ie connois à ce coup que tu és
vn grand menteur, & ſi ainſi eſtoit que les eaux
de la mer fuſſent eſleuées en l'aër, & tombaſſent
apres ſur la terre, ce ſeroit des eaux ſalees, te voyla
donc pris par tes paroles meſme.

Practique.

C'eſt fort mal theorique à toy : me cuides tu
ſurprendre par ce point ? tu és bien loing de ton
conpte. Si tu auois conſideré la maniere commãt
ſe fait le ſel commun, tu n'vſſes mis vn tel argument en auant, & s'il eſtoit ainſi que tu dis, l'on ne
pouuroit iamais faire de ſel . Mais il te faut entẽ-
dre que quand les ſauniers ont mis l'eau de la mer
dedãs leur parquetages, pour la faire congeler à
la chaleur du ſoleil & du vent, elle ne ſe congeleroit iamais n'eſtoit la chaleur & le vent, qui eſleue
en haut leau douce, qui eſt entremeſlée parmy la
ſalée. Et quant leau douce eſt exalée, la ſalée ſe viẽt
à craimer & congeler. voyla comment ie preuue
que

que les nuées esleuées de l'eau de la mer ne sont
point salées. Car si le soleil & le vent exaloyent
l'eau salée de la mer, ils pouroyent aussi exaler
celle dequoy l'on fait le sel, & par ce moyen il seroit impossible de faire du sel. Voila tes argumés
vaincuz.

Theorique.

Et que deuiendra donc l'opinion de tant de
philosophes qui disent, que les fonteines, fleuues
ou riuieres, sont engendrees d'vn aër espois, qui
sort du dessouz des montaignes, de certainnes cauernes; qui sont dans lesdittes montaignes, & disent qu'iceluy aër vient à s'espoissir, & quelque
temps apres se dissoult & conuertit en eau, qui
cause la source des fontaines & riuieres.

Practique.

Entens tu bien ce que tu dis, que c'est vn aër
qui s'espoissit contre les voutes des cauernes,
rochers, & que cela se vient à dissoudre en eau?
pose le cas que cela soyt: toutesfois il me semble
que la maniere de parler est mal propre. Tu dis
que c'est vn aër espoissy, & puis qu'il se dissout
en eau: c'estoit donc de l'eau conforme à celle que ie dy qui est esleuée, que l'on appelle
nuées, lesquelles s'approchant pres de la terre ob-
scurcissent l'aër par vne compression qu'elles apportent, & font que ledit aër est tellement esmeu
par compression des eaux assemblées en forme
de nuées. Et qu'ainsi ne soit, prens garde quand
lesdit-

lefdites nuées font diffoutes & reduites en pluyes,
tu connoiftras que les vents ne font autre chofe
qu'vne compreffion d'aër, engendrée par la defcente des eaux: d'autât qu'apres que les eaux font
tombées en bas, les vents font foudain pacifiez:
& de là eft venu le prouerbe que lon dit, petite
pluye abat grand vent. ainfi donc la pluye auoit Des vents.
caufé lefdits vents, lefquels eftant pacifiéz par la
cheute de la pluye, deflors l'aër, qui eftoit obfcur-
cy, commence à s'efclaicir. C'eft pour te faire entendre que ie ne nie pas que les eaux enclofes dedans les cauernes & goufres des môtaignes ne fe
puiffent exaller contre les rochers & voutes, qui
font au deffouz defdits gouffres: mais ie n'ye que
ce foit la caufe totale des fources des fonteines,
tant s'ent faut: car fi tu veux côfiderer que depuis
la creation du monde, il eft forti continuellement
des fonteines fleuues & ruiffeaux defdites monta-
gnes, tu connoiftras bien qu'il eft impoffible que
lefdittes cauernes peuffent fournir d'eau pour vne
annee non pas pour vn mois, autant de fluues qui
d'efcoulent iournellement. Il faut donc conclure
que les eaux qui fortent defdittes cauernes ne
viennent n'y de la mer n'y des abyfmes: car ie fçay
à la verité que defdits creux des rochers il fort
vne merueilleufe quantité d'eau: & en plufieurs
montaignes on la void fortir comme vne groffe
fumée efpeffe, qui en s'efleuant en haut obfcurcit
l'aër en fe dilatât parmi icelluy d'vne part & d'autre,

tre, & quand laditte vapeur vient à ſe diſſoudre ce
n'eſt autre choſe que pluye. I'ay veu pluſieurs fois
ſortir de telles eſpoiſſes vapeurs au pays d'Ardenne, & ceux qui les voyoyent ſortir comme moy
diſoyent que dans peu de temps nous aurions de
la pluye, eſtans bien aſſeurez que leſdittes vapeurs
ſe diſſoudroyent en eau. i'ay veu aux montaignes
Pyrenées pluſieurs fois ſortir de telles vapeurs,
qui eſtant eſleuees en haut ſe conglaçoyent en
neiges, & bien toſt apres leſdittes neiges couuroyent toute la terre. Ie ne nie donc pas que les
vapeurs aqueuſes des cauernes ſouzterneces ne
puiſſent contenir grande quantité deaux: mais il
faut neceſſairemét qu'elle y aye eſté miſe & por-
tee par les poſtes & meſſagers de Dieu, ſçauoir
eſt: les vents, pluyes, orages & tempeſtes, comme
il eſt eſcrit que ce ſont les herauts de la iuſtice de
Dieu. Or donc les eaux des cauernes y ont eſté
miſes par les pluyes engendrees tant des eaux qui
ſont eſleuees de la mer, que de la terre & de toutes
choſes humides, leſquelles en deſſechant les vapeurs aqueuſes, ſont eſleuees en haut pour tomber de rechef, voila comment les eaux ne ceſſent
de monter & deſcendre, comme le Soleil & la
Lune n'ont en eux nul repos, ſemblablement les
eaux ne ceſſent de trauailler à engendrer, produire, aller & venir ainſi que Dieu leur à commandé.

Theorique.

Tu as cy deuant conclud comme par vn arreſt
definitif

definitif, que toute les sources des fonteines &
fleuues ne procedét d'autre chose que des eaux de
pluyes, chose fort esloingnée de toute opinió cómune; ie te prie dóne moy quelque raison qui aye
apparéce de verité, pour me faire croyre que ton
dire soit fondé sur quelque preuue legitime.

Prattique.

Au parauant que venir aux raisons, il te faut
cósiderer la cause des montaignes, & consequem-
mēt des valées, & ayant consideré de bien pres
ces choses, tu entendras directement la raison
pourquoy en certaines cótrées l'on ne peut trouuer aucune source d'eau, non pas mesme souz la
terre, pour faire des puits, Et quant tu auras entendu ces choses, il te sera aisé à croire que toutes
fonteines ne procedent que des sources proue-
nantes des pluyes. Venons donc à la connoissance
des montaignes, pourquoy c'est qu'elles sont plus
hautes que la terre; Il n'y à autre raison que celle
de la forme de l'homme: car tout ainsi que l'homme est soustenu en la hauteur & grandeur à cause
des os, & sans iceux l'homme seroit plus acroupy
qu'vne bouze de vache. En cas pareil si ce n'estoit
les pierres & mineraux qui sont les os de la forme
des montaignes, elles seroyent soudain conuerties en valees, ou pour le moins tous pays seroyent
plats & à niueau, par les faits des eaux, qui descé-
droyét auec elles des terres & mótagnes droit aux
valees. Ayant mis en ta memoire vne telle cóside-
ration

La cause de la forme des montaignes.

ration tu pouras connoiftre la caufe pourquoy il
y a plus de fonteines & riuieres procedantes des
montaignesque non pas du furplus de la terre,qui
n'eft autre chofe finon que les roches & montaignes retienent les eaux des pluyes comme feroit
vn vaiffeau d'airain . Et lefdittes eaux tombantes
fur lefdittes montaignes au trauers des terres &
fentes,defcendent toufiours & n'ont aucun arreft
iufques à ce qu'elles ayent trouué quelque lieu
forcé de pierre ou rocher bien contigu ou condé-
cé:Et lors elles fe repofent fur vn tel fond, & ayāt
trouué quelque canal ou autre ouuerture, elles
fortent en fonteines ou en ruiffeaux & fleuues,fe-
lon que l'ouuerture & les receptacles font grands
& d'autant qu'vne telle fource ne fe peut ietter
(contre fa nature) aux montaignes , elle defcend
aux valées.Et combien que les commencements
defdittes fources venant des montaignes ne foyēt
gueres grandes , il leur vient du fecours de toutes
pars,pour les agrandir & augmenter: & fingulierement des terres& montaignes qui font à dextre
& à feneftre du cours defdittes fources. Voyla en
peu de paroles la caufe des fources des fonteines,
fleuues & ruiffeaux : & ne te faut chercher nulle
autre raifon que celle là. fi les philofophes ont efcrit que les fources eftoyent engendrées d'vn aër
efpois fourdant du bas des montaignes,& que ce-
dit aër eftant diffoult en eau,caufoit les fonteines:
c'eftoit donc de l'eau au parauant prouenant des
                                         pluyes

pluyes eſtans tombées auant que remonter.

Pourquoy il n'y à des ſources en plats pays comme és montai-gnes.

Venons à preſent à la cauſe pourquoy il n'y à auſſi bien des ſources és plats pays & campagnes comme és montaignes. Tu dois entendre que ſi toute la terre eſtoit ſableuze, deliée ou ſpongieu-ſe, comme les terres labourables, l'on ne trouue-roit iamais ſource de fontaines en quelque lieu que ce ſuſt. Car les eaux des pluyes, qui tombe-royent ſur leſdittes terres, s'en iroyent touſiours en bas iuſques au centre, & ne ſe pouroyét iamais arreſter pour faire puits n'y fontaines. La cauſe donc pourquoy les eaux ſe trouuent tant és ſour-ces qu'es puits, n'eſt autre qu'elles ont trouué vn fond de pierre ou de terre argileuſe, laquelle peut tenir l'eau autát bien cóme la pierre; & ſi quelqu'vn cherche de l'eau dedans des terres ſableuſes il n'en trouuera iamais ſi ce n'eſt qu'il y aye au deſouz de l'eau quelq̃ terre argileuſe, pierre, ou ardoize, ou mineral, qui retiennent les eaux des pluyes quand elles auront paſſé au trauers des terres, tu me pou-ras mettre en auát que tu as veu pluſieurs ſources ſortát des terres ſableuſes, voire dedans les ſables meſmes: A quoy ie reſpons, cóme deſſus, qu'il y à deſſouz quelque fond de pierre, & que ſi la ſource monte plus hault que les ſables, elle vient auſſi de plus haut: & ne t'abuſes point en ta ſeulle opinió: car tu ne trouueras iamais raiſons plus certaines que celle que ie t'ay mis en pluſieurs endroits de ce diſcours. & ſi tu ne me veux croyre c'eſt à moy

D   grand

grand folie de t'en parler d'auantage. parquoy ie
feray fin de la caufe des fources des fonteines.

Theorique.

A la verité il y à long temps que nous fommes
fur ce propos, & i'ay efté bien deçeu : par ce que
des le cômencement tu m'as promis de me monftrer à faire des fonteines és lieux fterilles d'eau,
& en quelque part que ie voudrois: mais iufques
icy tu ne m'en as pas dit encores vn feul mot.

Practique.

Tu n'és gueres fage, ne crois tu pas que le Medecin prudent, n'ordonnera iamais vne medecine
à vn malade, fi premierement il ne connoift la
caufe de la maladie? en cas pareil ne faloit il point
que, au parauant que t'apprendre à faire des fonteines, ie te montraffe la caufe de celles qui fe font
naturellement? Ne fçais tu pas que ie t'ay promis
des le commencement de t'apprendre à faire des
fonteines à l'imitation de celles du fouuerain fontenier? & comment cela fe pouroit il faire fans
premierement contempler les natures ? voila
pourquoy ie t'ay voulu inciter à te faire entrer en
vne telle contemplation. Et combien que cy deuât ie t'aye beaucoup parlé de l'effence des fources, fi eft ce que ie te veux encores faire entendre
qu'il eft impoffible qu'elles puiffent proceder de
la mer, pour vne caufe que i'ay oublié à dire cy deuant, qui eft qu'il n'y à rien de vuide fouz le ciel, &
que lors que la mer fe retire des canaux , concaui-

tez,

tez,trous ou voyes ou elle eſtoit entrée quand elle eſtoit haute, les eaux n'ont pas ſi toſt laiſſé leſdits trous ou canaux vuides,qu'ils ne ſoyent remplis d'aër, & ſi l'eau retournant de la mer vient à
enclore & enfermer l'aër qui aura pris poſſeſſion
en ſon abſence dans leſdits trous, iceluy fera ob-
ſtacle à l'eau s'il ne trouue quelque ſubtile aſpira-
tion,pour luy ceder place : & ſi cela ſe fait en vne
fiole de verre tant ſoit elle petite ou grande,com-
bien cuides tu que cela ſe peut faire plus aſſeurement en vn canal d'eau qui iroit depuis la mer iuſques aux montaignes d'Auuergne? ſi tu dis que
entre les môtaignes & la mer il y peut auoir quelques ſubtiles aſpirations par leſquelles l'aër s'en
poura fuir au deuant de l'eau, ie reſpons que ſi
l'aër y paſſe, l'eau y paſſera auſſi : & eſt certain que
l'eau de la mer vient d'vne telle viteſſe, que quand
il y auroit vn canal bien clos depuis la mer iuſques
aux montaignes, & qu'elle fut auſſi haute que les
montaignes, ſi eſt ce que l'eau ne pouroit venir
iuſques auſdites montaignes, qu'elle ne fit creuer
le canal, à cauſe de la grâde diſtance & de l'aër enclos auec elle. Et comme i'ay dit vne autrefois, ſi
cela ſe pouuoit faire,les riuieres,fonteines & ſources des montaignes, tariroyent quand la mer s'en
ſeroit allée, qui eſt vne regle auſſi certaine que
celle que i'ay dit cy deſſus, aſçauoir que ſi les fonteines & riuieres venoyent de la mer les eaux ſeroyent ſalées. I'ay encores vne exemple ſingulie-

D 2   re,&

re, & pour la derniere de ce propos, qui est que
aux pays & isles de Xaintonge l'imitrophes de la
mer, il y à en plusieurs bourgs & villages, des
puits doux & des puits salez, l'on peut connoistre
clairement par la que les puits dont les eaux sont
salées, sont abreuuez de l'eau de la mer, & les puits
d'eau douce, qui sont pres des salees, & aussi pres
de la mer, sont abreuuez des esgouts des pluyes qui
viennent de la partie contraire de la mer. Et qui
plus est, & bié à noter, il y à plusieurs petites isles,
enuironnees & entourees d'eau de la mer, mesme
quelques vnes qui ne contiennent pas vn arpent
de terre ferme, esquelles il y à des puits d'eau douce; ce qui dóne clairement à cónoistre que lesdites
eaux douces ne prouiennent n'y de source ny de la
mer; ains des esgouts des pluyes, trauersant les
terres iusques à ce qu'elles ayent trouué fond,
ainsi que ie t'ay desia dit. Apres que i'eus conneu
sans nulle doute que les eaux des fonteines naturelles estoyent causees et engendrées par les pluyes, i'ay pensé que c'estoit vne grande ignorance à
à ceux qui possedét heritages steriles d'eaux qu'ils
n'auisoyent les moyens de faire des fonteines:
veu & entendu que Dieu envoye des eaux autant
bien sur les terres sableuses que sur les autres,
& qu'il faut bien peu de science pour la sçauoir
recueillir. Si les antiques n'eussent autrement
contemplé les euures de Dieu, ils se fussent
nourris de la pasture des bestes, il eussent seulement

ment pris les fruits des champs tes qu'ils fussent
venus sans labeur: mais ils se sont voulu sagement
exercer à planter, semer & cultiuer, pour aider à
nature, c'est pourquoy les premiers inuenteurs
de quelque chose de bon, pour aider à nature, ont
esté tant estimez par noz predecesseurs, qu'ils les
ont reputez estre participans de l'esprit de Dieu.
Ceres laquelle s'aduisa de semer & cultiuer le ble,
à esté appelée deesse; Bachus hôme de bien (non
point yurongne comme les peintres le font) fut
exalté par ce qu'il s'auisa de planter & cultiuer la
vigne : Priapus en cas pareil, pour auoir inuenté
le partage des terres, affin que chacun cultiuast sa
part: Neptune pour auoir inuenté la naulgation;
& consequemment tous inuenteurs de choses
vtiles, ont esté estimez estre participans des dôs
de Dieu, Bachus auoit bien trouué des raisins
sauuages, Ceres auoit bien trouué du bled sauua-
ge: Mais cela ne suffisoit pas pour les nourrir sua-
uement, comme quand les choses furent trans-
plantez. Nous connoissons par la que Dieu veut
que l'on trauaille, pour aider à nature, côme ainsi
soit que toutes choses transplantées sont beaucoup plus suaues que non pas les sauuages: & veu
que Dieu nous enuoye de l'eau pure & nette, iusques à noz portes, qui ne couste riê que à luy preparer lieu pour la recueillir: ne sera pas à nous vne
grande paresse apres auoir veu vne bonne inuentiô pour recueillir les eaux que Dieu nous enuoye

de croupir en noſtre pareſſe, ſans daigner receuoir
vne telle benediction? or ie feray mon deuoir
ſuyuant la promeſſe que ie t'ay faitte, proteſtant
que ſi tu la meſpriſes tu és indigne de iamais
ioüir du benefice des eaux de fonteines, ie di partant que tu ayes quelque heritage auquel tu puiſ-
ſes recueillir des eaux, ainſi que ie te feray entendre.   *Theorique.*

Ie te prie donc, ne me faire plus languir, mais
me monſtrer promptement le moyen d'y proceder.   *Practique.*

Ie ne te puis ſagement inſtruire, que ie n'ay
entendu de toy ſi le lieu ou tu veux faire ta fonteine eſt montueux ou plat: par ce que ſelon la
commodité du lieu il faut que la choſe ſoit deſ-
ſignée, ou autrement l'on trauailleroit en vain.
              Theorique.

I'ay vne maiſon champeſtre aupres de laquelle y à vne montaigne aſſez roide, & ma maiſon
eſt pres du pied de laditte montaigne.
              Practique.

Si ainſi eſt tu as vne grande commodité pour
conſtruire ta fonteine à peu de frais, & te diray
comment; il n'eſt point de montaigne qui ne ſoit
foncee de rochers, côme ie t'ay dit pluſieurs fois.
Tu te peux donc aſſeurer que ſi tu prens garde
qu'il n'y ait quelque trou ou fente le long de la
montaigne; tu pouras recueillir grande quantité
d'eau, & la faire deſcendre iuſques aupres de ta
mai-

maiſon. Prens donc garde qu'il n'y aye quelque
ouuerture, par laquelle ton eau ſe puiſſe perdre, &
s'il y en à ferme la de pierres & de terre, & puis
rempares la circonference à dextre & à ſeneſtre du
lieu que tu auras deſtiné pour receuoir les eaux
des pluyes: Et ayant ainſi fait vn rempart en maniere de chauſſée toute l'eau qui tombera dedans ton enclos ſe viendra rendre au lieu que tu
luy auras preparé: Et ce fait tu feras deux receptacles, l'vn apres l'autre: le ſecond ſera plus bas
que le premier: afin que l'eau du premier, eſtant
deſia purifiée ſe vienne rendre au ſecond. Et
pour purifier les eaux, faut qu'elles paſſent au
trauers d'vne quantité de ſable, que tu auras mis
au deuant du premier receptacle, & faut maçon-
ner les pierres du premier receptacle ſans mortier: afin que les eaux puiſſent paſſer iuſques au
ſecód, ou bien faire quelque grille d'airain, ou vne
platine percée de petis trous; afin qu'il ne paſſe
rien que l'eau; & ainſi quand elle aura paſſé au trauers le ſable, & par le premier receptacle, elle ſera
bien affinée quand elle ſe rendra au ſecond, & au
bas d'iceluy pource que le premier receptacle ſera grand, & deſcouuert en l'aër comme vn e-
ſtang, il faudra faire vn troiſieſmé degré plus
bas que les deux autres, duquel ſortiront les eaux
pour l'vſage de la maiſon: ſi tu veux enrichir la face du receptacle du coſté que tu tires l'eau, tu le
pouras enrichir de telle beauté q̃ bon te ſemblera,
D 4

ſoit

soit en façon de roc ou autrement; & si tu pouras
planter des arbres à dextre & à senestre, que tu feras courber en forme de tonnelle ou cabinet, pour
donner beauté à ta fonteine.

Theorique.

Voyre : mais si ma maison estoit vn Chasteau
entouré de fossez, cela ne me pouroit seruir.

Prattique.

Si ainsi estoit il faudroit amener l'eau du receptacle par tuyaux iusques au dedans du chasteau,
tout ainsi que tu vois les fonteines de Paris , &
celles de la Royne , que l'on fait passer au trauers
les fossez, par dedans certaines pieces de bois, qui
sont creusees pour cest effect, & sont couuertes
par dessus , & y à dedans vn tuyau de plomb par
ou l'eau desdittes fonteines passe.

Theorique.

Ie connois à ce coup qu'il y à quelque apparéce de verité en ton dire : toutefois quand i'aurois
fait tout ce que tu dis ie n'aurois rien fait sinon
vne cisterne. ie me tiens tout asseuré que tous
ceux qui verroyent ma fonteine ne l'appelleroyét
point autrement.

Prattique.

Mais penses tu cônoistre la verité n'y le poids
de mes paroles, si tu n'as souuenance de ce que
i'ay dit au parauant, de la cause des sources naturelles? Il est bien certain que si tu ne retiés qu'vne
partie de tout ce que ie di tu n'entendras rien:

Mais

Mais toute perfonne qui entédra les béaux exemples & preuues fingulieres que ie t'ay dites cy deuant,il confeffera toufiours que la fonteine que ie
te veux môftrer à faire ne peut eftre appellée cifterne: Ains à bon droit elle fera appellée fonteine naturelle,d'autant que l'eau qu'elle iettera procede du mefme trefor que les autres fonteines. Et
n'y à nulle difference , finon deux points ; le premier eft que l'on à aydé à recueillir ou pour mieux
dire receuoir le bien qui nous eft prefenté : Mais
qu'eft ce que ie di? n'y à il point de peine? & ne
fait on point de frais pour amener les fources naturelles dedans les villes & chafteaux ? ne faut il
pas auffi bien de la maçonnerie côme à celle que
ie te monftre à faire ? & qui eft celuy qui la poura
legitimement appeller cifterne? veu qu'elle n'a
rien moins que les fonteines naturelles : le t'ay
dit qu'elle eftoit toute femblable aux naturelles,
excepté deux points : le premier eft, comme i'ay
dit , que l'on à aidé à nature : tout ainfi que femer
le bled, tailler & labourer la vigne, n'eft autre
chofe qu'aider à nature : Le fecond eft de grand
poids , & ne peut eftre entendu fi tu n'as bien retenu le commencement de mes propos,& l'ayant
bien entendu tu pouras iuger par les preuues que
i'ay alleguees , que nulle des fonteines naturelles
ne fçauroyent produire eaux defquelles on puiffe
eftre affeuré qu'elles foyent bonnes, cômme de
celle que ie te monftre à faire. La raifon eft, comme

me tu peux auoir entendu, que toute la terre eſt
pleine de diuerſes eſpeces de ſels & de mineraux,
& qu'il eſt impoſſible que les eaux paſſans par
les conduits des rochers & veines de la terre, n'a-
menent auec elles quelque ſel ou mineral veneneux, ce que ne peut eſtre en l'eau de la fonteine, que ie t'apprens à faire.　Item tu ſçais bien
que c'eſt vne regle generale, que les eaux les plus
legeres ſont les meilleures: ie te demande, y à il
des eaux plus legeres que celles des pluyes? ie t'ay
dit par cy deuant qu'elles ſont montees au parauant que deſcendre, & cela à eſté fait par la vertu
d'vne chaude exalation : or les eaux qui ſont
montées ne peuuent porter en elles que bien
peu de ſubſtance terreſtre, & encores moins
de ſubſtance minerale.　Et ceſte eau, qui eſt ainſi legerement montée par exalation, redeſcent ſur
les terres, leſquelles tu ſçais bien qui ſont nettes
de tous minerals & autres choſes qui peuuent
rendre les eaux mauuaiſes. Voila pourquoy ie
puis conclure que les eaux des fonteines faites
ſelon mon deſſein, ſeront plus aſſeurement bonnes que non pas les naturelles, & ne deurōt point
eſtre appellez autrement que fonteines naturelles : & tout ainſi que les arbres fruitiers ne peuuent changer de nom pour eſtre entez & tranſ-
plantez, auſſi mes fonteines ne peuuent changer
de nom pour eſtre meilleures que les autres,
& s'il eſtoit loiſible de leur changer de nom, il
fau-

faudroit appeller les sources naturelles sauuages
au regard de celles que ie te monstre : Tout ainsi
que les arbres fruitiers qui croissent naturellemét
és bois, sont appellez sauuages : & estát transplan-
tez on les appelle francs. Et pour te faire mieux
connoistre que les eaux des pluyes sont les plus
legeres, & par consequent les meilleures, interro-
gue vn peu les teinturiers & les affineurs de su-
cre, ils diront que les eaux des pluyes sont les
meilleures pour leurs affaires, & pour plusieurs
autres choses. Si tu ne veux croire tant de belles preuues que ie t'ay amenees, ie te renuoye
voir le grand Victruue, qui est celuy de tous ceux
qui ont parlé des eaux, qui en parle le plus saine-
ment: il preuue dans son liure, par raisons suffisantes, que l'eau des pluyes est la meilleure & la plus
saine.

Theorique

Ie connois à present que ce que tu dis est fort
aisé à faire, & que les eaux de telles fonteines feront asseurement bonnes: Mais ie crain vne difficulté, qui est que quand il pleut asprement de
pluye d'orage, les eaux qui deffendent violemment du haut de le montaigne ne viennent à a-
mener grande quantité de terres, sables & autres choses, qui empefchent le cours de la fonteine ou bien des eaux qui se pouroyent rendre
en icelle.

Practic-

Practique.

Pour vray ie connois à ce coup que tu n'es pas alien é de iugement, & parce que ie voy que tu es attentif à mes paroles , ie te feray cy apres vn pourtrait ou dessein conuenable pour la place ou lieu que tu m'as fait entendre , pour faire ta fonteine. Et pour obuier à la malice des grandes eaux qui se pouroyent assembler en peu d'heure par quelque tempeste , il faut qu'apres que tu auras designé ton par terre pour receuoir les eaux , tu mettes des grosses pierres au trauers des plus profonds canaux qui viennent en ton parterre. Et par tel moyen la violence des eaux & rauines sera amortie , & ton eau se rendra paisiblement dans tes receptacles.

Theorique.

Ie te demande si le long de la montaigne que ie veux choisir pour le parterre , il y à des arbres, faudra il les couper?

Practique.

Nenny de par Dieu, donne t'en bien garde: car lesdits arbres te seruiront beaucoup en cest affaire. Il se treuue en plusieurs parties de la France , & singulierement à Nantes , des ponts de bois, que pour desrompre la violence des eaux & glaces qui pouroyent offenser les pilliers desdits ponts, l'on à mis grãde quãtité de bois debout, au deuãt desdits pilliers: parce que sans cela ils seroyent de peu de duree. Semblablement les arbres qui sont plantez le

tez le long de la montaigne, ou tu veux faire ton
parterre, seruiront beaucoup pour abatre la trop
grande violence des eaux, & tant s'en faut que ie
te conseille de les coupper, que s'il n'y en auoit
point ie te conseillerois d'y en planter : car ils te
seruiroyent pour empescher q̃ les eaux ne puissent
concauer la terre : & par tel moyen l'herbage sera
conserué, au long duquel herbage les eaux descendront fort doucement droit à ton receptacle : Et
te faut noter vn point singulier lequel n'est cõceu
que de peu de gens, qui est q̃ les fueilles des arbres
qui tomberont dedans le parterre & les herbes
croissantes au dessouz, & singulierement les fruits
s'il y en à aux arbres estant putrifiées, les eaux
du parterre attireront le sel desdits fruis, fueilles
& herbages, lequel rendra beaucoup meilleure
l'eau de tes fonteines, & empeschera toute putrefaction. Quand nous parlerõs des sels tu pouras
plus clairement connoistre ce point : parquoy ie
ne t'en diray plus.

Theorique.

I'ay vne autre maison champestre : mais la mõ-
taigne est bien à demy quart de lieüe à costé de
ma maison : n'y auroit il point de moyen d'y faire
venir la fonteine ? car quand les eaux deffendent elles s'en vont tomber dedans des prairies assez
loing de ma maison.

Practique.

N'as tu pas moyen de remparer les eaux au
pied

pied de la montaigne, & leur faire prendre le
chemin vers le coſté de ton heritaie? & quand
tu les auras amenées iuſques à la pleine, deuers
le coſté de ta maiſon, il te les faudra amener le
ſurplus du chemin par tuyaux de plomb, de terre, ou de bois : tu feras bien cela; c'eſt choſe bien
aiſée. *Theorique.*

Et ſi ie voulois faire vne fontaine en vn lieu châ-
peſtre,ǵ la terre fut à niueau côme l'on voit com-
munemét aux câpagnes y auroit il quelque moy-
en d'en faire? *Practique.*

Ouy bien : mais c'eſt à plus grand frais que
non pas és montaignes : d'autant que la ou la place eſt droitte, il luy faut donner pente à force
d'hommes. *Theorique.*

Côment eſt il poſſible de luy dôner pente ſi elle
n'y eſt de nature? *Practique.*

Encores n'eſt ce pas le piz: car il eſt bien aiſé de
dôner pente à force d'hômes: Mais le piz eſt qu'e
ſtant hauſſée d'vn coſté & abaiſſee de l'autre, il là
faut neceſſairement pauer: car autrement tout ne
vaudroit rien. *Theorique.*

Il faut donc conclure tout en vn coup,que cela
ne ſe peut faire:parquoy il n'en faut plus parler.
Practique,

Si fait ſi fait:& la choſe eſt bié ayſée,moyennât
que l'on veuille employer du téps & de l'argent.
Theorique.

Ie te prie me dire côment tu y voudrois proceder.

der. *Practique.*

Ie voudrois en premier lieu choifir vn chãp bien
pres de la maifon,& felon la grãdeur de ma famille ie voudrois faire mõ parterre,& ayãt tendu mes
cordeaux i'aurois vn nombre de mercenaires,au-
quels ie ferois ofter la terre du bout prochain de
la maifon ou ie voudrois faire les receptacles, &
la ferois porter à l'autre bout de mon parterre, &
par ce moyẽ ie n'aurois pas fi toft baiffé la partie
prochaine de la maifon de deux piedz,que l'autre
partie ne fe trouuaft plus haute de quatre pieds,
qui feroit vne hauteur affez cápable poõr amener
toutes les eaux des pluyes qui tomberoyẽt dedãs
ton parterre, les frais de cela ne font pas fi grands
qu'ils vaillent le difputer. Mais quãt aux frais du
paué il pouroit coufter plus ou moins, felon la
cõmodité des eftoffes qui fe trouueront pres du
lieu. *Theorique.*

Et qu'el befoing eft il de pauer ce parterre?

Practique.

Par ce que tu m'as dit que c'eft vn pays plat, &
que tu as taché à y faire des puits, où tes predeceffeurs & toy auez beaucoup defpendu, & fi n'a-
uez fçeu trouuer d'eau,ie t'ay dit cy deuãt q̃ fi toutes terres eftoyent fableufes & fpongieufes, que
les eaux des pluyes paffaroyẽt foudain qu'elles fe-
royẽt cheutes:& q̃ fi toutes terres eftoyent ainfi,
que iamais n'e pouroit auoir fource de fõteine, &
q̃ les fonteines ne font caufées q̃ de ce que les terres font foncées de pierre, ou de q̃lque mineral;

pour ces cauſes quand tu aurois fait apporter les
terres du bout de ton parterre à lautre , & qu'il
ſeroit tout preparé à receuoir les pluye s, cela ne
te ſeruiroit de rien: parce qu'elles ne trouueroyét
rien qui les peut arreſter . voyla pourquoy ie t'ay
dit qu'il faut neceſſairement que ton parterre ſoit
paué: afin qu'il puiſſe contenir l'eau. Ie n'entens
pas qu'il faille que ce ſoit vn paué taillé n'y choiſi
de pierres dures, comme celuy des villes, n'y aſſis
auec du ſable , s'il ne ſe trouue ſur le lieu , ains les
poſer toutes cornues auec de la terre ſimplement.
Voyla comment ie l'entends : afin que tu ne penſes que la deſpence ſoit ſi grande ; & s'il ſe trouue
de la pierre plate, comme l'on voit en pluſieurs
contrées , il les faut mettre de plat ; afin qu'elles
tiennent plus de place , pouruеu qu'elles puiſſent
empeſcher que les terres ne boyuent l'eau : c'eſt
tout vn, comment elles ſeront miſes.

Theorique.

Et ſi ie veux eriger ma fonteine en quelque lieu
ou il n'y aye point de pierre?

Practique.

S'il n'y à point de pierre, fonce la de brique.

Theorique.

Et s'il n'y à n'y pierre n'y brique?

Practique.

Fonce la de terre argileuſe.

Theorique.

Et comment? la terre argileuſe ne boira elle
point

point l'eau comme l'autre terre?

Practique.

Non car si les eaux pouuoyent passer au trauers des terres argileuses l'on ne pouroit iamais faire du sel à la chaleur du soleil. Qu'ainsi ne soit les champs & parquetages des maraiz salans, sont foncez de terre argileuse, & par ce moyen l'eau de la mer, qui est enclose dedans lesdits parquetages, y est contenue pour estre congelée & reduite en sel. Mais il te faut noter que les terres argileuses dequoy lon se sert pour tenir lesdittes eaux, faut qu'elles soyent conroyées, comme ie te diray: le moyen duquel ceux des isles vsent pour la conroyer. premierement ils ont vn nombre de cheuaux attachez à la queue l'vn de l'autre tout d'vn ranc, & au premier cheual pour la cõduite d'iceux y à vn homme qui tient la bride d'vne main, & de l'autre les touche tout à coup d'vn fouët, les faisant pourmener tout le long de la place, iusques à ce qu'elle soit bien conroyée: apres ils l'applanissent & la mettent en telle forme qu'elle leur puisse seruir a tenir les eaux. & pource ie t'ay dit que tu pourois foncer ton parterre de terre argileuse, par faute de pierre, ou de brique, ie te parleray plus emplement de cecy en traitant du sel commun.

Theorique.

Et si mon parterre estoit paué de pierre de brique, ou de terre d'argile, mon champ ne me —

E   pour-

pouroit feruir finon pour receuoir les eaux , & ce feroit grand dommage à vn pauure homme , qui n'auroit qu'vn peu de terre, de l'employer en vne fonteine feulement.

Practique.

Si tu me veux croire, ledit parterre te portera grand proufit & vtilité ; afçauoir en y plantant grand nôbre d'arbres fruitiers de toutes efpeces, & les planter par lignes directes , & puis paueras ton parterre & à l'endroit d'vn chacun arbre, tu laifferas trois ou quatre poulces de terre fans eftre paué, afin que ledit paué n'empefche l'accroiffement des arbres. Et quand cela fera fait tu pouras faire apporter fur ledit paué , de la terre iufques à vn pied de haut & d'auantage:apres tu pouras femer telle efpece de legumes que tu voudras,& par ce moyen les arbres croiftront , & la terre fructifiera & te portera plufieurs fruits , & mefme du bois pour te chauffer , & n'y aura piece de terre de fi grand reuenu: parce qu'elle feruira à plufieurs chofes. Premieremét pour les fonteines, fecódemét pour les fruits, tiercemét pour le bois, quartement pour les chofes que tu femeras audit parterre:que fi tu n'y veux rien femer de ce que nous auons dit , femes y du foing lequel feruira de pafturage: & pour la fin,ce fera vn pourmenoir fort delectable,or voyla vne piece de terre qui portera cinq belles commoditez.

Theorique.

Voire

Voire mais si ie couure ledit parterre paué de terre, & q̃ ie seme quelque chose dessus, les eaux qui
passeront submergeront les semences que ie y auray semées.   *Practique.*

Tu as fort mal retenu le propos que ie t'ay dit
plusieurs fois, que les terres spongieuses & labourées ne peuuét contenir l'eau, parquoy tu dois
entendre que les pluyes qui romberont dedans
ton parterre descendront à trauers des terres iusques sur le paué, & estant sur ledit paué, trouuant
la pente d'iceluy, descendront iusques au sable qui
sera ioingnant les receptacles, & en continuãt passeront à trauers des sables, pour se rendre iusques
au premier. Cela te doit bien faire considerer que
les eaux des pluyes qui tombent par les montaignes, terriers & toutes places qui ont inclination
vers le costé des riuieres ou fouteines, ne si rendent pas si soudain. Car si ainsi estoit toutes sources tariroyent en esté: mais parce que les eaux qui
sont tombees durant l'hyuer sur les terres, ne peuuent passer promptement, mais petit à petit de-
scendent iusques à ce qu'elles ayent trouué la terre fõcée de quelque chose, & quãd elles ont trouué le roc elles suyuent la partie inclinée, se rendãt
és riuieres, de la vient que au dessouz desdites riuieres, il y à plusieurs sources continuelles, & par
ainsi ne pouuant passer q̃ peu à peu toutes sources
ont entretenues depuis la fin d'vn hyuer iusques à
autre.

E 2   *Theo-*

Theorique.

Tu m'as donné le deſſeing de trois fonteines,
deux és môtaignes & vne en plat pays: mais d'autant que celle du plat pays ne ſe peult faire ſans
frais,& tous n'ont pas la commodité des montaignes, ne me ſçaurois tu donner quelque inuention, de laquelle les laboureurs ſe puiſſent aider
en plat pays , ſans eſtre contrains de pauer la ſole?
parce que tous n'ont pas la puiſſance d'auoir du
paué: meſme qu'il y à pluſieurs campagnes ou
l'on ne ſçauroit trouuer n'y pierre n'y brique, n'y
terre argileuſe.

Practique.

Si i'eſtois homme de village,& que mon habitation fut en pleine campagne , i'aurois eſpoir de
trouuer moyen de faire quelque fonteine pour la
prouiſion de ma famille.

Theorique.

Ie te prie me dire comment tu voudrois faire.

Practique.

I'eſlirois quelque piece de terre prochaine de
ma maiſon , & l'ayant hauſſée d'vn bout, comme
i'ay dit cy deuant,ie voudrois auoir certains maillets de bois, & batrois la terre fort vnie: & eſtant
ainſi batue & bien dreſſée , ie ferois les deux receptacles que i'ay dit cy deſſus , & chercherois en
quelque part, ſoit prez ou bois, quelque terre qui
fut bien eſpoiſſe d'herbe , & d'icelle ie ferois vn ſi
grand nombre de gazons, que i'en aurois pour
fon-

foncer tout le dedans de mon parterre, & afin que les racines des herbes entraffent d'vn gazõ à l'autre, ie remplirois toutes les iointures de terre fine, & par tel moyen les racines des gazons paffe-royent de l'vn à l'autre, & lors ce feroit vn paué de pré qui ameneroit les eaux iufques au recepta-cle, par le moyen de fon inclination.

Theorique.

Et cuides tu que les eaux des pluyes ne puif-fent paffer au trauers defdits gazons, ou pour mieux dire, que les terres les boiroyent fans leur donner le loifir de fe rendre au receptacle?

Practique.

Et penfes tu que ie te baille vn tel confeil fans auoir premieremét contemplé les prées naturel-les. I'en ay veu plus d'vn milier qui n'auoyent pas trois pieds de pente, ou toutesfois les eaux des pluyes fe rendoyent en la partie baffe de la prée, & demeuroyent là vn bien long temps au parauant que la terre les eut fuccees. Car la quátité des her-bes & racines empefche q̃ la terre ne puiffe fuccer l'eau comme les terres labourees. ie ne di pas que les fentes qui furuiennent en efté à caufe de la fic-cité ne puiffent boire vne partie des eaux, quand les terres font alterées: mais l'inclination ou pen-te du parterre, caufe que la plus grád part des eaux qui tombent fe rendent foudain entre les fables qui font au deffus du premier receptacle. Si tu auois feulement bordé ton parterre de plufieurs

efpe-

eſpeces d'arbres, cela donneroit ombrage audit
parterre : afin que le ſoleil ne fit fendre leſdits gazons. Item ie voudrois laiſſer croiſtre l'herbe
deſdits gazons, ſans la couper, & les pluyes deſ-
ſcendantes du haut du parterre en bas, feroyent
coucher ton herbage & lors elle ſeruiroit de cou-
uerture aux fentes de la terre. Et quand leſdites
herbes ſe putrefieroyent, leur ſel ſeroit amené par
les eaux dedans le receptacle qui cauſeroit vne
bonté és eaux, comme i'ay dit.

Theorique.

Tu m'as donné tant de raiſons que ie ſuis contraint de confeſſer que les fonteines naturelles ne
procédent que des eaux des pluyes, toutesfois i'ay
veu de ſi grandes ſources qu'elles faiſoyent moudre des moulins, & d'autres qui eſtoyent commencement de riuieres, & cela ne ſe peut faire
qu'il n'y aye quelque autre cauſe que les pluyes.

Practique.

Tu t'abuſes : par ce que tu n'entends pas que
celles des grandes ſources viennét de bien loing,
à cauſe qu'elles trouuent la continuation des rochers fort grande, & ayant trouué vn canal naturel, lequel les eaux meſmes auront fait par longue
eſpace de temps, tout ainſi que tu vois que dans
les grandes riuieres, il ſe rend pluſieurs petites riuieres : de qui ſe fait en cas pareil dedans la matrice des montaignes, y ayant des canaux principaux
qui amenent les ſources, auſquels s'en rendent
pluſieurs

pluſieurs autres. Cela ſe fait di-ie auſſi bien dans
les montaignes interieurement comme il ſe fait
viſiblement à toutes riuieres. & ne cherche plus
la cauſe de la grãdeur ou petiteſſe des ſources : car
tu ne trouueras nul qui t'en puiſſe donner d'autre
plus veritable.   *Theorique.*

Et ſi le champ lequel i'aurois mis en parterre
pour recueillir les eaux à fornir ma fonteine, ne
ſuffit pour toute l'annee & qu'elles viennát à tarir
aux grandes chaleurs, par quel moyen pouroy-ie
obuier au defaut deſdites eaux?

Practique.

Le moyen eſt fort aiſé, & ne faut pas grand
eſprit pour la connoiſtre. Si ton parterre ne ſuffit,
aiouſtes y encores vne piece de champ : & le paue
en cas pareil que ie t'ay dit : & par tel moyen tu
n'auras iamais faute d'eau.

Theorique.

Ie n'ay pas encores entendu vn poinct principal, aſçauoir ſi c'eſte fonteine ſourdera continuellement ou bien ſi l'eau ſe doit tirer par vn Robinet.

Practique.

Ie t'ay dit cy deuant qu'en la face de ta fonteine
tu mettrois telle beauté ou enrichiſſement q̃ bon
te ſembleroit,&qu'il faudroit vn robinet en ladite
face.   *Theorique.*

Et ſi ainſi eſt, il me faudra tirer l'eau comme le
vin d'vn tonneau, & pour ceſte cauſe ne ſe poura
E 4   appeller

appeller fonteine. Car les fonteines naturelles
sourdent tousiours.

Practique.

Si iamais ie n'auois veu de fonteines tu me ferois acroire beaucoup de choses:& ne sçait on pas
bien que celles de Paris & vn millier d'autres se
tirent par robinets?

Theorique.

Voire mais tu m'as dit que les fonteines que
tu m'apprens à faire seruiront pour moy & pour
mes bestes; veux tu qu'elles aillent tendre la geule au dessouz du robinet?

Practique.

Ie ne sçay comment tu oses faire vne telle demande. Ne sçaurois tu faire quelque receptacle à
costé,hors le chemin de ta fonteine, pour retirer
de l'eau afin d'en abreuuer ton bestail? ie ferois vn
robinet à part sur le coing de la fonteine, & quád
il faudroit abreuuer le bestail il le faudroit ouurir
& le laisser d'escouler dedans l'abreuuoir , & alors
tes bestes boiroyent de l'eau fresche, pure & nette.   ### Theorique.

Voire, mais ce seroit dommage d'employer
tant de terre pour seruir seulement en fonteine.

Practique.

Ie ne connus iamais homme de si peu d'esprit:
estimes tu si peu de chose l'vtilité des fonteines?
y à il quelque chose en ce monde plus necessaire?
ne sçais tu pas que l'eau est l'vn des elements,
                                                voire

voire le premier entre tous, sans lequel nulle chose ne pouroit prendre cômencement ? ie dy nulle
chose animee, n'y vegetatiue, n'y minerale, ne
mesmes les pierres, comme ie te feray entendre
en parlant d'icelles.

Item ie t'ay dit que tu pouras planter toutes
especes d'arbres dedans le parterre : & si ainsi est,
estimes tu vne terre inutille de produire arbres
fruictiers ou autres ? il faut à present que ie te face vn long discours de ton ignorance, & de cent
mil autres, laquelle ie ne puis assez detester, &
mon esprit n'est pas capable de crier assez contre
vne telle ignorance. Premierement regarde que
c'est que ie t'ay dit, que l'homme n'y la beste ne
sçauroyent viure sans eau : Aussi dis-ie qu'ils ne
sçauroyent viure sans feu. voyla pourquoy ie di
que quand ton parterre ne seruiroit que d'apporter du bois, ce seroit la plus belle chose que tu
sçaurois auoir en ton heritage. Ie t'ay dit cy dessus
que tu pouras recueillir du bois, des fruits, & de
toutes especes de pasturages dâs ton parterre, sans
que les eaux en soyent aucunement desbauchées.
cuides tu que ce soit peu de chose à l'homme prudent, qui considerera l'vtilité du bois, & qui sur
toutes choses s'estudiera d'en auoir en son heritage ? que sçaurois tu faire sans bois ? feras tu cuire
ton disner au soleil ? ie te prie considere vn peu si
tu trouueras quelcun, de quelque estat que ce soit
qui s'en puisse passer. regarde qu'il y à peu d'artisans

fans qui ne gaignét leur vie par le moyen du bois.
Si tu veux baſtir des maiſons il faut du bois tant
pour les poutres, foliues, que cheurons, pour cuire la chaux, pour faire la maſſonnerie; s'il eſt queſtion de faire outils & inſtruméts pour trauailler
de quelque eſtat que ce ſoït, il faut du charbon
pour les forger. S'il eſt queſtion de nauiger pour
trafiquer en pays eſtranges, il faut du bois pour
faire les nauires, s'il eſt queſtion d'auoir des armes de defence, il les faut monter de bois. Il faut
du bois pour faire les chariots & charettes, les ma
reſchaux, ſerruriers, & orfeures, & tous ceux qui
beſongnent de charbon, quel eſtat prendront ils
pour ſe paſſer de bois? Bref s'il eſt queſtion de faire des moulins, de conroyer les cuirs, de faire les
teintures, de faire des tonneaux à mettre du vin
& autres choſes, deſquelles on ne ſe peut paſſer,
pour toutes ces choſes il faut neceſſairement du
bois. Quand eſt des fruits, comme poires, pommes, ceriſes, chaſtaignes, prunes, & autres aſpeces,
d'ou les recueillera on ſi on ne plante des arbres?
Si ie voulois mettre par eſcrit combien la neceſſité du bois eſt grande, & comme il eſt impoſſible
de s'en paſſer, ie n'aurois iamais fait.

ADVERTISSEMENT AV GOV-
uerneur & habitans de Iaques Pauly, autrement nommé Broüage.

EN pourſuyuant le diſcours des fonteines i'ay trouué bon d'aduertir par
ceſt eſcrit le gouuerneur de Broüage,
du beau moyen & vtilité qui eſt audit
lieu, pour faire vne fonteine ſelon mon
deſeing, & à peu de frais. d'autant qu'audit lieu il y à
commencement des bois des pompes tout percé qui ne
reſte qu'à les emboiſter l'vn dans l'autre, depuis le
bois d'Yers iuſques au lieu de Iaques Pauly autrement
Broüage, la pente du lieu eſt ſi commode que l'on pouroit faire piſſer vne fonteine plus d'vne lance haute
audit lieu de Iaques Pauly, & cela di-ie pour auoir
entendu la grande indigence d'eau que l'on à eu audit
lieu durant vn ſiege qui à eſté fait de noſtre temps deuant laditte ville.

DV MASCARET QVI S'ENGEN-
dre au fleuue de Dourdongne en la Guiĥne.

Theorique.

T V m'as fait cy deuant vn bien long discours des effects des eaux, des feux & des tremblement de terre: mais tu ne m'as rien dit de la cause de l'essence du Mascaret.

Practique

Et qu'est ce que tu appelles mascaret? car ie n'ouis iamais parler de mascaret, n'y ne sçay que ce peut estre, si tu ne me le diz.

Theorique.

L'on appelle mascaret vne grande montaigne d'eau qui se fait en la riuiere de Dourdongue, vers les côtrees de Libourne, & laditte môtaigne ne se fait sinon au temps d'esté : mesmes és saisons les plus paisibles, & lors q̃ les eaux sont les plus transquilles, & tout en vn moment, en vne saison inconneue la montaigne d'eau se forme en vn instant & fait vne course, quelquefois bien longue, le long de l'eau, & quelque fois plus courte: & lors que la môtaigne fait son cours, elle renuerse tous les bateaux qu'elle trouue en son chemin: parquoy les habitans l'imithrophes de la riuiere, quand ils

voyent

voyent le mafcaret en fa formation, ils fe prennét foudain à crier de toutes pars garde le mafcaret, garde le mafcaret, & les battelliers qui pour lors font en la riuiere s'enfuyent és riuages, pour fau-uer leurs vies, qui autrement feroyent pres de leur fin.

Practique.

Et qu'en difent les hommes du pays ou fe for-me ledit mafcaret?

Theorique.

Ils ne font pas tous d'vne opinion. Car les vns difent d'vn & les autres difent de l'autre. Toutes-fois les Bordelois & Libournois & Guitroys, tiennét pour certain que la caufe de ce, n'eft autre que la venue du montant de la mer, qui rencontre le defcendant de la riuiere, & veulent conclure par là que le combat des deux eaux caufe d'engen-drer c'elle grande montaigne. Voila l'opinion plus certaine & commune des habitans du pays.

Practique.

Et à toy que t'en femble il de la caufe de cet effect? *Theorique.*

Ie fuis de l'opinion des autres.

Practique.

N'y toy n'y eux n'y entendez rien : car fi ainfi eftoit que le montât de la mer & la defcente de la Dourdongne caufat le mafcaret, il fe formeroit auffi bien des mafcarets en la Garône comme en la Dourdongne, voire à la Charéte, & en la riuiere

de

de Loyre, voire pour mieux dire tout en vn coup
en toutes les riuieres qui defcendent dedans la
mer, & toutesfois nous n'auons iamais entendu
qu'és mois d'autonne & és iours tranquilles il fe
trouuaft ma fcaret finõ, en ladite riuiere de Dourdongne: parquoy il faut chercher autre caufe que
la fufditte, pour venir à la connoiffance de ceft
effect.   *Theorique.*

Ie t'en prie dy moy donc qu'elle peut eftre la
caufe de ce.   *Practique.*

Ie ne puis penfer n'y croire que ce foit autre
chofe qu'vn aër enclos au dedans de quelque canal
qui eft fouz terre, trauerfant depuis le fleuue de
Garonne iufques au defouz du fleuue de la Dourdongne, & eft bien croyable voire que cela ne
fe peut faire que par vn aër enclos fouz les eaux.
toutesfois l'aër ne le pouroit faire pour caufe de
la foibleffe s'il n'eftoit pouffé par accident, il faut
donques penfer & croire que quand il vient au
defcendant de la mer, que la riuiere de Garonne
eft baffe pour l'abfence de la mer, que lors il y à
quelques canaux vuides, lefquels fe répliffent d'aër.
depuis la Dordongne iufques à la Garonne, eftant
ainfi répli d'aër quand la mer retourne elle fait enfler & augmenter la riuierre de Garonne, & eftant
ainfi enflée elle vient à entrer dedans les canaux
qu'elle auoit laiffe vuides en fa defcête & de la viêt
que l'aër qui eft dedans les canaux fe trouuent enclos entre les deux fleuues, & eftât viuemêt pouffé par

sé par les eaux de la Garône, il s'éfuit au deuât desdites eaux & en s'enfuyant il se trouuent enclos
souz la riuiere de Dordongne & se trouuât enclos
il esleue les eaux comme vne môtaigne, & ne les
pouuât si tost percer il les meine ainsi en leur hauteur, sans se desformer n'y se laisser, iusques à ce
que par quelque mouuemét les eaux ainsi môtees
se trouuent plus foible en quelque endroit,& lors
l'air enclos les viét à esclater aux parties plus foi-
bles , & les ayant esclatées ledit aër s'enfuit & les
eaux s'abbaissent tout en vn coup, & la riuiere re-
uient en la premiere tranquilité: & ne faut que tu
cherches autre raison pour connoistre la cause du
mascaret.　　　　*Theorique.*

Ie trouue en ton dire vne opinion contraire à
la verité : car nous sçauons qu'il se fait ordinaire-
mét des vagues dedans la mer aussi hautes que les
môtaignes,& mesmes és passages de Maumusson.
lesquelles vagues sont si grádes que les nauires n'y
peuuent passer sans estre en peril de naufrage , &
s'en pert grád nôbre audit passage. cela ne fait rié
contre mon dire.　Car iamais les vagues de la mer
ne sont formées sinô par l'actiô des vents qui cause ainsi esleuer les eaux de la mer: & la cause pourquoy elles sont plus enflées & esleuées au passage de Maumussô , c'est parce qu'il y à des rochers
contre lesquels les eaux de la mer , estants pou-
sées par les vents , viennent frapper impetueu-
sement, qui cause vne grande eleuation és eaux,
　　　　　　　　　　　　　　　ie diz

ie diz vne eleuation si grande que le bruit est entendu de plus de sept lieües loing. Et quand la mer
est aussi esmeüe les nauires se donnent bien garde
d'y passer : par ce que les vagues les ietteroyent
contre les rochers & seroyent soudain froissees.
Toutesfois cela ne contrarie en rien à mon dire
touchant le mascaret. Car ie te di que le mascaret
se forme au temps de l'autonne és iours les plus
tranquilles, & lors q̃ les eaux des fleuues sont basses,& si ledit mascaret estoit causé par les vents,
comme les vagues de la mer, il apparoitroit & se
formeroit plus souuent en hyuer que non pas en
esté. Mais iamais homme ne l'à veu en hyuer.aussi
sçay-ie bien que la terre qui fait diuision entre la
Dourdongne & laGaronne,fait vne pointe entre
Bordeaux & Blaye, là ou les deux riuieres se ren-
contrent, laquelle pointe, viz à viz de bourc, l'on
appelle le bec d'Ambez. Ie me suis trouué quelquefois en laditte pointe ou il y à plusieurs maisons ou metairies, lesquelles sont fondees sur la
terre,par ce que s'ils creusoyent pour faire fondement,ils trouueroyent l'eau qui les empescheroit
de bastir, & ne faut douter qu'il n'y aye vn grand
pays de ladite pointe qui est soutenu par les eaux
d'vn bout, & de l'autre bout elle est arrestée par
les terres fermes deuers le costé du haut pays. cela
ay-ie conneu, parce qu'en me secoüant sur lesdittes terres ie faisois bransler tout alentour de moy.
comme si c'eust esté vn plancher : ie voyois aussi
qu'au

qu'au mois d'Aouſt & de Septembre, les terres
de laditte pointe ſont fendues de fentes ſi grãdes
que bien ſouuét la iambe d'vn homme y pouroit
entrer: cela me fait croire & aſſurer que le maſca-
ret n'eſt cauſé ſinon de l'aër enclos, dont i'ay auſſi
conneu par autres exemples des pluyes qui tombent des couuertures des maiſons és ruiſſeaux, &
forment par les vents vne veſſie ronde, laquelle ſe
creue quand le vent en eſt ſorty. I'ay auſſi pluſieurs fois contemplé les ſources naturelles, leſquelles amenent en cas pareil des vents enclos
formés en globe, qui tiennent leurs formes rondes iuſques à ce que laër les ait creuées. puis que
tu vois que l'aër eſtant pouſſé par la peſanteur des
eaux, à puiſſance d'eſleuer vne ſi grande quantité
deſdites eaux, tu peuz connoiſtre par là que telles
choſes ou ſemblables peuuét engendrer vn trem-
blemént de terre, non pas ſi grand comme les
trois matieres, deſquelles i'ay traité au diſcours
eſcrit en ce liure, ſur les faits des cauſes du tremblement.

F   Au

Au lecteur.

AMI lecteur le grand nombre de mes
iours & la diuersité des hômes m'à fait
connoistre les diuerses affections & opinions indicibles qui sont en l'vniuers:
entre lesquelles i'ay trouué l'opinion de
la multiplication , generation & augmentation des
metaux:plus inueteree en la cervelle de plusieurs hommes que nulle des autres opinions. Et par ce que ie sçay
que plusieurs cherchent ladite science sans penser en
fraude n'y malice:ains pour vne asseurance qu'ils ont
que la chose est possible : cela m'à causé protester par
cest escrit que ie n'entens aucunement blasmer
trois manieres de personnes. Sçauoir est les seigneurs,
qui pour occuper leurs esprits & par maniere de re-
creatiõ, sans estre menez d'affection de gaing illegiti-
me. Les seconds sont toutes especes de physitiens , ausquels est requis de connoistre les natures. Les troisiems
sont ceux qui ont le pouuoir, & qui croyët la chose estre
possible, & qui pour rien ne voudroyent en abuser. Et
par ce que i'ay entrepris de parler contre vn milier
d'autres qui sont indignes d'vne telle science,& totalement incapables,à cause de leur ignorãce & peu d'experience

perience. Auſſi parce qu'ils n'ont le pouuoir de ſupporter les pertes des fautes qui ſuruiennent, ils ſont contraints abuſer de teintures exterieures & ſophiſtications
ons de metaux. Pour ces cauſes ay-ie entrepris de parler viuemēt, auec preuues inuincibles, ie dis inuincibles
à ceux deſquels ie parle. & s'il y à quelqu'vn qui aye
tant fait par ſon labeur qu'il ait eſmeu la charité de
Dieu à luy reueler vn tel ſecret, ie n'entend parler de
tels perſonnages. Mais au contraire, d'autant que la
capacité de mō eſprit ne peut s'accōmoder à croire que
telle choſe ſe puiſſe faire, lors que ie verray le cōtraire,
& que la verité me redarguera, ie confeſſeray qu'il n'y
à rien plus enhemy de ſcience que les ignorās, entre leſquels ie n'auray point de honte de me mettre au premier rang, en ce qui conſiſte la generation des metaux.
Et s'il y à quelqu'vn à qui Dieu aye diſtribué ce don,
qu'il excuſe mon ignorance: car ſuyuāt ce que i'en croy
ie m'en vay mettre la main à la plume, pour pourſuyure ce que i'en penſe, ou pour mieux dire, ce que i'en
ıy apris auec vn bien grand labeur, & non pas en peu
te iours, n'y en la lecture de diuers liures: Ains en ana-
omiʒant la matrice de la terre, comme l'on pour
ʒoir par mon diſcours cy apres.

F 2　　　　　　DE

TRAITE' DES METAVX
& Alchimie.

Theorique.

IL me semble que tu as assez parlé des fonteines: ie voudrois que suyuant ta promesse tu m'eusses dóné quelque connoissance du fait des metaux. Car ie sçay qu'il y à vn grand nombre d'hómes en France, qui se trauaillent tous les iours à l'euure de l'achimie, & plusieurs y font de grands proufits, ayants trouué de beaux secrets, tant pour augméter l'or & l'argent, qu'autres effets: choses que ie voudrois bien sçauoir & entendre.

Practique.

Par là tu peux connoistre combien l'insatiable auarice des hommes, amene de maux en ce bas siecle. Il n'est abus entre les hommes qui cause plus de larcins & tromperies que l'auarice, ainsi qu'il est escrit, q̃ l'auarice est racine de tous maux. Il est certain que plusieurs desirans d'estre riches se font enuelopez en plusieurs douleurs: suyuant quoy ie ne puis mieux cónoistre que tu veux estre compris au rang des auaricieux, que de ce que tu desires sçauoir, faire ou augmenter l'or ou l'argent.

gent. Car plusieurs actes auaricieux se peuuent cacher par hipocrisie. Mais quant est de ceux qui veullent faire l'or & l'argent, leur auarice ne se peut cacher. & leurs intentions ne peuuent estre mises en autre rang qu'en celuy des conuoiteux & ventres paresseux, qui pour obuier à trauailler à quelque art vtile & iuste, voudroyent sçauoir faire de l'or & de l'argent: afin de viure à leur aise, & se faire grands à peu de labeur : & estants me-nez d'vne telle conuoitise, ne pouuant paruenir à faire ce qu'ils cherchent, ils vsent de ce qu'ils peu-uent, iuste ou iniuste. Voila vn point que tout hô-me de bon esprit auroit honte de me le nier : par-quoy si tu m'en veux croire tu ne mettras iamais ton affection à ces choses.

Theorique.

Tu me donnes ici de terribles traits, tu me veux quasi accuser d'vn mal que ie n'ay pas encores fait: d'autre part, me veux tu faire croire que ce soit mal fait de prendre de l'huile d'antimoine ou de l'huile d'or, & auec lesdites huiles par vn art phi-losophale puisse teindre l'argêt en couleur d'or? est ce mal fait de conuertir l'argent en or? Si ie prens du fin cuyure & que ie vienne à luy oster son flegme, ou teincture rouge, & que ie le puisse re-duire en couleur d'argent, ie dis en telle sorte qu'il endurera la coupelle & tous autres examens, quel mal est ce si ie le puis faire, moyennant que ce soit bon argent?

F 3   *Practi-*

Practique.

Tu as beau faire, & trauaille tant que tu voudras, & consóme tes iours & tes biens cóme tant
de milliers d'autres ont fait, tu n'y paruiendras iamais.

Theorique.

Et ne sçay-ie pas bien que plusieurs par cy deuant sont paruenus à ce que ie di? n'auons nous
pas tant de beaux liures qu'ils nous ont laissé par
escrit; entres autres vn Gebert, vn Arnauld de vil-
leneufue, le Rómant de la Rose, & tant d'autres;
mesmes que quelqu'vns de noz anciens ont fait
autre fois vne pierre philosophale, laquelle en
mettant vn certain poix dedans l'or elle l'augmentoit de cent fois autant, & c'est ce que plusieurs
cherchent auiourd'huy, sachant bien que cela à
esté fait autre fois, & cela s'appelle le grand euure.

Practique.

Et vray Dieu! és tu encores si ignorant de croire
cela? cuides tu que les hómes du temps passé n'eussent en eux quelque mensonge, pour sçauoir attirer l'argent par falace, aussi bien que ceux du iour-
dhuy? sçais tu pas ce que dit Dauid de son temps,
Seigneur aide nous : car nous sommes tous des-
nuez d'hommes droits, les hommes (dit-il) sont
tous pleins de flaterie, & parlent tout au contraire de leurs pensées. Et Salomon dit que l'iniquité
est si grande qu'il n'y à pas vn artisan qui ne soit
enuieux contre son semblable. Cuides tu que ie
vueille

vueille croire vn Gebert, vn Arnauld de Vileneuf-
ue, ou vn Romant de la Rose, en ce qu'ils auront
parlé contre les euures de Dieu? Et cuides tu que
ie fois fi mal instruit, que ie ne sache bien que l'or
& l'argent & tous autres metaux sont vne euure
diuine, & que c'eft temerairemét entrepris côtre
la gloire de Dieu, de vouloir vfurper fur ce qui eft
de fon eftat. Or tout ce qui eft donné à l'hôme de
pouuoir faire enuers les metaux, c'eft d'en tirer les
excrements, & les purifier & examiner, & en former telles efpeces de vaiffeaux ou monnoyes que
bon luy femblera, & eft chofe femblable aux
cueillettes & cultiuement des femences. Car c'eft
à l'homme feulement de trier le grain d'auec la
paille, le fon d'auec la farine, & de la farine en
faire du pain, & de preffurer les grappes pour en
tirer le vin : Mais c'eft à Dieu de leur donner le
croiftre, la faueur & couleur: ie di qu'ainfi que l'hôme ne peut rien en ceft endroit, auffi ne peult il
enuers les metaux.

Theorique.

Comment? tu parles icy de femer ; comme fi
les metaux venoyent de femence, comme le bled
ou autres vegetatifs.

Practique.

Ie n'ay pas entrepris vn tel propos, n'y mis vn
tel argument en auant fans quelque raifon. Ne
fçay-ie pas bien que tous ces conuoiteurs de ri-
cheffes, qui tachent de fçauoir faire l'or & l'argét,

quand

quand on leur dit qu'il y a long temps qu'ils font
apres, & que l'on ne voit aucune experience, ils
difent que tout en cas pareil que le laboureur at-
tend patiemment le temps & faifon de la cueillet-
te, apres auoir femé: auffi faut qu'ils attendent, &
que cela ne fe peut faire qu'auec la generation
qu'ils ont conclud faire dedans leurs vaiffeaux,
qu'ils ont deftinez à befongner & feruir comme
vne matrice à la generation des metaux. Et cela
difent ils à efté bien confideré & preueu par les
philofophes antiques:car tout ainfi que l'on iette
la femence du bled pour caufer l'augmentation en
fa feconde generation : Auffi(difent ils)qu'apres
qu'ils ont feparé par calcinations, diftillations ou
autres manieres de faire,les matieres l'vne de l'autre, ils mettent couuer ou generer felon leurs de-
feings, leurs matieres, par poix & mefure, telle
qu'ils ont imaginee,& ce fait ils mettent lefdites
chofes en vn feu fort lent, voulant imiter la matrice de la femme ou de la befte: fachant bien que
la generation fe fait par vne lente chaleur : & afin
d'auoir toufiours vn feu continuel & d'vne mefme forte , ils fe font aduifez de faire vne lampe a-
uec vne mefche toute d'vne groffeur, & leurs matieres eftans dedans la matrice, ils les font chaufer
de la chaleur de la lampe, & attendent ainfi long
temps à couuer les œufs : ie di aucuns ont attou-
du plufieurs annees,tefmoing le magnifique maigret, homme docte & fort experimenté en ces
cho-

ſes, qui toutesfois ne pouuant venir à ſon deſeing, ſe venta que ſi les guerres n'euſſent eſteint
ſa lampe deuant le temps, qu'il auoit trouué la fé-
ue. Autres font des fourneaux que le feu vient
d'vn degré aſſez loing de là ou l'on à mis couuer
les œufs: Mais afin qu'il continue touſiours à vne
chaleur lente & de meſure, ils font quelques portes de fer, leſquelles ils ouurent ſelon le degré
qu'ils veulent donner à leur feu, telle gens ne dor-
ment gueres & ont beaucoup de penſées en leurs
poitrines,& tourments deſprit, languiſſans apres
le temps de la viſitation de la couuée. Voila l'vn
des points par lequel ie preuue que les Alchimiſtes vſent de ce mot de ſemence & autres termes.
Ce n'eſt pas ſans cauſe que i'ay dit que c'eſt l'euure
de Dieu que de ſemer la matiere des metaux &
leur donner l'accroiſſement, & aux hómes de les
recueillir, purifier & examiner, fondre & mallier,
pour les mettre en telle forme que bon leur ſemblera, pour leur ſeruice.

Theorique

Voila vn propos qui eſt aſſez long, & toutesfois ie ne le puis entendre: d'autant que ie ſçay
qu'il eſt permis à l'homme de ſemer de toutes
eſpeces de ſemences, & ce pendant tu appelles les
metaux ſemences diuines, & tu me veux empeſcher de les ſemer.

Practique.

Tu as beaucoup mieux dit que tu ne penſois,
que

que les matieres des metaux font femences diuines. ie di tellement diuines qu'elles font inconnues aux hommes: voire inuifibles : & de ce n'en
faut douter, & croy que fi me mets apres pour te
le prouuer, ie te le moftreray fi clairement que tu
feras contraint d'accorder mes fins & conclu-
fions.

Theorique.

Ie te prie donc de m'en faire le difcours tout
au long, par lequel ie puiffe connoiftre ton dire
eftre veritable.

Practique.

Il faut donc que tu tiennes pour chofe certaine,
que toutes les eaux qui font au monde qui ont
efté & feront, furent toutes crées en vn mefme
iour, & fi ainfi eft des eaux, ie te di que les femences des metaux & de tous mineraux & de toutes
pierres ont efté crées auffi en vn mefme iour: autant en eft il de la terre, de l'aër & du feu, car le
fouuerain createur n'à rien laiffé de vuide,& comme il eft perfait,il n'a rien laiffé d'imperfait. Mais
(comme ie t'ay dit tant de fois, en te parlant des
fonteines) il à commandé à nature de trauailler,
produire & engendrer, confommer & diffiper,
comme tu vois que le feu confomme plufieurs
chofes , auffi il nourrit & fouftient plufieurs chofes;les eaux desbordées diffipent & gaftent plufieurs chofes, & toutesfois fans elles nulle chofe
ne pourroit dire ie fuis. Et tout ainfi que l'ean &
le feu

le feu diſſipent d'vne part, ils engeudrent & produiſent d'autre. Suyuant quoy ie ne puis dire
autre choſe des metaux, ſinon que la matiere d'i-
ceux eſt vn ſel diſſoult & liquifié parmy les eaux
cõmunes, lequel ſel eſt inconneu aux hommes:
d'autant qu'iceluy eſtant entremeſlé parmi les
eaux eſtant de la meſme couleur que les eaux liquides & diafanies ou tranſparentes, il eſt indi-
ſtinguible & inconnu à tous : n'ayant aucun ſigne
apparent, par lequel les hommes le puiſſent di-
ſtinguer d'auec les eaux communes. Voila vn trait
ſingulier, lequel (comme ie penſe) eſt caché & inconneu à beaucoup d'hommes, qui penſent eſtre
bons philoſophes: & te ſouuienne de ce point, &
le garde pour t'en ſeruir contre tous ceux qui te
voudront faire accroire que la generatiõ des metaux ſe peut faire par euure manuelle. Car quand
tu n'aurois que ce ſeul poinct, il ſuffira pour conuaincre toutes les opinions des alchimiſtes.

Theorique.

Voire! mais comment les pouroy-ie vaincre
par ce point? ie ne voy poiut que pour cela ils
puiſſent eſtre vaincus.

Practique.

Ie me romps la teſte en vain. Ie te demande,
di moy par quel moyen les alchimiſtes beſongnent à la generation, multiplication ou angmen-
tation des metaux, & quant tu me l'auras dit
ie te

ie te montreray que tu n'as pas bien entendu le principe que ie t'ay baillé.

Theorique.

Les Alchimistes besongnent par feux de reuerberation, calcination, distillation, putrefaction, & infusion.

Practique.

Et pourquoy vsent ils de tant de sortes de feux.

Theorique.

Parce qu'ils en font aucuns pour destruire le cuyure, l'or & l'argent, & autres metaux: & quant ils les ont destruits, calcinez & puluerisez, ils font vn amas de plusieurs desdites matieres : Et parce que le vif argent duquel ils vsent volontiers, s'exaleroit à vn grand feu, il est requis qu'ils vsent de feux gueres chauds, & ayant enclos le vif argent, qu'ils appellent Mercure, dedans des vaisseaux bien lutez & fermez, ils taschent à le fixer petit à petit, & le captiuer à vn petit feu, pour le contraindre de se congeler; afin que puis apres il puisse endurer vn plus grand feu. C'est pourquoy ils ont beaucoup de sortes de vaisseaux, & diuerses especes de fourneaux.

Practique.

Ie ne demande autre preuue que celle que tu m'as alleguée pour te monstrer, & par ta confession mesme, que autant qu'il y a d'Alchimistes en France cherchent la generation des metaux par feu, & toutesfois ie t'ay dit pour regle certaine & metho-

methode asseurée, que les metaux sont engendrez
d'vne eau, à sçauoir d'eau salée, ou pour mieux dire d'vn sel dissout. & si ainsi est (comme la verité
est telle) tous les alchimistres cherchent à edifier
par le destructeur. Le feu est destructeur de l'eau,
& en quelque part qu'il entre, il faut qu'il chasse
l'eau, ou s'il ne la chasse, elle le fera mourir : puis
qu'ainsi est que le feu & l'eau sont contraires. c'est
donc vne pure folie de vouloir generer les metaux par feu : veu qu'il est ennemi & destructeur
d'iceux.

Theorique.

I'ay bien entendu que tu m'as dit que les metaux estoyent engendrez d'vn sel liquifié : Mais
cela ne fait rien contre mes propos ; ains au contraire il me iustifie. La raison est telle, que ce sel
qui est dissout parmi les eaux de la mer est inconneu, comme sont les sels metaliques : & toutesfois il se congele & distingue d'auec les eaux par
feu. ### Practique.

Tu t'abuses. Toutes congelations faites par
froidure se dissoudent par chaleur; & toutes congelations faites par chaleur, se dissoudent par
humidité : comme le sel que tu as allegué, il se congele par chaleur & se dissout par humidité. Or les
metaux se dissoudent tous par chaleur, il s'ensuit
donc qu'ils sont engendrez & cögelez par humidité. Te voila forclos de deffences à la mode des
practiciens.

Theori-

Theorique.

Tu me la bailles belle, de me vouloir faire croire que les metaux foyent engendrez ou congelez en humidité.

Practique.

Et fi tu ne le veux croire, va voir les minieres ou l'on tire l'or & l'argent, & autres metaux, & tu trouueras dedans la plufpart d'icelles qu'il faut efpuizer l'eau nuit & iour, pour auoir le metal qui eft dans icelles. Vn iour Antoine Roy de Nauarre commanda de pourfuyure la veine de quelques mines d'argent qui auoyent efté trouuees aux montaignes Pyrenées. Mais quand l'on en eut tiré quelque quantité, les eaux qui y eftoyent contraignirent les maiftres des minieres de quitter tout. Et l'on fçait bien que plufieurs minieres ont efté delaiffées par tel moyen. Tu trouueras donc bien eftrange quand ie te prouueray cy apres que nulle pierre ne peut eftre congelé n'y formée fans eau, & s'il y à de l'eau, c'eft donc par humidité, chofe directement contraire à ceux qui cherchent la generatió des metaux par feu, ie t'en dirois beaucoup de preuues fort propres pour fouftenir mon propos: Mais d'autát qu'il fe trouuera beaucoup meilleur en parlant de l'effence, matiere & congelatió de toutes pierres: ie lefferay le refte de mes preuues pour ce temps la.

Theorique.

Tu diras ce que tu voudras : mais i'ay veu vn
philo-

philofophe qui augmenta vn teſton deuant moy:
& affin qu'il n'y euſt tromperie il me la fit faire à
moy meſme.

Practique.

Et comment?

Theorique.

Il me fit peſer vn teſton & autant de vif argent,
& me fit mettre le tout dedans vn creuſet, lequel
ayant mis dedans le feu, il me bailla d'vne poudre
pour meſler, laquelle auoit vertu d'arreſter le vif
argent: Et puis me fit foufler iuſques à ce que le
tout fut fondu enſemble, & eſtant fondu il ſe
trouua le poix de deux teſtons de bon argent:
car le vif argent s'eſtoit fixé par la vertu de la poudre qu'il m'auoit baillée, & moy-meſme auois
mis toutes ces choſes: parquoy n'y auoit nulle
tromperie.

Practique.

Di moy vn peu comment c'eſt que tu faiſois?

Theorique.

Pendant que les matieres fondoyent ie les remuois d'vn baſton.

Practique.

Ou auois tu pris ce baſton la?

Theorique.

En vn coing, le premier q̃ ie trouuay à la main.

Practique.

Ie ſçauois bié que l'on t'auoit trõpé. Car ce maiſtre philoſophe auoit mis ce baſtõ aupres de toy,
ſachant

fachant bien qu'il te le feroit prendre pour mefler les matieres:& voila comment il te trompa. car il auoit mis de l'argent au bout du bafton , & pendant que tu remuois les matieres dedans le creufet, la cire , de laquelle il auoit fermé l'argent au bout du bafton, fe fondit, & l'argent tomba dedans le creufet, & le vif argent & la poudre s'en alloit en fumée: & par tel moyen ne demeuroit rien dans le creufet finon l'argent du tefton, & autant poifant d'argét qu'il auoit mis au bout du bafton: Voila cóment il augmenta ton tefton de moytié.

Theorique.

Eft il bien poffible qu'il fe fut aduifé de me tromper par ce moyen?

Practique.

Et mon amy c'eft la moindre des fineffes defquelles ils trompent les hommes: fi ie voulois dire toutes les tromperies qu'ils fçauent faire , & dót i'ay efté aduerty, ie n'aurois iamais fait. Si par tel moyen il n'eut mis l'argent dans le creufet, il t'euft baillé d'vne poudre d'argent, laquelle t'euft efté incónue, & t'euft fait acroire que laditte poudre auroit arrefté le vif argent:& cefte poudre eut pefé autant comme il eut voulu faire l'augmentation: ou s'il n'euft mis l'augmentation par vn tel moyen, il eut mis l'argent en cachette de toy, dedans vn grand charbon, duquel il t'eut fait couurir ton creufet , & le charbon & l'argent fut tombé dans ton creufet : par ainfi tu ne pouuois afchapper la

per la tromperie. Di moy ie te prie,te monſtra il
à faire la multiplication de l'argent?

Theorique.

Non.

Practique.

Et pourquoy faiſoit il donc cela en ta preſence?

Theorique.

C'eſtoit qu'il me le vouloit monſtrer pour de
l'argent.

Practique.

T'ay-ie pas bien dit que ce n'eſtoit que tromperie? Car ſi la ſcience eſtoit veritable il n'auroit
garde de te la monſtrer : mais il tendoit ſes filets
pour attraper ton argent. Et quant tu euſſes eſté
afronté, tu n'euſſes eu garde de t'en venter. Car il
n'en euſt eſté autre choſe , ſinon que tu euſſes eſté
aſſez moqué , ie ſçay bien qu'il y en à en France
plus de deux mil , qui ont eſté afrontez pour ceſt
affaire , que iamais l'on en viſt vn qui ait intenté
proces pour recouurer ſon argent.

Theorique.

Et tu eſtimes donc qu'il y à beaucoup de gens
qui ſe meſlent d'affronter les hommes par tels
moyens?

Practique.

Ie ne di pas par tels moyens ſeulement; car ie
ſçay qu'ils ont vn millier d'autres moyens plus
ſubtils,deſquels ils afrontent les plus fins,& ceux
neſme qui ſe penſent mieux donner de garde. Le

G ſieur

fieur de Courlange, varlet de chambre du Roy,
fçauoit beaucoup de telles fineffes, s'il en eut voulu vfer. Car quelque iour venant à difputer de ces
chofes deuant le Roy Charles neufieme, il fe venta par maniere de facetie, qu'il luy apprendroit à
faire l'or & l'argent, pour laquelle chofe experi-
menter il commanda audit de Courlange qu'il eut
à befongner promptement : ce qui fut fait, & au
iour de l'experience ledit de Courlange apporta
deux phioles plaines d'eau claire comme eau de
fonteine, laquelle eftoit fi bien accouftrée que
mettant vne efguille ou autre piece de fer tremper dans l'vne defdites phioles, elle deuenoit foudain de couleur d'or, & le fer eftant trempé dans
l'autre phiole, venoit de couleur d'argent : puis fut
mis du vif argent dedans lefdites phioles, qui foudain fe congela ; celuy de l'vne des phioles, en couleur d'or, & celuy de l'autre en couleur d'argent :
dont le Roy print les deux lingots & s'alla vanter
à fa mere, qu'il auoit appris à faire de l'or & de l'argent : Et toutesfois c'eftoit vne tromperie, côme
ledit de Courlâge me l'à dit de fa propre bouche.
Voila pourquoy ie t'ay dit que la tromperie de laquelle l'autre te vouloit empoigner, eftoit des
plus groffieres.

Theorique.

Or di ce que tu voudras : mais ie fçay que plufieurs alchimiftes ont trouué de fçauoir faire vn
medium d'argent & vn tiercelet d'or, defquels
                                                      ils

ils befongnent ordinairement : car i'en fuis tout
affeuré.

Practique.

Et moy ie fuis tout affeuré que fi leur medium
d'argent & tiercelet d'or eftoit mis à la coupelle,
il ne s'y trouueroit rien de bon que ce, qui y auroit
efté mis de naturel, & le furplus de ce qui y auroit
efté adioufté feroit connu eftre faux : & ie fçay
bien que toutes les additions & fophifticqueries,
qu'ils fçauent faire, ont caufé vn millier de faux
monnoyeurs : par ce qu'ils ne fe peuuent deffaire de leur marchandife finon en monnoye, car
s'ils la vendoyent en lingots la fauffeté fe trouueroit à la fonte. Mais ils fe desfont aifément
de monnoye à toutes gens. C'eft pourquoy
quand ils ont bien trauaillé & ne fe peuuent releuer de leurs pertes, ils font contraints fe ietter fur
la monnoye. Il fut pris vn iour vn faux monnoyeur (Bearnois) au diocefe de Xainctonge, auquel fut trouué quatre cents teftons prets à mar-
quer, que s'ils euffent efté marquez, il n'y auoit
orfeure n'y autre qui ne les eut pris pour bons.
Car ils enduroyent le mail, la touche, la fonte,
& le ton ; tout femblable aux bons. Mais quand
ils furent mis a la coupelle, la fauffeté fut defcou-
uerte. En ce téps la il y auoit vn preuoft à Xaintes
nomé Grimaut, qui m'affeura qu'en faifant le proces à vn faux monnoyeur, iceluy luy bailla le nom
& furnom de huit vints hommes, qui fe m'efloy-

G 2   ent de

de son meſtier, enſemble leurs aages, qualitez &
demeurances & autres enſeignements aſſeurez.
Et quand ie dis audit preuoſt pourquoy il ne faiſoit prendre leſdits monnoyeurs nommez en ſon
rolle, il me reſpondit qu'il n'oſeroit l'entreprendre : parce qu'au nombre d'iceux il y auoit pluſieurs Iuges & Magiſtrats, tant du Bordellois, Perigord, que de Limoſin : & que s'il auoit entrepris
de les faſcher, qu'ils trouueroyent moyen de le
faire mourir. Quand l'iniquité eſt entre les grāds,
& entre ceux qui doyuent punir les autres, c'eſt
vn ſi grand feu alumé qu'il n'eſt poſſible de le-
ſteindre par forces d'hommes. Si ie voulois dire
tous les abus qui ſe commettent ſous ombre de
iuſte labeur, ie n'aurois iamais fait. Ie t'ay donné
ſeulement ceſt exemple, afin qu'il ne te prenne
iamais enuie de chercher generation, augmentation n'y congelation des metaux : parce auſſi que
c'eſt vne euure qui ſe fait par le commandement
de Dieu, inuiſiblement & par vne nature ſi tref-
occulte qu'il ne fut iamais donné à homme de le
connoiſtre.

Theorique.

Tu m'as beau preſcher, car ie ſçay qu'il y à pluſieurs gens de bien & grands perſonnages, qui
cherchent tous les iours ces choſes, & qui pour
rien du monde ne ſe voudroyēt atacher à la monnoye : auſſi qu'ils ont bien le moyen de s'en paſſer.

Practi-

Practique.

Ie confesse qu'il y a plusieurs seigneurs gens de bien & grands personnages, qui s'occupent à l'alchimie, & y despendent beaucoup. Laisse les faire: cela les garentist d'vn plus grand vice: & puis ils ont du reuenu pour approuuer ces choses. Quant aux medecins, en cherchant l'alchimie ils aprendront à connoistre les natures: & cela leur seruira en leur art: & en ce faisant ils connoistront l'impossibilité de la chose. I'ay recouuert certaines pierres transparentes comme cristal, sans nulle couleur ni tache, ce neantmoins par examen l'on peut faire apparoir directement qu'il y a du metal parmy lesdittes pierres, combien qu'elles soyent aussi cleres, nettes & transparentes, que lors qu'elles estoyent encor en eau.

Theorique.

Tu dis tousiours qu'il est impossible: & ton opinion veut surmonter celles de plusieurs milliers d'hommes, qui sont plus doctes sans comparaison que toy, lesquels te feroyét rougir, si tu auois entrepris de disputer contre eux: Car tu n'as pas beaucoup de raisons, & ils t'en ameneroyent vn milier, ausquelles tu ne sçaurois contredire.

Practique.

S'il n'estoit question que de raisons, i'en ay vn grand nombre, que la moindre suffira pour vaincre toutes celles qu'ils me sçauroyent amener.

G 3 *Theo-*

Theorique.

Ie te prie donc donne moy vne de ces belles raisons que tu dis.

Practique.

Quand les alchimistes veulent faire de l'or ou de l'argent, il calcinent & puluerisent leurs metaux, & les ayans puluerisez par calcinations, ils se trauaillent pour faire regenerer lesdites matieres. Or si par ce moyen ils peuuent faire nouuelle generation des metaux hors la matrice ou ils ont esté faits premierement, il leur seroit beaucoup plus aisé de faire regenerer vne noix, vne poire, ou vne pomme, qu'ils auroyent mise en poudre. Di donc au plus braue d'iceux qu'il pile vne noix, i'entés la coquille & le noyau, & l'ayāt puluerisée qu'il la mette dedans son vaisseau alchimistal, & s'il fait rassembler les matieres d'vne noix, ou d'vne chastaigne pilée, les remettant au mesme estat qu'elles estoyent au parauant, ie diray lors qu'ils pourront faire l'or & l'argent, voire mais ie m'abuse, car ores qu'ils peussent rassembler & regenerer vne noix ou vne chastaigne, encores ne se roit ce pas la multiplier n'y augmenter de cent parties, comme ils disent que s'ils estoyent trouué la pierre des philosophes, chascun poix d'icelles augmēteroit de cent. Or ie sçay qu'ils feront aussi bien l'vn que l'autre.

Theorique.

Pourquoy est ce que tu m'allegues des noix,

des

des chaſtaignes & autres fruits? veu que ce ſont
ames vegetatiues, ne pouuant eſtre formées ſinon
auec vn long temps, & faut que premierement
elles ſoyent venues de ſemences. Mais quant aux
metaux, il n'y à nulle raiſon de les accomparager
aux fruicts: d'autant que leurs corps & leur effect
eſt inſenſible.

Practique.

A ce ie reſpond qu'il eſt beaucoup plus aiſé de
contrefaire vne choſe viſible, que non pas celle
qui eſt inuiſible. les fruits ſont formez viſiblemēt
& toutesfois il eſt impoſſible de les contrefaire:
mais encores eſt il plus aiſé que non pas les metaux. Et quant eſt de ce que tu dis que les fruits ſe
forment par vne action vegetatiue, & que les metaux ſont corps mors & inſenſibles, en ceſt endroit ie te veux reueler vn ſecret que tu n'entends
pas. Sçache donc que deſlors que Dieu crea la terre, il miſt en icelle toutes les ſubſtances qui y ſont
& qui y ſerōt: car autremēt nulle choſe ne pouroit vegeter, n'y prendre forme: & faut croire que
les arbres plantez & ſemencez, ont pris accroiſſement des le commencement de leur nature par le
commandement de Dieu, & depuis (comme iay
dit en parlant des fonteines) les hommes ayans
des ſemences ſauuages les ont ſemees, cultiuées,
tranſplantées. Mais leſdittes ſemences ne pouroyent prendre accroiſſement ſi la matiere de l'a-
croiſſement n'eſtoit en terre. Il faut donc con-

clure

clure que deflors que la terre fuft crée qu'auec elle furent crées toutes matieres vegetatiues, toutes douceurs & amertumes, toutes couleurs, fenteurs & vertus, & de là vient, que chacune des femences eftant iettée en terre, attirent à foy o-
deurs & vertus. Aucunes attirent des matieres ve-
neneufes & pernicieufes, prenant toutes ces chofes en la terre.

Theorique.

Tout ce que tu m'as allegué cy deffus ne fait
rien contre mon opinion.

Practique.

Si fait : car tout ainfi que ie t'ay dit que les femences ou matieres de toutes chofes vegetatiues,
eftoyent crées des le commencement du monde
auec la terre : Auffi t'ay ie dit que toutes les matieres minerales (que tu appelles cors mors) furent auffi crées comme les vegetatiues, fe trauaillent à produire femêces pour en engendrer d'autres. Auffi les minerales ne font pas tellemét mor-
tes qu'elles n'enfantent & produifent de degré en
degré chofes plus excellentes, & pour mieux te le
fair entendre, les matieres minerales font entremeflées & inconnues parmy les eaux, en la matrice de la terre, ainfi que toute humaine creature &
brutale eft engendrée fouz efpece d'eau en fa formation:& eftant entremeflées parmy les eaux, il y
a quelque matiere fuprefme, qui attire les autres
qui font de fa nature pour fe former. Et ne faut

penfer

penser qu'au parauant leur formation & congelation leur couleur fust connue parmy les eaux. Mais comme tu vois que les chastaignes sont blanches en leur premiere formation, & noires en leur maturité: les pommes noires au commencement, & rouges en leur maturité: les raisins verds en leur premiere essence, & noirs en leur maturité: Semblablement les metaux en leur premier estre n'ont aucune couleur que d'eau seulement: & cela ay-ie connu auecques vn grand trauail; protestant que iamais ie n'en ay rien cherché en intention de pretendre au fait de l'alchimie. Car i'ay tousiours estimé la chose impossible: ie di si fort impossible, qu'il n'y à homme qui me sçeust donner raisons legitimes, que cela se puisse faire. Quand i'ay côtemplé les diuerses euures & le bel ordre que Dieu à mis en la terre, ie me suis tout esmeruillé de l'outrecuidance des hômes: car ie voy qu'il y à plusieurs coquilles de poissons, lesquelles ont vn si beau polissement qu'il n'y à perle au monde si belle. Entre les autres y en à vne au cabinet de monsieur Rasce, qui à vn tel lustre, qu'elle semble vne escarboucle, à cause de son beau polissement, & voyant telles choses ie dy en moy mesme, pourquoy est ce que ceux qui disent sçauoir faire l'orne puluerisent vn nombre desdites coquilles & en faire de la paste pour en former quelque belle coupe? ie suis asseuré qu'vne coupe bien faitte de telle matiere seroit plus chere &
plus

plus precieuſe que l'or. Ou bié que ne regardét ils
dequoy le poiſſon à formé ceſte belle maiſon, &
prendre de ſemblables matieres, pour faire quelque beau vaiſſeau. Le poiſſon qui fait laditte coquille n'eſt ſi glorieux que l'homme, c'eſt vn animal qui à bien peu de forme, & toutesfois il ſçait
faire ce que l'homme ne ſçauroit faire. En quelque partie de la mer Oceane, ſe trouue vne grande
quantité de poiſſons portans chaſcun vne coquille ſur le dos, lequel ſatache contre le roc, & par ce
qu'il eſt couuert de ſa coquille, il forme au deſſus
d'icelle ſix trous, pour auoir aër, ou pour receuoir
nourriture ; & ainſi qu'il augmente ſa coquille, il
fait vn nouueau trou, & en ferme vn autre; La plus
grande deſdites coquilles n'eſt pas plus grande
que la main de l'homme : Le dedans de ladite coquille eſt de couleur de perle, & plus beau: par ce
qu'il tient des couleurs de l'arc celeſte, comme la
pierre que l'on appelle opalle: Le deſſus de ladite
coquille eſt aſſez rude & mal plaiſant, à cauſe de
l'eau de la mer qui donne deſſus: Mais quant la
croute en eſt oſtée, le deſſus de laditte coquille eſt
auſſi beau que le dedans. Ledit poiſſon n'a aucune
forme, & toutesfois il ſçait faire ce que les alchimiſtes ne ſçauroyét faire. Il y à vne iſle en laquelle ſe trouue ſi grande quantité dudit poiſſon, que
les habitans d'icelle en engraiſſent les pourceaux,
& pour les arracher de leurs coquilles, ils les font
boullir, & font bruſler leſdites coquilles, pour
　　　　　　　　　　　　　　　　　　　faire

faire de la chaux.

Theorique.

Pourquoy est ce que tu me fais vn si long discours d'vne coquille, veu que nostre propos n'est
autre que du fait de l'alchimie?

Practique.

C'est pour vaincre ton erreur & de tous ceux qui
sont de ton opinion, que i'ay mis en auant vn
poisson le plus difforme que l'on sçauroit trouuer
en toutes les parties maritimes, lequel sçait faire
vne maison peinte d'vne telle beauté que tous les
alchimistes du monde n'en sçauroyent faire vne
semblable. I'ay plusieurs fois admiré les couleurs
qui sont esdittes coquilles, & n'ay peu comprend-
dre la cause d'icelles: toutesfois en fin i'ay consideré que la cause de l'arc celeste n'estoit sinon d'autant que le soleil passe directement au trauers des
pluyes qui sont opposites de l'aspect du soleil: car
l'on ne vist iamais l'arc celeste que le soleil ne luy
fust opposite; Aussi ne vist on iamais l'arc celeste
que la pluye ne tombast deuers la partie de sa formation: Suyuant quoy i'ay pensé que quand ledit
poisson fait sa maison, il se met sur quelque roche, alendroit de laquelle l'eau de la mer n'a pas
beaucoup d'espoisseur, & que pendant le temps
que ledit poisson forme sa maison, le soleil donne
au trauers de l'eau & cause les couleurs de l'arc celeste en ladite eau, & les matieres desdittes coquilles estant aqueuses & liquides en leur forma-

tion

tion & congelation retiennent les couleurs acti-
onnées par la reuerberatiõ du soleil passant au trauers desdittes eaux. Voila commēt il y a temps &
saisõ aussi bié pour les hómes que pour les bestes,
les vegetatifs qui n'ont aucun sentimēt nous donnent enseignemēt de ces choses, i'ay veu plusieurs
fois besongner les limaces à bastir leurs maisons,
mais, iamais hóme ne les vist bastir en tēps d'hyuer. Les abeilles ou mouches à miel & autres animaux ne le font pas aussi. parquoy il est aisé à conclure q̃ les metaux & tous mineraux ont quelque
saison pour leur formation, qui nous est incõnue.
Nous pouuons connoistre en ces choses, la folie
de ceux qui veulent entreprendre de generer l'or
& l'argent hors la matrice de la terre, & qui plus
est, les veulent engendrer sans cõnoistre les matieres propres à leur essence: & (encore piz) veulent faire par feu ce qui est naturellement fait par
eau. Et (comme i'ay dit cy dessus) les matieres des
metaux sont en telle sorte cachées, qu'il est impossible à l'homme de les connoistre au parauant
qu'elles soyent congelées, non plus qu'vne eau en
laquelle l'on auroit fait dissoudre du sel, nul ne
sauroit dire qu'elle fust salée sans la taster à la langue.   Theorique.

Et comment sçais tu ces choses, & surquoy te
fondes tu, pour entreprendre de parler à l'encontre de tant de sçauans philosophes, qui ont fait de
si beaux liures d'alchimie? veu que tu n'es ny Grec
n'y

ny Latin ny gueres bon François.
Practique.

Ie te le diray. Il aduint vn iour que ie fis bouillir
& diſſoudre vne liure de ſalpetre dedans vn chaudron plein d'eau,& puis ie le mis refroidir,& quāt
elle fuſt froide, ie trouuay le ſalpeſtre qui en ſe
conglaçant s'eſtoit attaché audit chaudron par
glaçons longs,ayāt forme quadrangulaire. Quelque temps apres i'achetay du criſtal qui auoit eſté
apporté d'Eſpaigne, qui eſtoit formé ainſi que le
ſalpeſtre que i'auois fait diſſoudre. Ie connuz lors
que combien que les metaux ſoyent corps morts
(comme tu as dit) toutesfois le criſtal n'eſt pas
tellemenr mort qu'il ne luy ſoit donné de ſe ſçauoir ſeparer des autres eaux,& au milieu d'icelles
ſe former par angles & pointes de diamants ; &
comme il eſt donné au criſtal,ſalpeſtre & ſel commun, de ſe ſçauoir cōgeler & faire vn corps apart
au milieu de l'eau commune,il eſt donné auſſi aux
matieres minerales de faire le ſemblable, comme
ie prouue par vne ardoiſe que tu vois icy, en laquelle ſont pluſieurs marcaſites formez. Et non
ſans cauſe t'ay-ie mis en auant le propos de ceſte
ardoiſe: car elle me donne à connoiſtre la concluſion de ce que i'ay allegué cy deſſus. Tu vois que
les marcaſites metaliques qui ſont en icelles ſont
quarées par faces ſemblables à vn dé. Si ie te demande lequel des deux à eſté formé le premier,
ou l'ardoiſe ou le marcaſite, tu ne me ſçaurois
reſpon-

refpondre; ſe ſeray donc le preſtre Martin, ie me
reſpondray moy meſme, prenant pour argument
les coquilles, leſquelles ie preuue eſtre formées
dedans l'eau qui depuis ont eſté petrifiées & l'eau
& les vaſes ou elles habitoyent. Et tout ainſi comme les coquilles eſtoyent formées au parauant
qu'eſtre petrifiées, & le lieu ou elles habitoyent:
Semblablement les marcaſſites qui ſont en ceſte
ardoiſe eſtoyent formées au parauant l'ardoiſe, &
eſt choſe certaine que quand elles ſe formoyent
elles eſtoyent couuertes d'eau meſlée de terre, laquelle depuis s'eſt reduite en ardoiſe, & les marcaſites ont demeuré en leurs propres formes en-
chaſſées dedás laditte ardoiſe, comme les coquilles ſe trouuent anchaſſées dedans la pierre. Conclus donc que leſdites marcaſites ſont formées
d'vne matiere qui (au parauant ſa formation) e-
ſtoit incónue dedans les eaux, & par vn ordre que
Dieu à mis en nature, les matieres, qui au parauant eſtoyent vagantes, ſe ſont formées en telle
ſorte, que les hommes deuroyent grandement
s'eſmerueiller des euures de Dieu, & connoiſtre
que c'eſt vne grande folie de le penſer imiter en
telle choſe, quelque temps apres que i'eus pris
garde à ce que deſſus ie m'en allois par les champs
la teſte baiſſée, pour contempler les euures de nature: lors ie trouuay certains mercenaires qui tiroyent de la mine de fer, aſſez bas dans la terre, &
laditte mine eſtoit en pierres d'enuiron la groſſeur

feur d'vn œuf, ie nomme la groffeur par ce qu'és
Ardennes la mine de fer y eft fort menue. or celle
que lefdits mercenaires tiroyent n'auoit aucune
forme, les vnes pierres eftoyent longues & les autres rondes, bicornues, felon le lieu ou la matiere
s'eftoit arreftée au temps de fa congelation. Quelque temps apres i'en trouuay certaines pierres af-
fes groffes, que toute la fuperficie eftoit formée
a pointes de diamants. ie fus plufieurs ans a fon-
ger qui pouroit eftre la caufe de la forme defdittes pointes, & ne pouuant entendre la caufe, ie la
mis quelque temps à nonchaloir, ne m'en fou-
ciant plus. Et comme vne autre fois ie cherchois
la caufe de la formatiõ de toutes pierres, qui d'vn
cofté eftoyent formées à pointes de diamants, &
eftoyent lefdittes pointes pures, nettes, candides,
& tranfparantes comme criftal; & de l'autre cofté
elles eftoyent tenebreufes, rudes, & mal plaifan-
tes. Or d'autãt qu'elles auoyẽt efté cõgelées en ce
mefme lieu, iay conneu que la partie diaphane e-
ftoit formée d'eau pure, & la partie tenebreufe d'v
ne eau trouble meflee de terre : Mais quant aux
pointes de diamãts ie n'en fçeus encores pour lors
entendre la caufe, il aduint vn iour que quelqu'un
me mõftra de la mine d'eftain qui eftoit ainfi formée par pointes, vne autre fois me fuft monftré
de la mine d'argent tenant encores auec la roche,
ou les matieres dudit argent auoyent efté conge-

lées,

lées, laquelle mine eſtoit auſſi formée en pointes
de diamans. Quand i'ay eu conſideré toutes ces
choſes iay conneu que toutes pierres & eſpeces
de ſels, marcaſſites & autres mineraux, deſquels la
congelation eſt faitte dans l'eau, apportent en ſoy
quelque forme triangulaire, ou quadrangulaire,
ou pentagone, & le coſté qui eſt en terre & contre le roc, ne peut porter autre forme que celle de
l'aſſiete du lieu ou elle repoſoit au temps de ſa cõ-
gelation. Voila qui ſuffira pour renuerſer les opinions de tous ceux qui cherchent a faire l'or &
l'argent par ſon contraire. Car puis qu'il y à des
formes de pointes de diamant és minieres d'or,
d'argẽt, de plomb, d'eſtain & autres metaux, tu te
peux aſſeurer que la principale matiere d'iceux
n'eſt autre choſe qu'vn ſel diſſoult, lequel habitant
auec les autres eaux ſe ſepare d'auec icelles, a tirant
a ſoy les choſes qu'il aime, pour les congeler &
reduire en metal. Et combien que tous les philoſophes ayent conclud que l'or eſt fait de ſouphre,
& d'argent vif, ie maintiens que le ſouphre que
nous voyons, ne ſe ſçauroit meſler auec les matieres minerales ou ſemences d'icelles, bien con-
feſſerai-ie que parmy les eaux il y à quelque genre
d'huile, lequel eſtant meſlé auec l'eau & le ſel mineral, ayde a la generation des metaux, & les metaux eſtans paruenuz en leur perfaite decoction,
l'huile eſt lors congelée parmy le metal, & prend
le nom de ſouphre. Il y à des ſecrets ſi fort cachez

&

& inconneuz en toutes natures , que de tant plus
vn homme sera sçauanten philosophie , de tant
plus il craindra les hazards qui suruiennent ordinairement en toutes entreprises fusibles, metaliques,& vulcanistes. N'est ce pas chose estrange &
de grande consideration qu'il y a , à Montpelier
certaines eaux ou l'on reduit le cuyure en verd de
griz,& tout aupres d'icelle,il y à autres eaux ou l'ó
n'en sçauroit faire ? Ny a il pas aussi des eaux qui
sont bonnes aux teintures & à cuire legumes , &
autres eaux bien pres d'icelles n'y vaudront rien.
I'ay veu du temps que les vitriers auoyent grand
vogue , à cause qu'ils faisoyent des figures és vi-
treaux des temples, que ceux qui peignoyent lesdittes figures n'eussent osé menger aux, n'y oi-
gnons. Car s'ils en eussent mégé la peinture n'eust
pas tenu sur le verre. I'en ay connu vn nommé
Iean de Connet, parce qu'il auoit l'alene punaise,
toute la peinture qu'il faisoit sur le verre ne pouuoit tenir ancunement, combien qu'il fust sça-
uant en son art. Les historiens disent que s'il y a
vne palme plantée sur le bord d'vn fleuue , & vne
autre de l'autre costé dudit fleuue, que les racines
iront de l'vn à lautre par dessous ledit fleuue , à
cause de l'amitié ou affinité qu'elles ont ensemble.
Il est certain aussi que les femmes alaictantes , e-
stás loing de leurs enfans endormis, sentét à leurs
memmelles quand ils crient estant esueillez. I'ay
veu vne femme pudique saige & honorable, que

H quand

quand son mari estoit aux champs, elle sentoit par quelque mouuemént secret, le iour que son mary deuoit arriuer. Tels mouuemens ne sont pas seulement aux creatures humaines & brutales, mais aussi aux vegetatiues & metaliques. Et tout ainsi comme les matieres animées se seruent de choses alimentaires, & en ayant pris la substance nutritiue, enuoyent le demeurant és vaisseaux excrementaires, semblablement les metaux engendrét quelques excrements inutiles apres leur formation. Ie prens donc le souphre comme vne colofaigne ou excrement qui à serui à la generation, laquelle estant perfaite les excrements n'y seruent plus de rien, & si cela aduient és creatures humaines & brutales, aussi fait il a tous vegetatifs. Et qu'ainsi ne soit, tu vois les noix & les chastaignes qui ont vne robbe excrementale, & deslors qu'elles viennent a leur perfection elles iettent en bas leurs robbes comme vn excrement inutile. Ainsi toutes semences ou plantes vegetatiues, produisent quelque chose pour leur aider & seruir pour vn temps seulement. Semblablement ceux qui affinent les mines des metaux, separent le souphre d'auec le metal : comme chose inutile, tout ainsi comme le laboureur separe le bled d'auec la paille. Voila pourquoy ie te di que le souphre vulgaire n'est pas tel comme lors qu'il à generé les metaux, & qu'au parauant ce ne pouuoit estre qu'vne huile inconnue; tout ainsi que tu vois que la gomme

me n'eſt qu'vne eau quand elle eſt au dedans de
l'arbre, & quand elle eſt ſortie & qu'elle decoule le
long de larbre elle ſe deſſeche & endurciſt, & lors
elle prend le nom de gomme. La terebentine eſt
vne huile qui diſtille des piniers, & quand elle eſt
cuitte elle s'édurciſt, & puis s'appelle poix-raſine,
Voila comment il faut que tu entendes que la
generation des metaux eſt faite par matieres &
vertus inconnues aux hommes. Et ne penſe pas,
que le vif argent ſoit autre choſe qu'vn commencement de metal, fait ou commencé par vne matiere aqueuſe & ſalcitiue. Ie ne dis pas de ſel com-
mum; car ie ſçay que le nombre des eſpeces de
ſels eſt infiny à noſtre connoiſſance, comme ie te
feray entendre cy apres en parlant des ſels.

Theorique.

Tu és terriblement prompt à detracter des
philoſophes, & c'eſt la plus belle choſe du monde
que la philoſophie. car par philoſophie l'ô fait des
diſtillations les plus vtiles pour la medecine que
choſe que l'on ſçauroit trouuer: meſme l'on tire
par philoſophie toutes ſeteurs, vertus & ſaueurs,
tant des eſpiceries que de toutes choſes odoriferantes. *Practique.*

Tu te moques bien de moy, de dire que i'ay en
haine la philoſophie, & tu ſçais bien que ie n'ay,
rien en plus grande recommandation, & que
ie la cherche tous les iours, & ce que i'en parle
n'eſt pas contre les philoſophes actuels & dignes

H 2   de

de ce nom. Mais ie parle contre ceux qui meritent plus d'eftre appellez antiphilofophes q̃ philofophes. Car ie louë grandement les diftillateurs
& tireurs d'effences, & eftime cette fcience gráde-
ment vtile & proufitable. Ie n'entens parler finon
contre ceux qui veulét vfurper (pour viure à leur
aife vn fecret que Dieu à referué à foy, auffi bien
cóme la puiffance de faire vegeter & croiftre toutes plátes & toutes chofes. Car c'eft Dieu luy mefme qui a ietté la femence des metaux en la terre.
Et ils veulent entreprendre de faire vne euure qui
fe fait occultement dans la terre, de laquelle ils ne
connoiffent ny le moyen ny les matieres, ny par
qu'elle vertu ny comment, ny en combien de téps
la chofe peut paruenir à fa perfectió. L'on à quelque connoiffance du temps quil fault pour la maturité des bleds & autres femences : Mais quant
eft de la femence des metaux, ils n'en ont aucun
tefmoignage, ny connoiffance de la vertu, par laquelle les matieres fe lient & congelent. Ie fçay
bien que ces chofes ont quelque vertu d'attirer
l'vn a l'autre, comme l'aimant tire le fer. Auffi
fçay ie bien que quelque fois i'ay pris vne pierre de matiere fufible, qu'apres l'auoir pilée &
broyée auffi finement que fumée, & l'ayant ainfi
puluérifée ie la meflay parmy de la terre d'argile,
& quelques iours apres quánd ie vouluz befongner de laditte terre, ie trouuay que laditte pierre
s'eftoit commencée à raffembler, combien qu'elle fut

le fuſt meſlée ſi ſubtilement parmy la terre, que
nul homme n'en euſt ſçeu trouuer vne pierre auſſi groſſe que les petits atomes que lon void dedans les rayons du ſoleil, entrant dans la chambre,
choſe que i'ay trouué merueilleuſement admirable. Cela te doit faire croire que les matieres des
metaux ſe raſſemblent & congelent admirable-
ment, ſuyuant l'ordre & vertu admirable que Dieu
leur à ordonné.

Theorique.

Tu as beau parler contre l'alchimie, toutefois
i'ay veu pluſieurs philoſophes qui m'ont baillé de
grandes raiſons du fait de la generation de l'or &
autres metaux.   ### Practique.

Ie me doute que ceux que tu appelles philoſophes, ne ſoyent les plus grands ennemis de philoſophie. Car ſi tu ſçauois que c'eſt que philoſophie
tu cõnoiſtrois que ceux qui cherchent à faire l'or
& l'argent, ne meritent pas ce titre: par ce que
philoſophe veut dire amateur de ſapience. Or
Dieu eſt ſapience: l'on ne peut donc aimer ſapience ſans aymer Dieu. Et ie m'emeruaille comment
vn tas de faux monnoyeurs, leſquels ne s'eſtu-
dient qu'à tromperies & malices, n'ont honte de
ſe mettre au reng des philoſophes. Or cõme i'ay
dit des le cõmencement, l'auarice eſt racine de
tous maux, & ceux qui cherchent à faire l'or &
l'argent, ne peuuent eſtre exemps du titre d'auaricieux, & eſtants auaricieux, ne peuuent eſtre dits

philofophes n'y compris au nombre de ceux qui
aiment fapience. I'ay mis ce propos en auant par
ce que tous ceux qui cherchent à faire l'or & l'argent, ont toufiours ce mot en la bouche, que les
fecrets de fçauoir faire les metaux n'apparticnnēt
finon aux enfans de philofophie, & non feulement le difent de bouche, mais le mettent és liures imprimez : comme ainfi foit qu'il fut imprimé à Lyon vn liure de l'or potable, du temps que
le Roy Henri troifieme y eftoit à fon retour de
Polongne, auquel liure eft clairement eferit, que
l'alchimie ne doit eftre reuelée finon aux enfans
de philofophie. S'ils font enfans de philofophie,
ils font enfans de fapience : & confequemment
enfans de Dieu. Si ainfi eftoit il feroit bon que
nous fuffions tous de la religion des alchimiftes.

Theorique.

Tu m'as allegué cy deffus des chaiftaignes, des
noix, & autres fruits : Mais cela ne fait rien contre
moy : par ce que les metaux font vn & les fruits
font vn autre.

Practique.

I'ay grand honte que ce propos dure fi longuement : toutesfois à caufe de ton opiniatrife ꞁ
parleray encores de ce fait. Que ne confideres ꞁ
le fait de l'aimant, qui par vne vertu fingulier
attire à foy le fer : combien qu'il n'ait nulle am
vegetatiue ; & fi ainfi eft hors de la matrice de ꞁ
terre, combien cuides tu qu'il aye plus grāde ver
tuꞁ

tu en la terre , quãd il eſt encores en matiere liquide? l'aimant n'eſt pas ſeul qui ait pouuoir d'attirer à ſoy les choſes qu'il aime : Ne vois tu pas le
Iayet & L'ambre, leſquels attirẽt le feſtu? Item de
l'huille eſtant iettée dedans l'eau ſe ramaſſe à part
de laditte eau, veux tu meilleures preuues que du
ſel commun, du ſalpeſtre, de l'alun, de la coperoze,
& de toutes eſpeces de ſels? leſquels eſtãs diſſouz
dedens l'eau ſe ſçauent bien ſeparer & faire vn
corps à part diſtingué & ſeparé d'auec l'eau, & en
confirmant ce que i'ay dit cy deſſus, ie te di encores, que la ſemence des metaux eſt liquide & inconnue aux hommes : Et tout ainſi que ie t'ay dit
que la ſemence du ſel liquide ſe ſçait ſeparer de
l'eau commune, pour ſe congeler : autant en eſt
il des matieres metaliques. Et te faut icy philoſopher encores de plus pres : regarde les ſemences quand l'on les iette en terre, elles n'ont qu'ne
ſeule couleur , & venant à leur croiſſance & inatu-
rité elles ſe forment pluſieurs couleurs, les fleurs,
les branches , les feulles & les boutons , ce ſeront
toutes couleurs diuerſes , & meſine en vne ſeule
fleur il y aura diuerſes couleurs. Semblablement
tu trouueras des ſerpens , des chenilles , & papil-
lons, qui ſeront de pluſieurs belles couleurs. Venons à preſent à philoſopher plus outre , tu me
cõfeſſeras que d'autãt que toutes ces choſes prennent nourriture en la terre , que leur couleur procede auſſi de la terre : Et ie te diray par quel moy-
H 4   en? &

en? & qui en eſt la cauſe ? Si tu peux attirer de la
terre par art alchimiſtal, les couleurs diuerſes côme font ces petis animaux, ie t'accorderay que tu
peux auſſi attirer les matieres metaliques, & les
raſſembler pour faire l'or & l'argent. Mais (comme ie t'ay dit tant de fois) tu y procedes tout au
contraire de la nature. Tu as entendu par mes arguments que toutes matieres metaliques ſont
aqueuſes & ſe forment dedans l'eau, & ce pendant
tu les veux former par le feu, qui eſt ſon contraire.
Ne t'ay-ie pas monſtré euidemment par vne ardoiſe remplie de marcaſites, que les matieres metaliques eſtant encores fluides dedans les eaux, elles s'atirét l'vne à l'autre pour ſe reduire en corps:
& comme i'ay touſiours dit, elles ſont inconnues
& indiſtinguibles des autres eaux, iuſques à leur
congelation.

Theorique.

Ie trouue fort eſtrange que tu dis que les matieres metaliques ſont incônues dedans les eaux,
& toutesfois l'on void le contraire. car tous tant
qu'il y à de philoſophe diſent que tous metaux
ſont compoſez de ſouphre & de vif argent. S'il eſt
ainſi pourquoy croiray-ie qu'ils ne ſe peuuent cô-
noiſtre dedans l'eau ? car ie ſuis certain que s'il y
en auoit dedans l'eau ie les connoiſtrois bien.

Practique.

Et comment n'as tu point de ſouuenance que
ie t'ay allegué le ſel commun & autres, pour te
faire

faire entendre que tout ainſi que le ſel n'à aucune
couleur eſtant liquide dedans l'eau, que auſſi les
matieres metaliques n'ont aucune couleur, iuſques à leur congelation. Mais ils la prennent en ſe
r'aſſemblant & congelant : tout ainſi que toutes
eſpeces de fruits changét de couleur en leur croiſſance & maturité. Si ie voulois alléguer les ſemé-
ees humaines & brutales, y trouuera on quelque
couleur au parauant leur formation ? non ! non
plus qu'aux metaux. Ie t'ay deſia dit cy deſſus que
tu n'as iammais veu ſouphre, ne vif argent, qui ne
fut congelé, & qu'au parauant ils n'eſtoyent pas
de la couleur qui ſont à preſent, & qu'ils eſtoyent
inconnus, comme le ſel eſt inconnu dedans l'eau
de la mer. Il y à long temps que ie penſois faire
fin au propos de l'alchimie, eſtimant qu'en parlât
des pierres tu pourois connoiſtre la verité de mes
preuues: Mais par ce que ie te trouue de dure ceruelle & par trop arreſté en ton opinion, ie ſuis
contraint pour conclure à ce que deſſus, te dire
qu'il ne ſe peut entendre autre choſe des metaux,
ſinon ce que les natures humaines, brutales & vegetatiues me donnent à connoiſtre: Qui eſt, que
quand la chaſtaigne, la noix, & tous autres fruits,
ſont ſemez en terre : en iceux ſont enclos les racines, les branches, les feuilles, & toutes les parties:
vertus, ſenteurs & couleurs, que l'arbre ſçauroit
produire quand il ſera né. Auſſi qu'en la ſemence
des natures humaines & brutales, les os, la chair,

le ſang

le sang & toutes les autres parties sont comprises
en ladicte semence. Et tout ainsi que tu vois que
nulle de ces choses ne demeure en sa premiere
couleur: Mais en la croissance d'iceux ils chágent
de couleur, & en vne mesme chose y à plusieurs
couleurs : En cas pareil te faut croire que les semences des metaux (qui sont matieres liquides
& aqueuses) changent de couleur, pesanteur &
dureté. La premiere connoissance que i'ay eu de
ces choses, fut à vne miniere de terre argileuse,
qui estoit à vne tuilerie pres saint Sorlin de Marennes és isles de Xaintonge, là ou ie trouuay parmy ladicte terre vn grand nombre de marcasites
de diuerses grandeurs & pesanteurs, toutes lesquelles estoyent formees de telle sorte que l'on
pouuoit iuger, que la matiere de leur formation
estoit liquide, & qu'elle estoit cheutte du haut en
bas, és iours de sa congelation, tout ainsi que si
l'on auoit laissé tomber de la cire fondue petit à
petit pour la faire congeler.

Theorique.

I'ay bien entendu tes raisons. Mais ne seroit-ce
pas vn grand bien en France, s'il y auoit cinq ou
six hommes qui fussent paruenuz à leur fin, touchant la pierre des anciens philosophes. Car i'ay
entendu par le dire de plusieurs alchimistes que
s'ils y estoyent paruenuz, ils feroyent assez d'or,
pour faire la guerre contre tous aduersaires : &
mesme comtre le Turc.

Practi-

Practique.

Entre tous les propos que tu as dit par cy deuant, il n'y en à pas vn si esloigné de sapience que
celuy que tu viens de dire: Mais ie di au contraire
qu'il vaudroit mieux vne peste, vne guerre, & vne
famine en France, que non pas six hommes qui
sçeussent faire l'or en si grande abondance que tu
dis. Car apres que lon seroit asseuré que la chose
se pourroit faire, tout le monde mespriseroit le
cultiuement de la terre, & s'estudieroit a chercher
de faire de l'or, & par ce moyen la terre demeu-
reroit en friche, & toutes les forests de la France
ne sçauroyent fournir de charbon tous les alche-
mistes l'espace de six ans. Ceux qui ont veu les hi-
stoires disent que vn Roy ayant trouué quelques
mines d'or en son Royaume, employa la plus
grande partie de ses suiets pour tirer & affiner laditte mine, qui causa que les terres demeuroyent
en frische, & la famine commença audit royaume. Mais la Royne (comme prudente & esmeüe
de charité enuers ses suiets) fist faire secretement
des chapons, poulets, pigeons, & autres viandes
de pur or, & quant le Roy vouluft disner, elle le
fist seruir desdittes viandes, dont il fust ioyeux,
n'entendant pas à quoy la Royne tendoit : mais
voyant que l'on ne luy apportoit point d'autres
viandes, commença à se fascher, quoy voyant la
Royne le supplia de considerer que l'or n'estoit
pas nourriture, & qu'il valoit mieux employer
ses

ſes ſuiets à cultiuer la terre que non pas à chercher
les mines d'or. Si tu ne te yeut arreſter à vn ſi bel
exemple, entre en toy meſmes, & t'aſſeure que s'il
y auoit ſix hommes en France, comme tu dis, qui
ſçeuſſent faire l'or, ils en feroyent ſi grande quantité que le moindre d'eux ſe voudroit faire monarque, & ils ſe feroyent la guerre entre eux, &
apres que la ſcience ſeroit diuulguee, il ſe feroit ſi
grande quantité d'or qu'il viendroit à tel meſpris,
que nul n'en voudroit bailler pain ne vin pour eſ-
change. Ie ne di pas que ce ne ſoit choſe iuſte que
les princes commettent gens és minieres, meſmes des forſaires criminels, pour extraire leſdites
mines, afin de s'en ayder, tant pour le commerce
que pour les inſtruments neceſſaires, que l'on
forme deſdits metaux.

Theorique.

Tu m'as cy deſſus donné beaucoup d'arguméts
contre ceux qui veulent generer les metaux par
chaleur, & meſme t'és vanté de prouuer vn cinqieſme element: deſquelles choſes ie ne puis me
contenter, ſi ie n'ay vne concluſion plus certaine.

Practique.

Ie ne puis conclure autre choſe ſur le fait des
metaux, ſinon la meſme choſe que i'ay dit cy deſſus: que toutes matieres metaliques ſont liquides,
fluides, & diafanes, & inconnues parmy les eaux
communes, iuſques à leur congelation, & quand
eſt du cinqieſme element, ie ne te puis donner
autre

autre preuue que celle que i'ay donné publique-
ment deuant mes auditeur, òu tu estois present,
dont la preuue a esté faite par vne pierre, que tu
vois icy.

Ne te souuient il pas qu'en faisant la demonstration de c'este pierre, que ie disois que toutes pierres ayans forme triangulaire, ou pentagonne, ou
quadrangulaire, ou a pointes de diamants, estoyent formées dedans l'eau, & qu'autrement elles
ne pouuoyent prendre les formes susdittes: ayant
donc resolu vn tel argument, ie leur monstrois laditte pierre, laquelle est composée de trois matieres diuerses, sçauoir est, le dessus de laditte pierre
est de cristal pur & net, formé en la superficie su-
perieure en pointes de diamants, & l'autre partie
suyuante au dessouz d'icelle, est de mine d'argent:
& la troisiesme partie est d'vne pierre commune,
qui donne clairement a entendre que celle que
i'appelle commune qu'aucuns appellent tuf, semblable a celle des carrieres, estoit formée la premiere, & depuis sa formation la matiere d'argent
descendant d'en haut au parauant sa congelation,
s'est arrestée sur la carriere de laditte pierre, &
quelque temps apres s'est congelée en mine d'argent, & en vn autre temps, la matiere cristaline
s'est arrestée sur laditte mine, & s'est congelée &
formée en pointes de diamants, & ce durant le
temps que les eaux communes estoyent plus han-
tes que lesdittes matieres : car autrement iamais
le cri-

le criftal ne fe fuft formé par pointes. Tu fçais bien
que tous ceux a qui i'ay fait demonftration de laditte pierre ont approuué mes arguments, fans
aucune contradiction.   Et pour venir à la preuue
du cinqiefme elemét : laditte pierre m'a auffi fer-
ui de preuue:par ce que leur ay prouué que iamais
ne fe forma criftal n'y autres pierres à pointes ou
à faces , qu'elles ne fuffent dedens les eaux communes , & que la verité eft telle , que le criftal , le
diamant , & toutes pieres diaphanes ne font formées que de matieres aqueufes,& puis que le criftal & autres pierres diaphanes fe forment au milieu des eaux communes , ne voulant auoir aucune affinité auec elles en leur congelation , non
plus que le fuif, la graiffe,les huiles,la poix-rafine
& autres telles matieres , lefquelles fe feparent
des eaux communes : Il faut conclure donc que
l'eau de laquelle le criftal eft formé, eft d'vn autre
genre que non pas les eaux communes : & fi elle
eft d'vn autre gére, nous pouuons donques affeurer qu'il y a deux eaux,l'vne eft exalatiue & l'autre
effenciue , congelatiue & generatiue , lefquelles
deux eaux font entremeflées l'vne parmi lautre,
en telle forte qu'il eft impoffible les diftinguer au
parauant que l'vne des deux foit congelée.

Theorique.

Si tu mets vn tel propos en auant l'on fe mo-
quera de toy : par ce que les philofophes tiennent
pour chofe certainne qu'il n'y à que quatre elements

ments : & s'il y auoit deux genres d'eau, comme tu dis, il y en auroit cinq.

Practique.

Ie te l'ay assez fait entendre par le cristal, lequel quand il se veut congeler le plus souuent dedens les neiges, il se separe des autres eaux, & les eaux cômunes qui sont demeurées en neiges se dissol-uent, & le cristal ne se peut dissoudre, n'y au soleil ny au feu : qui est vn argumét bien certain que les eaux cômunes ne font qu'aller & venir, môter & descendre, comme i'ay dit en parlant des fonteinnes, & t'ose dire encores, que les eaux congelatiues sont aussi euaporatiues & exalatiues, & leur habitation & demeure est parmi leau commune, iusques à leur congelation.

Theorique.

Il y à bien peu d'hommes qui veulent croire ce que tu dis : par ce qu'il voudront s'arrester aux philosophes antiques.

Practique.

Tu diras ce que tu voudras : Mais si est ce, que quand tu auras bien examiné toutes choses par les effets du feu, tu trouueras mon dire veritable, & me confesseras que le commence-mét & origine de toutes choses naturelles est eau: l'eau generatiue de la semence humaine & bru-tale, n'est pas eau commune, l'eau qui cause la ger-mination de tous arbres & plantes, n'est pas eau commune, & combien que nul arbre, n'y plante,

n'y

n'y nature humaine, n'y brutale, ne fçauroit viure
fans l'ayde de l'eau commune ; fi eft ce que parmi
icelle, il y en à vne autre germinatiue congelatiue,
fans laquelle nulle chofe ne pouroit dire ie fuis:
c'eft celle qui germine tous arbres & plantes , &
qui fouftient & entretient leur formation iufques
à la fin : & mefme quand la fin & confommation
d'iceux eft furuenue par feu, icelle eau generatiue
fe trouue és cendres , defquelles l'on peut faire du
verre femblable a l'eau de laquelle le criftal eft
formé, & ne faut que tu penfes que autrement les
bleds & autres plantes feiches fe puiffent foufte-
nir:par ce que l'eau exalatiue qui eftoit au parauant
leur maturité, s'eft exalée par l'attraction du foleil:
Mais l'eau cōgelatiue à toufiours fouftenu la forme de la paille. En ce cas pareil te faut croire que
combien que l'homme ne boiue que de l'eau cōmune en aparence, fi eft ce qu'en beuuant & men-
geāt il attire de ladite eau generatiue, ce qui eft en
toute matieres nutritiues: & felō l'effect de nature, la dureté des os eft caufée par l'actiō de l'eau cōgelatiue, & pour ces caufes, il y a plufieurs efpeces
d'os qui endurent plus grand feu que non pas les
pierres naturelles. Il te fera plus aifé de confumer
au feu vne pierre naturelle, que non pas les os
d'vn pied de mouton, ou les coquilles dœufs. Tu
peux par la cōnoiftre que l'eau criftaline, qui caufe
la veuë, à quelque affinité auec l'eau generatiue, de
laquelle les lunettes, le criftal & miroir font faits.

						Theo-

Theorique.

Il me semble que tu te contredis en parlant de ceste eau generatiue: par ce qu'en parlant des sels tu dis qu'il y a du sel en toutes choses, & que sans iceluy nulle chose ne pouroit estre.

Practique.

Tu ne trouueras point de contradiction en mes propos, veux tu que i'appelle l'eau de la mer sel, tandis qu'elle sera vagante parmy les eaux communes? ie ne puis appeller les choses fluides & liquides ou aqueuses (pendant qu'elles sont inconnues parmy les eaux communes) sinon eau. Non pas mesme les metaux au parauant leur congelation: par ce que ie t'ay dit que les matieres metaliques n'ont aucune couleur sinon d'eau, iusques à leur congelation.

Theorique.

Tu m'as tant de fois dit que les matieres metaliques estoyent liquides comme l'eau commune, au parauant leur congelation, toutesfois ie ne puis comprendre comment cela peut estre veritable, si tu ne me donnes preuues plus intelligibles.

Practique.

Ie ne te sçaurois donner preuues plus suffisantes que celles que i'ay monstré euidemment en ta presence à mes disciples, qui est (comme tu sçais) vn grand nombre de bois reduit en metal. Ne te souuient il pas que quãd ie faisois montre desdits bois, ie leur disois, comment seroit il pos-

fible que le bois fe fut reduit en metal, s'il n'eut
premierement long téps repofé dens les eaux metaliques entremeflées parmy les eaux communes?
& fi les eaux metaliques n'euffent eflé autât liquides & fubtiles comme les communes, comment
euffent elles peu entrer dens le bois & l'embiber
par toutes fes parties, fans luy ofter aucunemét fa
forme premiere?c'eft vn point que tous ceux qui
le confiderét feront contrains condefcédre à mon
opinion:& te diray encores vne autre preuue plus
affeurée, pour te môtrer combié il faut ǧ les matieres metaliques foyent fubtiles pour actioner &
reduire en metal, fans desformer, les chofes defquelles ie te veux parler.Premieremét il fe treuue
grand nombre de coquilles de poiffon, qui pour
auoir croupi quelque temps dens les eaux metaliques font reduites en metal fans perdre leur forme, defquelles coquilles i'en ay veu quelque quátité au cabinet de monfieur de Roifi.   De ma
part i'en ay vne que i'ay monftré au meftre maçon des fortificatiõs de Breft en baffe Bretaigne,
qui ma atefté qu'il s'en trouuoit grand quantité
en icelle contrée. Au cabinet de monfieur Race
chirurgien fameux de cefte ville de Paris y à vne
pierre de mine d'airain,ou il y auoit vn poiffon de
mefme matiere. Au pays de Mansfeld fe trouue
grande quantité de poiffons reduits en metal, &
cela eft trouué fort eftrange à ceux qui viuét fans
philofophie: Et ne peuuent iamais paruenir à la
con-

connoissancé de la caufe : côbien qu'elle foit affez
facille, côme ie feray entendre ey apres: mais premieremét il faut que i'anticipe fur le difcours que
i'ay à te faire de la caufe des coquilles & bois petrifiéez qui eft ɋ les coquilles font formees d'vne
matiere ali fe, ferree & fort compacte, & bien fort
dure : & toutesfois quand lefdites coquilles ont
long temps croupi dedens les eaux cômunes, elles
font atraction d'vne eau criftaline generatiue, de
laquelle i'ay tant parlé, laquelle les rend de matieres de coquilles en matiere de pierre, fans rien
changer de leur forme. Ie n'en demande autre tef-
moing que toy, qui as efté prefent, quand i'ay
monftré à mes auditeurs vn grand nombre de
coquilles de diuerfes efpeces, reduites en pierre, &
non feulement les coquilles, mais auffi les poiffons: auffi plufieurs pieces de bois. Il eft donques
aifé à conclure que les poiffons qui font reduits
en metal ont efté viuants dens certaines eaux &
eftangs efquelles eaux fe font entremeflées autres
eaux metaliques, qui depuis fe font congelées en
miniere d'airain, & ont congelé le poiffon & le
vafe, & les eaux communes fe font exalées fuyuás
l'ordre commun, qui leur eft ordonné comme ie
t'ay dit cy deffus, & fi lors que les eaux fe font congelées en metal il y eut eu en icelles quelque corps
mort, foit d'homme ou de befte, il fe fut auffi reduit en metal: & de ce n'en faut aucunement douter. & tout ainfi que tu vois que les eaux commu-

I 2 nes

nes defcendantes amenent auec elles plufieurs
incommoditez, comme terres, & fables, & autres
ordures, auffi les eaux metaliques eftans impures
en leur congelation, elles congellent touteschofes
qui font en icelles: parquoy les affineurs ont grãd
peinne a feparer le pur d'auec l'impur, comme tu
pouras plus clairement entendre en la conclufion
que ie feray fur le traitté des pierres. Tu fçais bien
que la caufe qui m'a meu de te remõftrer ces chofes, n'eft autre finon afin que iamais ne te prenne
enuie de t'affocier auec ceux qui veulẽt generer les
metaux. Car par les inftructions que ie ta'y donné tu peux aifément connoiftre qu'ils fabufent,
de vouloir faire par feu ce qui fe fait par eau. Ie te
puis affeurer auoir connu vn grand nombre des
chercheurs fufdits qui font fi ignorants qu'ils
penfent retenir les efpris enfermez dans des vaiffeaux de terre, chofe à eux impoffible.

Theorique.

Et qu'eft ce qu'ils appellent efpris?

Practique.

Ils appellent efpris toutes matieres exalatiues, & fingulierément le vif argent, qui eft vne
eau qui s'exale comme l'eau commune, quand
elle eft preffée du feu, & ils ont opinion que
s'ils pouuoyent trouuer quelque terre, de laquelle ils peuffent faire des vaiffeaux pour faire
chaufer le vif argent, eftant enclos dedans iceux,
qu'iceluy fe congeleroit en argent, & feroit rendu
malea-

maléable.Mais les pauures gens s'abusent si lour-
demét que iay honte de le dire. Car quand le vaisseau auroit cent toises d'espoisseur, il seroit impossible de le garder de creuer, s'il estoit tout clos,
partant qu'il y eut au dedens tant peu soit d'hu-
midité:comme ie t'ay fait entendre en parlant des
tremblements de terre, que les matieres humides
estans touchées par le feu font de merueilleux efforts, & ne peuuét endurer estre encloses sans aer
comme tu as entendu par vne pomme d'airain,
& mesme les œufs, les chastaingnes, les pommes,
& autres fruits sont contrains se creuer, quand
l'humeur est eschauffée : & voyla pourquoy l'on
est contraint de creuer la peau des chastaignes, a-
fin que l'humeur eschauffée ne les face petter : si
ces bonnes gens consideroyent ces effects, ils ne
chercheroyent point de terre pour retenir les es-
pris.   *Theorique.*

Tu m'as allegué cy dessus des chastaignes, des
noix & autres fruits, contre mon opinion de l'alchimie : mais cela ne fait rien contre moy: parce
que les metaux sont vn, & les fruits sont vn autre,
               Practique.

I'ay grand honte que ce propos dure si longuement : toutesfois à cause de ton opiniatrise ie
suis contraint parler encores de ce fait. Es tu si
grand beste que tu ne consideres le fait de l'ai-
mât, qui par vne vertu singuliere atire à soy le fer,
combien qu'il n'ait aucune ame vegetatiue : & si

               I 3   ainsi

ainſi eſt hors de la matrice de la terre, combien
cuides tu qu'il y aye plus de vertu eſtant en la terre, quand il eſt encores en matiere liquide? Et cuides tu que l'aimant ſoit ſeul qui ait pouuoir d'attirer à ſoy les choſes qu'il aime? ne voy tu pas
bié que le Iayet & L'ambre attirét à eux le feſtu?
Item ne voy tu pas bien que l'huile eſtát ietté dedens l'eau ſe ramaſſe a part de leau? Veux tu meilleure preuue que du ſel commun, du ſalpeſtre, de
l'alun, de la coperoze, & de toutes eſpeces de ſelz?
qui eſtans diſſoulz dedens l'eau ſe ſçauét tresbien
ſeparer & faire vn corps à part, diſtingué & ſeparé
d'auecques l'eau. En confirmant ce que ie t'ay dit
cy deſſus, ie te dy encores que la ſemence des metaux eſt liquide & inconnue aux hommes, tout
ainſi comme le ſel diſſoult, ne ſe peut connoiſtre
parmy l'eau commune iuſques à ſa perfaite congelation : Auſſi pour tout certain la ſemence des
metaux ne ſe peut connoiſtre eſtant en matiere
liquide entremeſlée parmi les eaux, iuſques à ſa
congelation : Et tout ainſi que ie t'ay dit que la
ſemence du ſel liquide ſe ſçait ſeparer de l'eau cómune pour ſe congeler, autant en eſt il des matieres metaliques. Et te faut ici philoſopher encores de plus pres. Regarde les ſemences, quand tu
les iettes en terre elles n'ont qu'ne ſeulle couleur
& en venant à leur croiſſance & maturité elles ſe
forment pluſieurs couleurs, la fleur, les fueilles
les branches, les rameaux & les boutons, ſeront
                                                    toutes

toutes couleurs diuerses, & mesme à vne seulle
fleur il y aura diuerses couleurs. Semblement tu
trouueras des serpens, des chenilles & des papil-
lôs, qui seront figurez de merueilleuses couleurs,
voire par vn labeur tel que nul peintre n'y bro-
deur ne sçauroit imiter leurs beaux ouurages.
Venons à present à philosopher plus outre: tu me
confesseras que d'autant que toutes ces choses
prennent nourriture en la terre, que leur couleur
procede aussi de la terre : & ie te diray par quel
moyen, & qui en est la cause? Si tu me donnes raisons apparentes de ce que dessus, & que tu puisses
attirer de la terre par ton art alchimistal, les couleurs diuerses, comme font ces petits animaux,
ie te confesseray que tu peux aussi attirer les matieres metaliques, & les rassembler, pour faire l'or
& l'argent. Mais quoy! ie t'ay dit tant de fois que
tu y procedes tout au contraire de la nature, & tu
vois bien par mes arguments que les matieres
metaliques sont toutes aqueuses, & se forment
dedens l'eau, & tu les veux former par le feu, qui
est son contraire. Ne t'ay-ie pas monstré euidemment cy dessus par vne ardoise remplie de mar-
quasites & autres pierres & mineraux, que les matieres metaliques estant encores fluides dedens
les eaux, elles s'attirent l'vne à l'autre pour se reduire en corps metalique & (côme i'ay tousiours
dit,) elles sont inconnues & indistinguibles des
autres eaux, iusques à leur congelation.

I 4　　Theo-

Theorique.

Ie trouue fort eſtrange que tu di que les matieres metaliques ſont inconnues dedens les
eaux & toutesfois on voit le contraire : car autant qu'il y a de philoſophes diſent que tous metaux ſont compoſes de ſouphre & de vif argent.
S'il eſt ainſi me veux tu faire croire que le ſouphre & l'argent vif, ne ſe peuuent connoiſtre dedens l'eau ? Ie me tiens pour certain que s'il y
auoit du ſouphre & du vif argent dedens l'eau, ie
le connoiſtrois.

Practique.

Ie voy bien que ie pers mon temps : Tu és auſſi
grand beſte auiourd'huy comme hier. Et n'as tu
point de ſouuenance que ie tay allegué le ſel cō-
mun & autres : pour te faire entendre que tout ainſi que le ſel n'a aucune couleur ce pendant qu'il eſt
liquide dedens l'eau, que auſſi les matieres metaliques n'ont aucune couleur iuſques à leur congelation : mais prennét leur couleur en ſe raſſemblát
& congelant : tout ainſi que tu vois toutes eſpeces de fruits chāger de couleur en leurs croiſſances
& maturitez. Si ie voulois alleguer les ſemences
des natures humaines & brutales, y trouueroit on
quelque couleur au parauant leur formation non
plus qu'aux metaux ? T'ay ie pas dit cy deſſus que
tu ne ſçaurois dire iamais auoir veu ſouphre ne
vif argent qui ne fut congelé ? penſes tu que le vif
argent que tu vois & le ſouphre ayent eſté des le
com-

commencement des couleurs qu'ils font a prefent?ie fçay bien que non, & qu'au parauant ils e-
ftoyent inconnuz, comme le fel eft inconnu dedens l'eau de la mer.

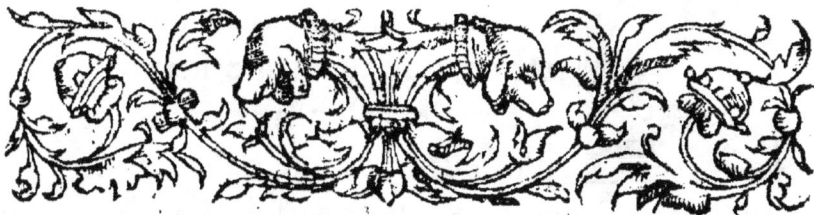

D'AVTANT que i'ay reprouué par le
difcours precedent, la medecine alchimifta-
le fur l'effet de la generation, augmentation
& fixation, fur le fait des metaux: i'ay trouué bon & à
propos de reprouuer auffi les effects de l'or potable lequel i'eftime ennemy de la nourriture corporelle des
humains.

TRAITE' DE L'OR POTABLE.

Theorique.

QVAND tu m'alleguerois toutes les plus belles raisons du monde, si est ce, que tu ne me sçaurois faire mespriser l'alchimie:car ie sçay que plusieurs font de belles choses, & quasi des miracles en la medecine, par le moyen d'icelle, tesmoing l'or potable que les alchimistes ont inuenté:chose de grand poix & digne de louange. Car il fait quasi resusciter les morts:il garist toutes maladies,il entretient la beauté, il prolonge la vie,& tient l'homme ioyeux:que sçaurois tu contredire à cela?

Practique.

Et comment és tu encores en ces resueries?n'as tu point veu vn petit liure que ie fis imprimer durant les premiers troubles, par lequel i'ay suffisamment prouué que l'or ne peut seruir de restaurant, ains plutost de poizon, dont plusieurs docteurs en medecine ayant veu mes raisons furent de mon party:tellement que depuis quelque téps il y à eu vn certain medecin docteur & regent en la faculté de medecine, lequel estant à Paris en la chaire à confirmé mes propos,les proposant a ses disci-

difciples comme doctrine bien affeurée. Quand
il n'y auroit que cela c'eft affez pour te rédre confus en tes arguments.

Theorique.

Et comment, ofes tu tenir vn tel propos? veu
que tant de milliers de medecins ont de fi long
temps ordonné de l'or pour feruir de reftaurant
aux malades, & mefines les medecins Arabes en
vfoyent, qui eftoyent les plus excellens de tous
les autres.

Practique.

Ie t'accorde qu'il y a vn nombre infini de medecins qui ont fait boullir des pieces d'or dedens
des ventres de chappons,& puis fefoyent boire le
bouillon aux malades,& difoyent que le bouillon
auoit retenu quelque fubftance de l'or:par ce que
lefdittes pieces eftoyent vn peu blanchies fur la
fuperficie a caufe du fel & de la graiffe: Ce qui e-
ftoit faux, & s'ils euffent poifé lefdittes pieces a-
pres les auoir bouilli ils les euffent trouuées auffi
poifantes que deuãt. Autres faifoyét limer lefdites pieces d'or & faifoyét manger la limeure aux
malades,parmy quelque viande:ce qui eftoit pire
que s'ils euffent mangé du fable. Autres prenoyét
de l'or en feuille dequoy vfent les peintres: mais
tout cela feruoit autant d'vne forte que d'autre.

Theorique.

Encores que l'or ne ferue rien aux malades en
la forte que tu dis,tu ne peux nier qu'il ne leur ferue

ue quand il est potable. Car les alchimistes qui le
rendent potable le calcinent en poudre fort subtile, & quand il est meslé parmy quelque liqueur il
s'incorpore aussi bien comme pouroit faire la
graisse de chapon parmy le bouillon. Voila comment & par quel moyen l'or peut seruir a restaurer & nourrir le malade.

Practique.

Tu n'entends pas bien ce que tu dis. Car tu
sçais bien que les fournaises de feu ne peuuent
consommer l'or pur, commét seroit il donc possible que l'estomac d'vn malade le peut consommer? atendu qu'il est desia si debile qu'il ne sçauroit digerer vne pomme cuitte.

Theorique.

Et tu te moques bien de moy, l'or n'est il pas
desia consommé quand il est potable? l'alchimiste
qui l'a rédu potable l'à rendu aussi liquide que de
l'eau clere,

Practique.

Tu t'abuses, & n'entens rien de tous mes propos, ou bien tu fais semblant de n'en vouloir tien
entendre : Car quand tous les alchimistes auroyent mis l'or en potage plus subtil que la fine
essence ou quinte distilation de vin, encores dirois ie qu'ils n'ont rien fait à ce qu'il puisse seruir de nourriture. Vray est que s'ils pouuoyent
dissoudre l'or sans aucune addition, alors ie serois
de leur party, moyennant aussi qu'il se peust dissoudre

soudre à vne chaleur du tout semblable à celle de
l'estomac : Car autrement quel proufit pouroit
faire vne matiere à l'estomac si la chaleur naturelle n'est capable de la dissoudre, comme elle fait les
viádes qui luy sont données pour nouriture? Mais
quoy! ils ne font qu'adulterer, calciner & pulueri-
ser, & puis mettent autres liqueurs pour le faire
boire. Ne sçay ie pas bien que toutes choses dures, seiches & alterées, estant puluerisées se peuuét
boire auec autres liqueurs? ce n'est pas à dire pourtant qu'elles puissent seruir de nourriture, tu pour-
ras bien boire du sable & autres poucieres ; diras
tu pourtant que cela te soit nourriture ? lon sçait
bien que non.

Theorique.

Ce n'est pas tout vn : car on prent l'or pour restaurant, comme le plus parfait de tous les alimés,
& dit on qu'vn homme qui se nourriroit d'or seroit immortel , ainsi que l'or ne se peut consommer, & dure a iamais.

Practique.

Vrayement tu as bien dit a ce coup : car si vn
homme se pouuoit nourrir d'or, ô que ce seroit
vn bel idole. Ie m'esmerueille que tu n'as honte
de mettre vn tel propos en auant : d'autant que ce
propos est sufisant pour vaincre toutes tes disputes. Tu dis que l'or est eternel selon le cours de ce
siecle. Or s'il est eternel l'estomac de lhôme n'aura donc garde de le consômer ; puis que le temps,

la ter-

la terre, l'aër n'y le feu ne le peuuent confommer,
par quel moyen fera il donc confommé en l'eftomac? car l'effect de l'eftomac de l'homme eft de
cuire & côfommer ce qui luy eft donné : & ce qui
eft bon pour la nourriture eft enuoyé par tous les
membres, pour augmenter la chair & le fang &
tout ce qui eft en l'hôme, & le furplus il l'enuoye
hors aux efcrements. Or ie te demande, vn homme qui feroit nourri d'or fans manger autre chofe, pouroit il engendrer quelque excrement? fi
tu dis qu'ouy, l'or n'eft donc pas eternel: fi tu dis
que non, il ne faudra pas de priuez, n'y de chaires
percées, pour ceux qui feroyét nourris d'or potable.　　　　　　*Theorique.*

Il eft impoffible de vaincre tes opinions : toutesfois plufieurs ont efcrit que l'or potale à des
vertus merueilleufes. N'as tu pas veu vn liure imprimé depuis n'agueres, qui dit que le Paracelfe,
medecin Alemand, medecinalement à guari vn
nombre de ladres par le moyen de l'or potable.
Et toy qui n'és qu'vn tarracier defnué de toutes
langues finon de celle que ta mere t'a apris, ofes
tu bien parler contre vn tel perfonnage? qui à
compofé plus de cinqante liures de medecine, lequel eft eftimé vnique voire monarque entre les
medecins.

Practique.
Quand le Paracelfe & tous les medecins qui
furent iamais m'auroyent prefché, ie diray toufiours

fiours que fi l'or potable eftoit mis dedãs vn creufet, & foufflé, que la liqueur qui auroit efté mife
auec l'or fe viendroit à exaller, brufler & confommer, & l'or qui auroit efté potagé fe rendroit en
vn lingot, & fi l'eftomac de l'homme eftoit auffi
chaud qu'vne fournaife,il feroit auffi venir ceft or
potable en vne maffe ou lingot : & s'il eftoit autrement, l'or ne pouroit eftre appellé fixe ou
eternel ,comme tu dis.

Theorique.

Et que deuiendra donc le dire du Paracelfe qui
en à guari tant de ladres?

Prattique.

Ie me doute que le Paracelfe eft plus fin que
toy n'y moy : Car peut eftre qu'apres qu'il à eu
trouué quelque rare medecine , par le moyen des
metaux imperfaits, marcafites,ou autres fimples,
il fait accroire que c'eft or potable , pour la faire
trouuer meilleure,& s'en faire mieux payer.C'eft
la moindre fineffe de quoy il fe pouroit aduifer:
l'en ay bien veu de plus fines en vne petite ville de
Poitouo,u il y auoit vn medecin auffi peu fçauant
qu'il y en eut en tout le pays,& toutesfois par vne
feule fineffe il fe faifoit quafi adorer , il auoit vne
eftude fecrete bien pres de la porte de fa maifon,
& par vn petit trou voyoit venir ceux qui luy ap-
portoyét des vrines,& eftants entrez en la court,
fa femme bien inftruite fe venoit affoir fur vn
bois, pres de l'eftude ou il y auoit vne feneftre
fer-

fermée de chaſſis & interrogoit le porteur d'yri-
nes d'ou il eſtoit, & que ſon mari eſtoit en la ville, mais qu'il viendroit bien toſt, & les faiſant
aſſoir auprés d'elle les interrogoit du iour que la
maladie print au malade, & en quelle partie du
corps eſtoit ſon mal, & conſequemment de
tous les effects & ſignes de la maladie, & pendant que le meſſager reſpondoit aux interroga-
tions, monſieur le medecin eſcoutoit tout, &
puis ſortoit par vne porte de derriere & rentroit
par la porte de deuant, par ou le meſſager le
voyoit venir, lors la dame luy diſoit, voyla mon
mari parlez à luy, ledit porteur n'auoit pas ſi toſt
preſenté l'vrine que monſieur le medecin ne la re-
gardaſt auec fort belle contenance, & apres il faiſoit vn diſcours de la maladie, ſuyuāt ce qu'il auoit
entendu du meſſager par ſon eſtude: Et quand ledit meſſager eſtoit retourné au logis du malade,
il contoit comme par vn grand miracle le grand
ſçauoir de ce medecin, qui auoit conneu toute la
maladie ſoudain qu'il auoit veu l'vrine, & par ce
moyen le bruit de ce medecin augmétoit de iour
a autre. Voyla pourquoy ie t'ay dit que peut eſtre
Paracelſe faiſoit a croire que ſa medecine eſtoit
d'or potable, & qu'il n'en vſa iamais.

Theorique.

Ie ne ſçay comment tu l'entends : tu as dit cy
deſſus que peut eſtre le Paracelſe faiſoit quelque
medecine pour la lepre, de quelques metaux ou
autre

autres simples, & puis faisoit a croire que c'estoit
or potable, afin d'estre mieux payé Puis qu'il peut
faire medecine de metaux, pourquoy l'or ne pourra il aussi bien seruir à la medecine comme les autres metaux?

Practique.

Tu te trompes : le desir que tu as de faire trouuer ta cause bonne, t'épesche d'entendre mon propos. Car ie ne t'ay pas dit que le Paracelse prenoit
des metaux: Mais bien des metaux imperfaits, ou
quelques marcasites, ou autre mineral, comme
pouroit estre l'anthimoine, duquel plusieurs font
estat en la medecine.

Theorique.

Te voyla pris par ta propre bouche : car puis
que tu côfesses que l'anthimoine peut seruir en la
medecine, ie di que l'or y peut aussi bien seruir: car
l'antimoine est vn metal, partant la victoire me
demeure, & faut que tu confesses estre vaincu.

Practique.

Te voilà aussi sage qu'au parauant, de dire que
l'anthimoine est vn metal, & que il sert en medecine. Et tu sçais bien que toute nostre dispute n'est
que sur le fait du restaurant, qui vaut autant a dire
comme reparation de nature. En premier lieu tu
parles fort mal de dire q̃ l'anthimoine est vn metal; car il est certain que ce n'est qu'vne espece de
marcassite, ou bien commencemẽt de metal: d'autre part tu dis que i'ay dit qu'il sert en medecine;

K   ouy

ouy bien:mais non pas de reſtaurant. Car s'il pouuoit ſeruir de reſtaurant , lon en pouroit menger
comme d'vne autre viande. Mais tant s'en faut:
car l'homme qui en prendra plus de quatre ou ſix
grains ſe met en hazard de mourir. Or ceux qui
veulent faire valoir l'or potable diſent qu'vn malade en peut prendre deux fois par chacun iour:
parquoy l'anthimoine n'eſt pas a propos pour
prouuer le reſtaurât d'or. Car vn metal perfait ne
ſe peut mouuoir a la chaleur de l'eſtomac. Mais il
n'eſt pas ainſi de l'anthimoine. Car ſon action eſt
venenenſe , & par ſa venenoſité il eſmeut toutes
les parties de l'eſtomac , du ventre & de tout le
corps:& cela ſe fait par vne exalation qui eſt cauſée de luy meſme,par ce qu'il eſt imperfait,& qu'il
a eſté tiré de la miniere au parauant que ſa decoction fut venue en ſa perfectiõ : comme ainſi ſoit
que les metaux perfaits ne pouroyent eſmou-
uoir aulcune vapeur en l'eſtomac comme fait l'â-
thimoine. Voila commét il faut parler des choſes
auecques preuues fondées ſur quelque raiſon, nõ
pas aler chercher les corps celeſtes, comme aucuns qui pour prouuer le reſtaurant d'or,montét
iuſques au ciel & vont chercher vn ſol, luna,mer-
cure & autres planettes , iuſques au nombre de
ſept : diſans qu'elles ont dominatiõ ſur les metaux
& ſur les corps humains : ie n'entends rien en l'a-
ſtrologie, mais bié ſçay-ie que le corps humain ne
peut eſtre nourry que de choſes ſuiettes à putrefaction

faction: & d'autant que l'or ne fe peut putrifier
n'y confommer au corps de l'homme, ie dy &
maintiens qu'il ne peut feruir de medecine, ny de
reftaurant : & que toutes chofes defquelles la langue ne peut faire atraction de faueur, ne peuuent
feruir a la nourriture. Car Dieu a mis la langue
pour fonder les chofes qui font vtiles, pour les autres parties du corps, & faut noter que quand vn
homme eft fort malade, on luy baille des viandes
les plus tendres : fi on luy baille du fruit, on le
fait cuire afin qu'il foit plutoft mis en putrefaction: Autremét l'eftomac debile, ne les pouroit
confommer pour enuoyer la liqueur nutritiue à
toutes les parties du corps, & le marc aux parties
excrementales. Si ainfi eft qu'vn eftomac debile
trauaille beaucoup a digerer vne pomme cuitte,
comment peux tu croire qu'il peut confommer
l'or?& veu que le corps ne peut rien confommer
finon les chofes defquelles la langue puiffe tirer
quelque faueur au parauant qu'elles aillent plus
outre,comment poura il confommer l'or? tu l'as
beau tafter à la langue, tu n'as garde d'en tirer aucune faueur, veux tu que ie te die vn beau trait a-
uant que finir mon propos ? Si la langue pouuoit
tirer quelque faueur d'vne piece d'or, ie te puis
affeurer qu'elle amoindriroit de poids; d'autant
que la langue en auroit attiré. Auffi ie di que quelque fleur que tu flaires auec le nez, que tu diminu-
es fa vertu, d'autant que tu en prends auec le nez.
Et note encores ce point, que toutes les chofes

K 2 que

que tu preſentes a la langue & que tu en tires
quelque ſaueur, laditte ſaueur n'eſt autre choſe
que le ſel qui eſt en la choſe que tu taſtes. Car le
ſel eſt de telle nature qu'il ſe diſſoult à l'humidité
& quand l'humidité eſt chaude il ſe diſſoult plus
promptement Or la langue apporte auec ſoy vne
humeur chaude, qui cauſe ſoudain faire attraction de quelque peu de ſel de la choſe qui luy eſt
preſentée. Voyla pourquoy ie di que ſi la langue
pouuoit tirer quelque ſaueur de l'or ce ſeroit du
ſel, & l'or diminueroit d'autaut que la langue en
auroit attiré : Et n'en pouuant rien tirer comme
des alimens nutritifs il eſt aiſe à conclure que l'or
ne peut ſeruir de nourriture.

DV MITRIDAT, OV
THERIAQVE.

OR ayant deſconfit vn erreur de ſi
long temps inueteré, touchant le
reſtaurant d'or, il m'eſt pris enuie
de parler vn peu du Mitridat, auant
que de parler des ſels.

Theo

Theorique.

Et as tu quelque chofe à dire côtre le Mitridat.

Practique.

Ouy bien; mais afin de ne rendre mal contents les medecins, & que par là ils ne prennet occafion de detracter de mes autre cuures, ie n'en parleray finon par maniere de defpute, prenant mon argument fur ce que aucuns difent qu'il faut de trois cens fortes de drogues pour le compofer, ce que ie trouue bien fort eflongué de ma capacité, & ne puis penfer, que tant de fortes de fimples puiffent loger enfemble dans vn eftomac, fans faire ennuy l'vn à l'autre.

Theorique.

Si tu mets vn tel propos en auant tu te feras hair de beaucoup de gens, voudrois tu bien entreprendre de contredire à tant de notable medecins, qui ont plufieurs fois examine diligemment vne telle matiere, & à efté difputé plufieurs fois aux vniuerfitez & efcoles de medecine? ie fçay qu'en vne ville d'Alemaigne fur commandé, aux medecins dudit lieu, par les magiftrats de s'affembler pour aduifer enfemble de donner quelque moyen, contre le venin de la pefte, qui eftoit pour lors en ladite ville. Suyuant quoy les medecins ne trouuerent rien meilleur que le Mitridat qu'ils ordonnerent, & fut compofé du nombre des fimples fufdits. Voyla pourquoy ie te di que fi tu parles côtre tant de fçauans hommes que l'on t'eftimera

K 3   mera

mera fol.

Practique.

Mais n'est il pas auſſi poſſible que les medecins ſe puiſſent tromper en la compoſitiõ du Mitridàt, comme ils ſe ſont trompez, adherant à l'opinion des Arabes, touchant le reſtaurant d'or? Car tu as bien entẽdu ci deſſus que c'eſt vn abus manifeſte, les medecins ſages n'auront garde de trouuer mauuais ce que i'en dis: parce que c'eſt par manie-re de diſpute, & cela les incitera à penſer s'il y à quelques raiſons en mes arguments.

Theorique.

Et quels ſont tes arguments.

Practique.

Ils ſont bien notables, & entre les autres i'en ay trois ſinguliers: Le premier eſt la cõſideration d'vn bouquet compoſé de pluſieurs fleurs, iamais la ſenteur dudit bouquet, ne ſera ſi amiable cõme s'il eſtoit d'vne fleur ſeulemẽt, & par là tu connoiſtras que les ſenteurs meſlées enſemble font vne confuſion telle que tu ne ſaurois iuger: laquel-le eſt la ſupreme & meilleure d'icelles. Item ſi tu prens vn chapon, vne perdrix, vne becaſſe, vn pigeon & de toutes ſortes de chairs, le tout bien cuit & preparé, puis que tu les mettes dens vn mortier & les pilles enſemble pour les mẽger, elles ſeront bonnes; mais y trouueras tu auſſi bon gouſt comme ſi tu les mangeois particuliere-ment? l'on ſçait bien que non. Item ſi tu prens de

l'azur

l'azur, du vermillon, du maſſicot & de toutes autres couleur,& que tu les broyes toutes enſemble
& en face vn meſlinge,tu cónoiſtras que la moindre de toutes eſtoit plus belle à part ſoy, qu'elles
ne ſont toutes meſlées enſemble. Cela me fait
penſer que tant de ſimples enſemble ne peuuent
eſtre qu'ils n'effacent & deſtruiſent la vertu l'vn de
l'autre : tout ainſi que les ſenteurs, ſçaueurs &
couleurs.Ie te prie auſſi conſidere vn peu quel ac-
cord pouroit eſtre en vne muſique de trois cent
muſiciens chantans tous enſemble. Depuis quelque iours i'ay veu vn liure duquel les Apoti-
quaires ſe ſeruent pour les compoſitions de leurs
drogues , & ayant demandé à l'Apotiquaire
qu'il me dit en François les drogues du Mitridat, il le fit volontiers, entre autres il me nom-
ma le gif & l'alebaſtre: Ce qui me fait parler plus
aſſeurement : parce que ie ſçay que l'vn & l'aurre
ſont indigeſt : Et quand ils ſont calcinez ce n'eſt
autre choſe que plaſtre, i'ay veu quelque liure an-
cien qui dit que le plaſtre eſt mortel:parce(dit il)
qu'il eſtoupe les conduits. par là ie connois que
pluſieurs eſcriuent des choſes qu'ils n'entendent pas. Car par ce qu'ils ont veu quelques fois
fermer des trous de murailles auec du plaſtre,ils
ont penſé qu'il pouroit faire le ſemblable dens le
corps de l'homme,choſe fort mal entendue:car le
plaſtre ne durciſt iamais quand il eſt rendu potable, & ſi l'on y met de l'eau plus qu'il n'en faut, il

K 4

perd

perd toute sa force. L'argument est donc mal
fondé de dire que le plastre estoupe les conduits,
Ie croy qu'il est aussi bon au Mitridat comme à autre medecine. Si ie voulois composer vn electoi-
re ou medecine de pierreries, ie voudrois premié
rement connoistre deux choses : l'vne de qu'elle
matiere les pierres sont formées, & l'autre, si l'e-
stomac est capable de les digerer. Or puis que les
pierres verdes sont teintes par la couperose elles
ne peuuent estre que ennemies de nature.

Theorique.

. Or ça, pour les mesmes causes que tu dis l'on
met plusieurs simples ensemble, par ce qu'aucuns
sont trop rudes, mordicatifs, corrosifs, & laxatifs:
& mesmes aucuns pernicieux, estants pris parti-
culierement : mais pour les corriger l'on y mesle
des matieres douces.

Practique.

En cela ie trouue vne difficulté bien grande,
qui est telle, que ie ne sçay qu'vne composition
de trois cents simples ne peut estre qu'il n'y en ait
plusieurs d'iceux de plus dure digestion que les
autres, qui me fait penser qu'estans dens l'estomac, les plutost cuittes son enuoyées les premieres en nourriture, suyuant l'ordre naturel; tout ainsi que ie t'ay montré par certaines marcassites,
que les matieres, qui ont quelque affinité, se sçauent separer & ioindre ensemble en la matrice de
la terre; cela dis-ie se peut aussi bien faire dens l'e-
stomac.

ſtomac,ſçauoir eſt que les matieres nutritiues ſeront diſperſées par les membres, & les ennemies
de la nature ſeront enuoyées aux excremens, & ſi
entre tant de ſimples il y en a quelqu'vn que l'e-
ſtomac ne puiſſe digerer, commét pouuons nous
eſperer qu'il puiſſe ſeruir? Auſſi ie trouue fort e-
trange des electoires, qui eſt vne medecine faite
de pierres pilées, leſquelles ie ſçay qu'il y en a aucunes ſi fixes, qu'il eſt impoſſible à l'eſtomac de
les digerer. or vne matiere indigeſte ne peut ſeruir a vn eſtomac.

Theorique.

Comment oſes tu reprouuer le Mitridat? lequel de ſi long temps a eſté approuué,& pluſienrs
en ayans mengé a iun,ont eſté garentis de poiſon,
& meſme que le Roy Mitridates fut mort, lon
tronua en ſon cabinet la recepte dudit Mitridat
au millieu de ſes beſongnes les plus precieuſes, &
parce qu'il en prenoit tous les matins il ne peut
eſtre empoiſonné.

Practique.

Ce propos ne fait rien contre moy : parce que
le contrepoiſon de Mitridates n'eſtoit compoſé
que de quatre ſimples,ſçauoir eſt, de noix, de figues,de rue & de ſel;c'eſt bien loing de trois cens.
Pour connoiſtre ſi vne matiere peut ſeruir contre
le poiſon, il faut premierement ſçauoir que c'eſt
q̃ poiſon. Quelqu'vn à mis en ſes eſcrits qu'il y en
a de trois cés ſortes. Si ainſi eſt,qui ſera celuy qui
dira

dira qu'vn Mitridat puisse seruir a toutes especes
de poizon? Quant est du contrepoizon de Mitridates, il y a quelque grande raison, par laquelle
l'on peut iuger de son vtilité, & pour en donner
quelque iugement, il faut auoir esgard a ce que le
sublimé qui est le plus commun poizon, n'est pas
de matiere oleagineuse, ains d'vne matiere aqueuse, & les matieres oleagineuses n'ont aucune affinité auec les aqueuses : il faut donc croire que celuy qui composa le contrepoizon du Mitridat de
quatre simples, eut esgard a ce que le sublimé &
aucuns autres poizons, qui estans dens l'estomac,
ou boyaux, s'attachent & incisent la partie ou il
reposent,& par tel moyen leur action est pernici-
euse & mortelle: & pour obuier a vn tel effet il e-
stoit de besoin que ledit contrepoizon fut composé de matieres oleagineuses & bonnes a men-
ger:afin que l'estomac ne les abominast. nous ne
pouuons nier que les noix ne soyent oleagineuses
& plaisantes a menger, les figues consequemm-
ment ont vn sel en elles si fort corosif & disolutif,
qu'au pays d'Agenés & lieux circonuoisins,ou il y
a grande quantité de figuiers, ceux qui mangent
les figues auant qu'elles soyent meures ont les le-
ures fendues,a cause de la mordication du lait desdittes figues. Le lait desdittes figues,a grande vertu de dissoudre les choses visqueuses : quand les
peintres se veulent seruir de blanc d'euf pour des-
tremper leurs couleus, ils y mettent des petites
figues

figües decoupées,ou bien des gittes des branches
de figuier, & soudain que cela est remué parmy
ledit blanc d'euf, il se vient a dissoudre & se rend
aussi cler qu'eau de fonteine,sans aucüe visquosité.
Ie dis cecy pour donner a entédre que le Mitridat
composé de ces quatre choses pouuoit engraisser
l'estomac & les boyaux, par la vertu oleagineuse
des noix,& dissoudre le poizon par la vertu des figues & de la rue : quant est du sel, c'est vne chose
certaine qu'il est contraire au venin. comme ie te
diray en parlant des sels.Voila comment le Mitridat ne peut estre mauuais : non pas qu'il soit vtile
pour tous poizons ou venins. Si ie connoissois la
cause i'en pourois parler. le venin de la peste est
inuisible.Il va de iour & nuit ainsi que Dieu luy à
commandé. Aucuns disent que la cause de la ve-
role, de la peste, & de la lepre sont inconnues. Ie
sçay que toutes maladies se garissent par leurs côtraires: & si ie ne connois la maladie, comment
connoistray-ie son côtraire? il ne faut point douter qu'il n'y ait acunes choses qui sont mortelles
par leur frigidité, & autres par leur grande chaleur & mordication extreme, & autres qui estou-
fent les esprits vitaux, se rengeât communement
au cerueau,s'esleuant en quelque vapeur aërée. En
la mer Oceane enuiron le temps de Pasques, il se
prentd vn grand nombre de poissons, qui sont
grands comme enfans,que l'on nomme maigres,
desquels les pescheurs font grand argent. I'ay
veu

veu plufieurs fois des hômes & des femmes, qui
ont pelé par le corps, les mains & le vifage, pour
auoir mangé du foye defdits poiffons, & dit on
que cela fe fait quant ledit poiffon fe prend lors
qu'il eſt en chaleur. Or parce que les natures des
diuers venins font fi mal aifées à connoiſtre, i'ay
dit par maniere de difpute, que ie ne puis croire
qu'vne compofition de trois cents fimples puiffe
eſtre fi bonne comme celle de Mitridates, qui
n'eſt compofée que de quatre feulement.

DES GLACES.

Theorique.

IE ne vis iamais homme fi opiniatre
que toy : car depuis que tu as quelque chofe en la teſte il eſt impoffible de te faire croire le contraire.
Cela me fait fouuenir d'vn iour
que tu eſtois au long de la riuiere de Seinne vis à
vis des tuileries, ou plufieurs perfonnes mefme
des bateliers difoyent & fouſtenoyent que les
glaces qui courent fur la riuiere, quand il gele
fort, fortoyent du fond d'icelle, toutefois tu fou-
ſtenois le contraire par ton opiniaſtreté?

Practique.

Appelles tu opiniaſtreté de fouſtenir la verité?
Theo-

Theorique.

Et quoy persistes tu encores en ta folle opinion?

Practique.

I'y persiste & y persisteray tant que ie viuray : car ie Içay que mon dire est veritable, que l'eau ne se peut geler au fond de la riuiere que premierement toute la superficie ne soit gelée, & qu'elle n'aye entieremēt perdu son cours : & suis fort aise q̃ tu m'as réproché vn tel propos : par ce qu'il me seruira d'argument pour prouuer que si en vne chose visible & aisée a connoitre vne si grāde multitude d'hommes soustiennent le contraire de verité, disans que les glaçons que la riuiere porte ont esté gelez au fond d'icelle, combien plus se peuuent ils estre abusez és choses interieures, cōme ils ont fait du restaurant d'or, qui m'a incité à disputer du Mitridat.

Theorique.

Ne sçais tu pas que plusieurs t'ont maintenu en barbe qu'en temps de gelée ils voyent ordinairement monter les glaçons du fond de l'eau? Ne sçait tu pas aussi que plusieurs gens doctes t'ont maintenu par raisons philosophiques (que tu n'as sçeu conuaincre) que cela estoit veritable?

Practique.

Tant plus tu veux confondre mon dire, & plus ie suis asseuré en mon opinion, & n'y a homme en ce monde qui m'en sceut faire rougir, car ie sçay qu'il est impossible que les glaces puissent

estre

eſtre formées au fond de l'eau.

Theorique.

Mais puis que tes contraires t'alleguent raiſons naturelles tu deuſſes auſſi produire les tiennes en auant: afin que l'on conneut ſi elles ſont meilleures que les leurs.

Practique.

Si ie me voulois eſtudier à chercher les raiſons, i'en trouuerois vn millier de plus ſuffiſantes que non pas celles que mes contrediſants alleguent. Premieremétil faut tenir pour choſe certaine que ſi les riuieres ſe glaçoyent au fond, comme ils diſent, que tous les poiſſons qui ſont en l'eau mourroyent, & de cela n'en faut douter. Il ne ſe trouueroit glaçó montât de l'eau qui ne fut tout l'ardé de poiſſons. Ie croy que tu ne cónois pas qu'els ſont les effects mortels des glaces : leur actió pernicieuſe eſt telle que comme l'eau ſe conglace, elle fait vne compreſſió ſi grande, que les choſes qui ſont meſlées parmi icelle, ne la peuuent endurer, meſmement les choſes animées, faut qu'elles rendent l'eſprit, quelques puiſſantes qu'elles ſoyent. Regarde les bleds quád ils ſont gelez, tu ne cónoiſtras point qu'ils ſoyét perdus iuſques au deſgel. Mais quand il ſera deſgelé, tu cónoiſtras que la cópreſſion de la gelée aura coupé la iambe du bled, & qu'il n'y a autre cauſe qui l'ay fait mourir. Si tu penſois me faire croire que les poiſſons fuſſent
plus

plus durs à la gelée que les pierres, tu tabuſerois.
Ie ſçay que les pierres des montaignes d'Ardenne ſont plus dures que le marbre : & ce neantmoins les habitans du pays ne tirent point deſdittes pierres en hyuer : à cauſe qu'elles ſont ſuiettes a la gelée : & pluſieurs fois l'on à veu les
rochers tomber au parauãt qu'eſtre coupez : dont
pluſieurs perſonnes en ont eſté tuées, au temps
que leſdites roches deſgeloyent. Tu ſçais bien
que l'eau des puits eſt plus chaude en hyuer que
en eſté : car l'aër, qui eſt chaud en temps d'eſté,
ſe retire en temps de froidure, pour fuir ſon
contraire. & quainſi ne ſoit, te ſouuient il point
quand nous allaſmes dens les carrieres de ſaint
Marceau, au dedens deſquelles i'eſtois tout de-
gouſtant de ſueur, combien que dehors l'aër
eſtoit fort froid ? & ſi c'eut eſté en temps de chaleurs, nous euſſions trouué le dedens deſdittes
carrieres froid. Aucuns diſent que pour ces cauſes l'homme menge mieux en hyuer qu'en eſté :
par ce que la chaleur naturelle ſe tient ſerré au dedens aidant à la concoction de l'eſtomac. Voicy
à preſent vne autre exemple, qui te deura ſuffire pour toutes preuues. Lors que les riuieres ſe
gelent, elles commencent aux extremes parties
& ſur la ſuperficie, & quand elles ont gelé vne
nuit le cours principal & le reſidu de l'eau qui n'eſt
point gelée ſe baiſſe, & quand elle eſt vn peu baiſſée & qu'elle à laiſſé ſes glaçons atachez cõtre les
                                                    terres

terres des extremitez, il aduient qu'ils tôbent dedens l'eau, emportás auec eux grande quantité de
terre & de pierre, qui causent enfôcer lesdits glaçons, & les glaçôs estans au dedés de l'eau, & trouuant la chaleur du fond, se viennent à dissoudre, &
ainsi qu'ils cômencent à eschauffer, la terre & pierre qui les auoyét contraints d'aller au fonds tombent & laschent lesdits glaçons, & eux estant alle-
gés, s'esleuent en haut sur la superficie, & quand il
y en à grâde quantité, l'eau les amene iusques à ce
qu'ils ayent trouué quelque retour ou obstacle,
pour les arrester, & ayant trouué arrest, il se sou-
dent l'vn contre l'autre, & par tel moyen les riuieres se glaçent tout au trauers. Voila la cause qui
les trompe & qui leur fait soustenir que la riuiere
se glace au fond. Si ainsi estoit, ou est ce que les
poissons habiteroyét, quand les riuieres seroyent
gelers? C'est vne chose toute certaine que plusieurs poissons maritimes se retirent au fond de
la mer, durant les grandes froidures : Ce qui se
peut verifier par les pescheurs Xaintonniques,
qui en temps d'esté peschent des maigres, & des
seiches en si grand nombre, qu'il y à tel homme
qui en fait saler & secher pour plus decinq centz
hures tous les ans, desquels ne s'en pesche pas
vn en hyuer : & si ainsi est des poissons de la mer,
combien plus de ceux des riuieres? il n'est pas
iusques aux grenoilles qu'elles ne se plongent
au fond de l'eau, mesme dens les vases: pour con-

　　　　　　　　　　　　　　　　　　seruer

feruer leur vie durant le froid. Car autrement tous
les poiffons moureroyét, aucuns ayans frequenté
en Mofcouie, Pruffe & Pologne : difent qu'en
temps d'hyuer, les pefcheurs de ces pays là prennent grand peine à rompre les glaces de certaines
riuieres, ou lacs : & ayant fait vn trou d'vn cofté
& vn d'vn autre, il mettent les filets a l'vn des
trous, & par l'autre ils chaffent le poiffon, & par
ce moyen prennent vne grande quantité de poiffons. Brouille & fagotte a prefent tes opinions,
tu n'as garde de me faire croire que la riuiere foit
auffi gelée au fond, & que l'habitation des poiffons foit entre deux glaces. Autre exemple, confideres vn peu la forme des glaçons lors que la riuiere commence à glacer, ils n'ont autre forme
que platte, comme le verre duquel les vitriers befongnent, & s'ils ne font ainfi a niueau, les formes
boffues y font venues a la feconde gelation, par
l'empefchement des premiers glaçons, qui caufent faire quelques fauts és eaux qui donnent có-
tre, & apres vient plus gráde quantité de glaçons
qui font contrains par le pouffement de l'eau, de
fe ietter l'vn fur l'autre. Or fi lefdits glaçós eftoyét
formez au fód de la riuiere, il faudroit qu'ils tinf-
fent neceffairement la forme des foffes & cócaui-
tez du fond de la riuiere : & outre cela, il ne fe pouroit faire, qu'ils n'aportaffét auec eux de la terre ou
fable du lieu ou ils fe formeroyét : & fi ainfi eftoit
que les eaux fe gelaffent au fond, il faudroit que les

L   froi-

froidures vinssent du dessouz de la terre: ce qui seroit contre verité. Car si elles venoyēt du fond de
terre il faudroit que toutes les sources des fontaines gelassent les premieres, & consequemment
les puits, & les vins qui sont dens les caues: & si la
froidure vient de l'aër (comme la verité est telle)
& qu'elle causast geler les eaux au fond, il faudroit
que la riuiere fut plus spongieuse que nulle chose
de ce monde, encores geleroit elle dessus le premier; puis qu'ainsi est que la froidure viēt de l'aër.
Mais tant s'en faut qu'elle soit spongieuse, que ie
ne trouue riēn plus alié qu'elle est : & qu'ainsi ne
soit, tu le peux cōnoistre par elle mesme, quand
elle est glacée: car il n'y a, ny trou ny veine, ny ar-
tere: tu le peux aussi connoistre par les diamans,
qui sont d'vne eaux pures congelée: que s'il estoyent tant peu soit poreux, ils ne prendroyent nul
polissement. Il faut donc conclure que la froidure viēt de l'aër, & que la riuiere est alize ou cōden-
sée comme le cristal, & que la froidure de laër viēt dessus, & ne sçauroit passer iusques au fond
de l'eau, & qu'il y a vne chaleur naturelle au fonds
d'icelle, aidée en partie par plusieurs petites sources, qui pocedent du fond de la terre, qui causent que les poissons conseruent leurs vie au plus
profond des eaux.

Theorique.

Pose le cas qu'ainsi soit : toutes fois il me semble qu'il n'estoit pas besoin d'en faire si long dis-
　　　　　　　　　　　　　　　　　cours

ours, & que le temp seroit bien utilemēt employé
à parler des autres choses, dont tu m'as fait promesse.

DES SELS DIVERS.

Pratique.

I'AVOIS bien pensé qu'après l'or,
potable & le Mitridat, ie te parlerois,
des sels : mais toimesme m'as inter-
rompu, en me reprochant la dispute
que i'auois euë autresfois des glaces. Or venons donc en propos. Car ie te veux
montrer qu'il n'est nulle chose sans sel. Si tu és
homme d'esprit (comme ie t'estime) tu connoistras plusieurs secrets en parlant desdits sels,
qui te pouront mieux asseurer de l'impossibilité
de la generation des metaux : & ce d'autant que
les sels seruent beaucoup a ceux qui se meslent
d'alterer, augmēter & sophistiquer les metaux.

Theorique.

Et comment ? tu dis des sels, comme s'il y en
auoit de plusieurs sortes.

Pratique.

Ie te di qu'il y en a vn si grand nombre qu'il
est impossible à nul homme de les pouuoir nom-

L 2   mer

mer, & te dis d'auantage, qu'il n'y à nulle chofe en
ce monde, qu'il n'y aye du fel, foit en l'homme, la
befte, les arbres, plantes, ou autres efpeces de vegetatif : voire mefme és metaux : & di encores
plus, que nulles chofes vegetatiues ne pouroyent
vegeter fans l'action du fel, qui eft és femences;
qui plus eft, fi le fel eftoit ofté du corps de l'homme, il tomberoit en poudre en moins d'vn clin
d'œil. Si le fel eftoit feparé des pierres qui font és
baftiments, elles tomberoyent foudain en poudre. Si le fel eftoit extrait des poutres, foliues &
cheurons, le tout tomberoit en poudre. Autant
en dis-ie du fer, de l'acier, de l'or & de l'argent, &
de tous metaux. Qui me demanderoit combien
il y à de diuerfes efpeces de fels, ie refpondrois
qu'il y en à autant que de diuerfes efpeces de faueurs & fenteurs.

Theorique.

Si tu veux que ie croye ce que tu dis, nommes
en donc quelques vnes.

Practique.

La copperofe eft vn fel, le nitre eft vn fel, le vitriol eft vn fel, l'alun eft fel, le borras eft fel, le fu-
cre eft fel, le fublimé, le falpeftre, le fel gemme, le
falicor, le tartre, le fel armoniac, tout cela font fels
diuers. Si ie les voulois nommer tous, ie n'aurois
iamais fait. Le fel que les alchimiftes appellent fa-
lis Alkali, eft extrait d'vne herbe qui croit és marez

rez salans des isles de Xaintonge. Le sel de Tartare n'est autre chose que le sel des raisins, qui don-
en goust & saueur au vin, & empesche la putrefaction d'iceluy, partant ie dis encores, que
la saueur de toutes choses est par le sel, lequel
mesmes à causé la vegetation, perfection, maturité, & la totalle bonté de la chose alimen-
taire. Et combien qu'il y ait beaucoup d'arbres
& d'especes de vegetatifs, desquels le sel est plus
fixe & de plus dure dissolution que celuy de la
vigne & du salicor: si est ce qu'il y en a en tous les
arbres & plantes, ie di autant ou peu s'en faut
qu'aux susdites. Et autrement plusieurs especes de
cendres ne vaudroyent rien à blanchir le linge: en
l'effect desdites cendres, tu peux connoistre qu'il
y a du sel en toutes choses. Et ne faut que tu penses que les cendres ayent pouuoir de blanchir sinon par la vertu du sel, autrement elles pouroyent
seruir plusieurs fois. Mais d'autant que le sel qui
est dedens lesdites cendres, se vient à dissoudre en
l'eau que l'on met dens le cuuier, il passe au trauers
du linge, & par sa vertu & acuité, ou mordication,
les ordures du linge sont dissipées, mollifiées &
emmenées en bas auecques l'eau, laquelle apres se
nomme lexiue, à cause qu'en icelle demeure le sel
qui estoit aux cendres, estant dissout par l'action
de l'eau, & les cendres estant ainsi dessalées n'ont
aucune vertu de plus blanchir le linge, & on les
iette comme inutiles. Autre exemple. Quand

L 3 les

les salpestreus font atraction du salpestre, qui est
en terre, ils le font par vne telle maniere que la lexiue, & quand ils ont tiré le salpestre, les cendres
& la terre duquel ils ont extrait le sel sont inutiles,
parce que le sel qui causoit l'operatió n'y est plus.
Si tu n'as assez d'exemples pour croire qu'il y à du
sel en tous les bois, & plantes, considere les Tanneurs de cuirs, ils prennent de l'escorce de chesne
& l'ayant seichée & puluerisée, ils la meslent entre
les cuirs qu'ils font tánér dens vn certain récepta-
cle : & quand le cuir à demeuré le temps preor-
donné parmy ladite escorce, le tanneur prend son
cuir & iette l'escorce hors, comme chose inutile:
vray est qu'és lieux ou le bois est cher, l'on fait des
mottes de ladite escorce, en forme de formage,
lesquelles on fait seicher pour les brusler, faute
de bois; mais les cendres n'en valent rien, à cause
que le sel en est dehors. Ne peux tu pas connoistre
par là que ce n'est pas l'escorce qui à endurcy, &
tanne le cuir, mais si c'est le sel qui estoit en icelle?
Car autrement l'escorce pourroit seruir plusieurs
fois: mais d'autant que le sel est disout, il s'est mis
dedens le cuir; à cause de son humidité, & en à fait
atraction, pour seruir a soy mesmes. Il faut que
tu nottes qu'en toutes especes de bois le sel est
presque tout a l'escorce : aussi le bois sans escorce
ne produit iamais bonnes cendres. Monsieur Si-
fly, medecin du duc de Montpensier, me montra
quelque fois vne verge de balsamum, ou de canelle,

le,laquelle contenoit enuirō quatre pieds en longueur, & en groſſeur vn pouce ou enuiron : il me
fit gouſter de l'eſcorce, qui auoit saueur naturelle,
de fine canelle:mais quand au reſte du bois, il n'a-
uoit nō plus de saueur qu'vne pierre. Voila pourquoy les tanneurs ne se seruent que de l'eſcorce,
par ce que le ſel y eſt, autrement le surplus du bois,
eſtant pulueriſé pouroit auſſi bien seruir que l'eſcorce. Et en continuant mes preuues, qu'il y à du
ſel en toutes choſes : Les Egyptiens auoyent de
couſtume de saler les corps de leurs Roys & princes,ce q̃ nous appellons embaumer. Les hiſtoires
diſent qu'ils les embaumoyent de nitre & d'eſpiceries aromatiques. Il te faut noter q̃ le nitre eſt
vn ſel conſeruatif, & qui empeſche la putrefactiō:
toutesfois il n'euſt sceu empeſcher la putrefaction par tant de mil annees, n'euſt eſté leſdites eſpiceries aromatiques: deſquelles le ſel à cauſé l'in-
corruption deſdits corps,qui en eſtoyent embau-
mez. Et outre, la chair deſdits corps, eſt appellée
mommye ,à cauſe deſdites eſpiciries , dont ils e-
ſtoyent poudrez. Les princes Egyptiens gardent
ladite mommye pour leurs seruir en leurs maladies. Ie croiray pluſtot qu'vne telle manducation
seroit plus vtile que l'or potable. Quelques modernes ont voulu imiter les anciens, voulants faire de la mommye de quelques pendus ou deca-
pitez: Mais qui la mettroit vn peu tremper, on la
feroit retourner en puante charongne: par ce qu'-

La Mommye.

elle

elle n'a pas esté confitte d'espiccries ayant telle
vertu que celles des anciens Egyptiens. Aussi dit
on communement que les odeurs & Rubarbes,
gommes & espiceries aromatiques, sont toutes
adultetées au parauant qu'elles soyent venues iusques à nous. Et le sel commun n'a pas la vertu de
conseruer comme les aromatiques, qui viennent
de l'Arabie heureuse & autre pays chauds. Et par
ce que nostre propos est de prouuer qu'il y à du sel
en toutes choses, ie mettray ce point en auant,
qui est que l'on peut faire du verre de toutes cen-
dres:cõbien que les vnes sont plus dures à la fonte
que non pas les autres: & s'il n'y auoit du sel és
bois & és herbes,il seroit impossible d'en pouuoir

Les vertus
des sels.

faire verre. C'est assez prouué qu'il y à du sel en
toutes choses : parlons de leurs vertus, qui sont si
grandes que nul homme ne les conneut iammais
perfaittement. Le sel blanchist toutes choses : le
sel endurcist toutes choses : il cõserue toutes cho-
ses:il donne saueur à toutes choses;c'est vn mastic
qui lie & mastique toutes choses : il rassemble &
lie les matieres minerales: & de plusieurs milliers
de pieces il en fait vne masse. Le sel donne son à
toutes choses : sans le sel nul metal ne rendroit sa
voix. Le sel resiouist les humains : il blanchist la
chair,donnant beauté aux creatures raisonnables:
il entretient l'amitié entre le male & la femmelle:
à cause de la vigueur qu'il donne és parties géni-
talles : il aide à la generation: il donne voix aux
crea-

creatures comme aux metaux. Le fel fait que plufieurs cailloux puluerifez fubtilement, fe rendent
en vne maffe pour former verres & toutes efpe-
cees de vaiffeaux : par le fel on peut rendre toutes
chofes en corps diafane. Le fel fait vegeter &
croitre toutes femences : Et combien qu'il y ait
bien peu de perfonnes qui fachent la caufe pourquoy le fumier fert aux feméces,& qu'ils l'apportent feulement par couftume & non pas par philofophie ; Si eft ce, que le fumier que l'on porte
aux champs ne feruiroit de rien,fi ce n'eftoit le fel
que les pailles & foins y ont laiffé en fe pourriffát.
parquoy ceux qui laiffent leurs fumiers à la mercy
des pluyes,font fort mauuais mefnagers, & n'ont
gueres de philofophie acquife n'y naturelle. Car
les pluyes qui tombent fur les fumiers,decoulant
en quelque valee emmeinent auec elles le fel dudit
fumier , qui fe fera diffout à l'humidité, & par ce
moyen il ne feruira plus de rien , eftant porté aux
champs : la chofe eft affez aifée a croire: & fi tu ne
le veux croire, regarde quand le laboureur aura
porté du fumier en fon champ, il le mettra (en
defchargeant) par petites pilles,& quelques iours
apres il le viendra efpandre parmi le champ, & ne
laiffera rien à l'endroit defdites pilles : & toutesfois apres qu'vn tel champ fera femé de bled , tu
trouueras que le bled fera plus beau , plus verd &
plus efpois a l'endroit ou lefdites pilles auront repofé, que non pas en autre lieu.& cela aduient par
ce que

ce que les pluyes qui sont tombees sur lesdits pilots, ont prins le sel en passant au trauers & descendant en terre. par la tu peux connoistre que
ce n'est pas le fumier qui est cause de la generatiõ:
Ains le sel que les semences auoyent pris en la terre. Encores que i'aye deduit autrefois ce propos
des fumiers, en vn petit liure que ie t'ay dit que ie
fis imprimer des les premiers troubles, si est ce
qu'il me semble qu'il n'est point superflu en cest
endroit. car par là tu entendras aussi la cause pourquoy tous excremēts peuuent aider à la generation des semēces. Ie di tous excremēts, soit de l'hõme ou de la beste. C'est tousiours confirmatiõ
d'vn propos que i'ay repeté plusieurs fois en parlant de l'alchimie, que quand Dieu forma la terre
il la remplist de toutes especes de semēces: Mais si
quelqu'vn seme vn chãp par plusieurs années sans
le fumer, les semēces tirerõt le sel de la terre pour
leur accroissemēt, & la terre par ce moyen se trouuera desnuée de sel & ne poura plus produire; parquoy la faudra fumer, ou la laisser reposer quelques années: afin qu'elle reprenne quelque salcitu-
dé, prouenãt des pluyes ou nuées. Car toutes terres sont terres: mais elles sont bien plus salées
les vnes que les autres. Ie ne parle pas d'vn sel commun seulement, mais ie parle des sels vegetatifs.
Aucuns disent qu'il n'y à rien plus ennemy des semences que le sel, & pour ces causes quand quelqu'vn à commis quelque grand crime, on le con-
damne

damne que sa maison soit rasée & la solle labourée
& semée de sel, afin qu'elle ne produise iamais semence: ie ne sçay s'il y a quelque pays ou le sel soit
ennemy des semences: Mais bien sçay-ie que sur
les bossis des marez sallans de Xaintange, l'on y
cueille du bled autant beau qu'en lieu ou ie fus iamais; & toutesfois lesdits bossis sont formez des
vuidages desdits marez: ie di des vuidages du fond
du champ des marez, lesquelles vuidanges & fan-
ges sont aussi salées que l'eau de la mer: & toutesfois les semences y viennent autant bien qu'en
nulle terre que i'aye iamais veuë: ie ne sçay pas ou
c'est que noz iuges ont pris occasion de faire semer du sel en vne terre en signe de malediction, si
ce n'est qu'il y aye quelque contrée ou le sel soit
ennemi des semences.

Theorique.

Peut estre que les iuges ne le font pas pour
l'occasion que le sel soit ennemi des semeces, mais
ils le font plustot par ce que le sel est vne semence
qui ne vegete point. *Practique.*

Tu diras ce que tu voudras, mais ie sçay bié que
plusieurs medecins & autres persones m'ont voulu maintenir que le sel estoit ennemi des semeces:
Et c'est pourquoy i'ay mis ce propos en auât: afin
de parler amplemét des sels: Et en continuant encores mon propos pour te mostrer que le sel n'est
pas ennemi des natures vegetatiues, n'y sensibles,
les vignes du pays de Xaintôge, plantée au milieu
des

des marez salans apportent d'vn genre de raisin
noirs, qu'ils appellent chauchetz, desquels on fait
du vin qui n'est pas moins à estimer que hyppo-
cras, & y fait on des rosties tout ainsi qu'à l'hyppo-
cras. Et lesdites vignes sont si fertiles qu'vne plante de vigne apporte plus de fruit que non pas six
de celles de Paris. Voyla pourquoy ie dis que tant
s'en faut que le sel soit ennemy des natures, que au
contraire il aide a la bonté, douceur & maturité,
generation & conseruation desdits vins. Et non
seulement le sel aide à ces choses, mais aussi l'aer
duquel les exalations sont salées. Ausdites isles &
parmy les marez sallans, on y cueille de l'herbe salée, de laquelle on fait les plus beaux verres, laquelle on appelle salicor: aussi on y cueille de l'ab-
sinte appellée Xaintonnique : à cause du pays de
Xaintonge. ladite herbe à telle vertu que quand
on la fait boullir & prenant de sa decoction, on en
destrempe de la farine pour en faire des bignets
fricasses en sein de porc ou en beurre, & que l'on
mange desdits bignets, ils chassent & mettent
hors tous les vers qui sont dens le corps, tant des
hommes que des enfans. Au parauant que i'eusse
la connoissance de ladite herbe, les vers m'ont fait
mourir six enfans, comme nous l'auions conneu
tant pour les auoir fait ouurir, que par ce qu'ils en
rendoyent souuent par la bouche, & quand ils e-
stoyent pres de la mort, les vers sortoyent par les
naseaux. Les pays de Xaintonge, Gascongne,
Agenes,

Agenes , Quercy , & le pays deuers Toloze, sont
fort suiets ausdits vers , & y à peu d'enfans qui en
soyent exempt : à cause que les fruits desdits pays
sont fort doux. Ie le di parce que les medecins de
Paris m'ont attesté que c'estoit chose rare de
trouuer des vers és enfans dudit lieu : toutesfois
és pays des Ardennes ils y sont fort suiets. Ie ne
sçay, si c'est à cause de la biere, ou des laitages. Ie
ne puis rendre tesmoingnage sinon des pays que
i'ay frequétez. Dans les rochers des isles de Xaintonge l'on y cueille aussi de la criste-marine, autrement appellée perce-pierre , laquelle à vne merueilleuse bôté & senteur, à cause de la vapeur de la
mer, qnâd elle est fraische, les sallades en sont fort
bonnes , & plusieurs en font confire pour toute
l'année. A Paris quelques vns ont planté de ladite
criste-marine : mais elle n'à garde d'auoir la bonté
de celle qui vient naturellement sur les rochers limitrophes de la mer. Ie ne veux pas prouuer par
là que le sel commun soit plaisant à toutes especes
de plantes : Mais ie sçay bien que les terres salées
de Xaintonge portent de toutes especes de fruits
qui y sont plantez, lesquels ont vne telle douceur
& autant suaue qu'en lieu la ou i'aye iamais esté.
Les herbes sauuagés, espines & chardons, y croissent autant gaillardes qu'en nuls autres pays. c'est
tousiours côfirmation de mon argument , contre
ceux qui disent que le sel est ennemy des plantes.
S'il estoit ennemi des plantes, il seroit ennemi des

natures

natures humaines. Les Bourgongnós ne le diront
pas: car s'ils reüssent conneu que le sel fut ennemy
de nature humaine, ils n'eussent ordonné de mettre du sel en la bouche des petis enfans quand on
les baptise, & on ne les appelleroit pas Bourgon-
gnons salez, comme l'on fait. Les natures brutales ne diront pas que le sel leur soit ennemy: car
les cheures en mangeront autant qu'on leur en
sçauroit bailler, & mesmes vont cherchât les murailles pisseuses, pour les lecher à cause du sel des
vrines. les pigeons ne pouuans trouuer du sel à
leur cómodité, quand ils trouuent quelque vieille
muraille, de laquelle le mortier ait esté fait de
chaux & de sable, & qu'elle soit tant peu commencée à ruiner, on verra les pigeons tous les iours aupres ladite muraille, & les hommes qui viuēt sans
philosophie disent que les pigeons mangent le sable: Mais c'est vne moquerie: ce seroit l'orpota-
ble de pigeons: car il est indigest, & ne faut penser
qu'ils cherchent autre chose que la chaux, qui est
dens le mortier, à cause de sa salcitude, & s'ils aua-
lent quelque grain de sable, c'est contre leur vo-
lonté & intention. Les huistres se nourissent le
plus grand part de sel, & leurs coquilles en sont
faites, lesquelles elles mesmes ont basties, & qu'-
ainsi ne soit, on le void euidemment: parce que
lesdites coquilles estant iettées dans le feu elles
pettent en pareille sorte que le sel commun. Et si
le sel à ceste vertu d'esmouuoir les partie genita-
les

les (comme i'ay dit) c'est vne chose certaine &
bien approuué que les huistres causent vne mesme action ; qui est attestation de ce que i'ay dit,
que les huistres sont nourris la pluspart de sel. Et
pour mieux monstrer que le sel n'est pas ennemi
des natures vegetatiues, voyons vn peu la maniere de faire des laboureurs Ardennois, en certaines
contrées des Ardennes ils coupent du bois en
grande quantité, le couchent & arengent en terre,
en sorte qu'il puisse auoir aër par dessouz : apres
ils mettent grand nombre de mottes de terre
sur ledit bois, sçauoir est de la terre herbeuse
en forme de gasons, puis ils font brusler le bois
au dessouz desdites mottes, en telle sorte que
les racines des herbes qui sont en ladite terre
sont bruslées, & quand ladite terre & racines
ont soufert grand feu, ils l'espandent par le
champ comme fumier, puis labourent la terre
& y sement du seigle : au lieu qui au parauant
n'estoit que bois le seigle s'y treuue fort beau :
& font cela de seize ans en seize ans : car ils
la laissent reposer seize années, & en quelques
endroits six années, & en d'autres que quatre : durant lequel temps la terre n'estant point
labourée, produit du bois aussi grand & espois comme il estoit au parauant ; & autant
comme il leur faut de terre pour en semencer
vne année, ils coupent des bois, & font brusler

des

des mottes, comme i'ay desia dit, & consequemment tous les ans, iusques au nombre de seize : &
alors recommencent à la premiere piece de terre
qu'ils auoyent labourée seize ans au parauant, en
laquelle ils trouuent le bois aussi grand comme la
premiere fois. I'ay dit cecy pour deux occasions,
l'vne par ce que mon propos du sel n est pas encores finy , & par ce que les laboureurs dudit pays
disent, que la terre est eschauffée par ce moyen, &
qu'autrement elle ne produyroit rien, à cause que
le pays est froid , surquoy ie di que comme l'eau
qui à esté boulie est plus subiecte à geler que l'autre, aussi le feu qu'ils y font, ne cause pas l'accrois-
sement des fruits , ains faut croire que c'est le sel
que les arbres, herbages & racines bruslées, y ont
laissé. L'autre cause est pour donner à connoistre
combien sont heureux ceux qui habitent és regions moderées & fertiles , qui produisent tous les
ans. Ces poures gens sont en grand peine quand
l'année est pluuieuse, qu'ils ne peuuët brusler leurs
bois en la saison conuenable , en la meilleure de
leurs années ils ne cueillent n'y vin, n'y fruits, n'y
aucune chose , que du seigle : & en chacun village
le poure à autant de terre que le riche , pour faire
son cultiuage.   Si le sel estoit ennemi des semences, il est certain que le bois & herbes qu'ils font
brusler n'amenderoit point la terre , mais la rendroit inutile : par ce qu'en bruslant lesdits bois, le
sel qui est en iceux demeure en la terre. Si ie connoissois

noissois toutes les vertus des sels, ie penserois faire des choses merueilleuses. Aucun alchimistes blanchissent le cuiure auecques du sel de Tartare ou autres especes de sels, le sel est fort vtile aux teintures. l'alun, qui est vn sel, attire à soy les couleurs du bresil, de la gale, & autres matieres, pour les donner aux draps, aux cuirs ou soyes, tellemét que les teinturiers quelquefois voulant teindre vn drap blanc en rouge, le trempent dens de l'eau d'alun : le sel d'alun estant dissout dens l'eau, sera cause que le drap receura la teinture que l'on luy aura preparée, & vn autre drap qui ne sera point trempé en l'eau d'alun, ne le poura faire. Le sel donc est vne chambriere qui oste la couleur à vn pour la bailler à l'autre. Aucuns sels endurcissent le fer & le trenchant des armes, en telle sorte que on en coupe du fer comme si c'estoit du bois. Ie ne suis point capable de descrire l'exellence des sels, n'y leurs vertus merueilleuses: Toutesfois en parlant des pierres i'en diray quelque chose de ce qui aura esté oublié, aussi que l'on ne sçauroit traiter d'icelles sans parler quelquefois des sels.

Theorique.

Il y a long temps que tu parles des sels, mais iusques icy tu n'as point dit vn mot de la definition de sel, & toutesfois c'est le principal que l'entendre que c'est que sel.

Practique.

Ie n'en sçaurois dire autre chose sinon que le sel

M   est

La definition
de sel.

est vn corps fixe, palpable, & conneu en son parti-
culier, conseruateur & generateur de toutes choses, & en autruy, comme és bois & en toutes especes de plantes & mineraux. C'est vn corps inconneu & inuisible, comme vn esprit, & toutesfois tenant lieu, & soustenant la chose en laquelle
il est enclos, & si iamais il ne sentoit d'humidité,
plusieurs choses, ou il est enclos, seroyent perpe-
tuelles:comme le sel qui est au bois empescheroit
qu'il ne pouriroit iamais:& s'il ne reccuoit aucune humidité, il ne s'engendreroit iamais de vers
dens ledit bois: Car iamais ne se peut faire de generation sans qu'il y ait vne humeur eschaufée
par putrefaction. Si le foin, la paille, & choses
semblables estant bien seichées, sans reccuoir aucune humidité, estoyent gardées en lieu sec, ils seroyent perpetuels par la vertu du sel qui y est. Il y
à aucuns sels lesquels estant és lieux secs tiennent
la forme qui leur aura esté donnée, & estants mis
en lieu humide se reduisent en huile, desquels le
Tartare est vn, & le sel de salicor vn autre. Ce poict
bien entendu peut beaucoup aider à l'intelligence
des propos que i'ay tenus en parlant de la generation des metaux: partant il est de besoing que tu
entendes bien le tout: par ce que toutes ces matieres sont si bien concateuées ensemble, que l'vne
donne intelligence de l'autre.

DV SEL COMMVN.

Theorique.

IE n'eusse pas pensé qu'il y eust eu tant d'especes de sels, ne qu'ils eussent eu tant de vertus, si tu ne me l'eusses dit: Mais puis que nous sommes sus le propos des sels, deuant que passer outre, ie te prie me faire le discours de la maniere de faire le sel commun, comme il s'en fait aux isles de Xaintonge, & me monstre la figure de la forme comme sont fait les marez salans: car tu le sçais bien: d'autant que ie t'ay ouy dire qu'autre fois tu as esté sur les lieux auec commission de figurer lesdits marez.

Practique.

Ce qui est vray, ce fut du temps que l'on vouloit eriger la gabelle audit pays. Or puis que tu as enuie d'entendre ces choses, donne moy audience & ie t'en feray voloutiers le discours, & puis ie t'en monstretay vne figure.

Premieremét tu dois entendre que d'autant que la mer est presque toute bordée de grãds rochers ou de terres plus hautes que non pas la mer, pour faire les marez salans, il à fallu trouuer necessairement quelque plainne plus basse que la mer:

M 2 Car

Car autrement il eut efté impoffible de trouuer
moyen de faire du fel à la chaleur du foleil:Et faut
croire que fi l'on eut trouué en quelque autre partie de la France limitrophe de la mer, lieu propre pour former marez, qu'il y en auroit en plufieurs endroits. Or ce n'eft pas affez d'auoir trouué vn platin ou campagne plus baffe que la mer:
Mais il eft auffi requis que les terres ou l'on veut
eriger marez, foyent tenantes, glueufes, ou vif-
queufes, côme celle dequoy on fait les pots, briques & tuifles.Il y à vn feigneur d'Anuers qui à
beaucoup defpendu pour faire des marez és pays
bas, en la forme & femblance de ceux des ifles de
Xaintonge: Mais combien qu'il ait trouué affez
de lieux bas pour faire venir leau de la mer, ce neantmoins d'autant que la terre n'eftoit pas glueu-
fe n'y tenante comme celle de Xaintonge, il n'a
peu venir au bout de fon intention,& fa defpence
à efté perdue: d'autant que les terres qu'il auoit
fait creufer pour former lefdits marez eftoyent
arides & fableufes, qui ne pouuoyent contenir
l'eau.

Combien que noz predeceffeurs des ifles Xaintoniques ayent trouué certains platins, ou lieux
bas, limitrophes de la mer, & que les terres du
fond ayent efté trouués naturellement glueufes
ou argileufes, cela n'à pas fuffit pour paruenir à
leur deffein: car il à fallu inuenter vne maniere de
conroyer ladite terre en la forte & maniere que
                                    ie te

ie te diray cy apres.

Si noſdits predeceſſeurs. n'euſſent eu vn grand
iugement & conſideration en formant les marez
ſallans, ils n'euſſent rien fait qui cut valu : ayans
donc conſideré les platins plus bas que la mer, ils
ont trouué qu'il faloit trancher vn canal qui peut
amener aiſement l'eau de la mer iuſques aux lieux
pretendus, pour faire le ſel. Ayant ainſi creuſé certains canaux ils ont fait venir l'eau de la mer iuſques a vn grand receptacle qu'ils ont nommé le
iard, & ayant fait vne ecluſe audit iard, ils ont
fait au bout d'iceluy d'autres grands receptacles,
qu'ils ont nommé conches, dedens leſquelles ils
laiſſent couler de leau du iard en moindre quantité que non pas audit iard, & d'icelles conches ils
font paſſer l'eau dedens le forans par vne tronce
de bois percée, qu'ils appellent l'Amezau, lequel
eſt par deſſouz le boſſis, & d'iceluy forans la font
paſſer par deux bois percez qu'ils appellét les per-
tuis des poelles, pour entrer dedens certains lieux
qu'ils nomment entablements, vire ſous, & moyens, leſquels ſont faits par vne telle meſure, que
l'eau de laquelle l'on veut faire ſel, faut qu'elle
tourne & enuiróne vn bien long chemin & par diuers degrez, au parauant que l'on la laiſſe entrer
dedẽs les parquets du quarré deſtiné à faire le ſel.
Il faut noter que combien que l'on face paſſer laditte eau par pluſieurs degrez enclos aux recepta-
cleceptacles, ſi eſt ce que de receptacle en autre.

M 3   l'eau

l'eau eſt miſe en moindre quâtité, decoulât de l'vn
à l'autre touſiours en diminuât, afin que ladite eau
ſoit bien preparée & eſchaufée au parauât qu'elle
ſoit miſe dedés les aires ſalans, auſquels l'on l'à fait
côgeler en ſel, c'eſt à dire auant que ouuerture luy
ſoit faite pour entrer dedens leſdits aires. Car il y à
certaines petites tablettes que l'on hauſſe pour
laiſſer deſcouler dedés les aires , l'eau qui vient des
vireſons & entablements & autres degrez.

　Mais pour monſtrer qu'elles n'ont pas eſté faites ſans grand labeur & auec vn bien long temps,
il à fallu creuſer la quadrature du champ des marez, plus bas que le canal venant de la mer, ny que
les iards & conches, afin de donner pente ou inclination és degrez & mêbres ſuſdits: afin d'amener
l'eau iuſques à la grande quadrature du champ de
marez. Et faut noter qu'en creuſant celle grande
quadrature il à fallu apporter les terres & vuidanges tout à l'entour de ladite quadrature , laquelle
eſtant miſe tout à l'entour, fait vne grande platte
forme que l'on appelle boſſis , laquelle ſert pour
mettre de grans monceaux de ſel qu'ils appellent
vaches de ſel, & quant ce vient en hyuer que la ſaiſon de faire ſel eſt paſſée, ils couurent leſdits monceaux de ſel auec des iôcs, leſquels ſe vendêt bien,
à cauſe de leur vtilité. Leſdits boſſis ſeruent auſſi
pour aller de marez, en marez, pour paſſer les hômes & cheuaux en tous têps : & il eſt requis qu'il
ayent vne grande largeur, par ce que quand quelqu'vl

qu'vn à vendu vne vache de fel ou deux, felon que
la diftance eft longue pour apporter le fel dedãs le
nauire, il eft requis pour les lieux lointains vn grãd
nõbre de beftes, pour porter le fel a bord, & cela fe
fait auec vne merueilleufe diligence, tellemãt que
lon diroit qui n'ã auroit iamais veu, que ce font ef-
quadrõs qui veulent cõbatre les vns contre les autres. Il y à gens fur le bord du bateau, qui ne font q̃
vuider les facs, & vn autre qui marque, & chacune
befte ne porte qu'vn fac à la fois, & ceux qui tou-
chẽt les cheuaux font cõmunement petis garçõs,
qui foudain q̃ le cheual eft defchargé & le fel vui-
dé, fe iettent de viteffe fur leur cheual & ne ceffent
de courir la pofte iufques à la vache de fel, où il y a
autres hõmes qui empliffent les facs & les chargẽt
fur les cheuaux, & eftants rechargez lefdits garçõs
les remeinent en diligence iufques au nauire. Et
d'autant que les vns & les autres vont & viennent
tous en diligãce, il eft requis q̃ les boffis ou platteformes foyẽt bien larges : car les cheuaux fe ren-
cõtreroyent l'vn lautre. Entens maintenant l'in-
duftrie de laquelle il à fallu vfer pour rãdre les marez propre pour garder q̃ la terre ne fucce l'eau qui
y eft mife, pour faller. Quand la grande quadrature à efté creufée & les vuidanges oftées, au parauãt
que former les voyes & parquetages, ils ont vn
nõbre de cheuaux & iuments, lefquels ils attachẽt
l'vn à l'autre en quelque forte, pour les pourmener
puis les mettent dedens icelle grande quadrature,

M 4 où

où ils veulent former les marez , il y à vn perſonnage qui tient le premier cheual d'vne main & de
l'autre main vn fouët, lequel pourmene leſdis cheuaux & iuments en diligence , iuſques à tant que
la terre de la ſolle ſoit bien conroyée , & qu'elle
puiſſe tenir l'eau, comme vn vaiſſeau d'airin. Et la
terre eſtant ainſi bien conroyée, ils dreſſent leurs
voyes & parquetages par lignes directes, donnant
la pente requiſe de degré en degré , en telle ſorte
qu'il n'y à maçon n'y geometrien qui la ſçeut mieux niueler auec tous les outils de geometrie, qu'-
ils là niuellent auec de l'eau, car l'eau leur donne à
cõnoiſtre clairemẽt les lieux plus haut ou plusbas.

Apres di-ie que la terre eſt ainſi conroyée , ils
forment leurs voyes & parquetages ainſi que ſi
c'eſtoit de la terre à potier. voyla pourquoy ie t'ay
dit ci deuant que ores que l'on peut trouuer des
lieux plus bas que la mer , il ſeroit impoſſible de
dreſſer marez ſallans ſi la terre n'eſt naturellement
argileuſe ou viſqueuſe comme celle des potiers.

Il y à encores vn grand labeur qu'il à conuenu
faire à noz predeceſſeurs pour dreſſer les marez,
il ne faut point douter que les premiers qui en
ont erigé, n'ayent choiſi les lieux les plus proches
de quelque canal naturel : car s'il n'y auoit point
de canal, il ſeroit difficile d'amener le ſel qui ſe fait
ſur les marez , iuſques au nauire dedens la grande
mer: par ce que les grans nauires ne peuuent aprocher du bord , à cauſe de leur grandeur : parquoy
ceux

ceux qui vendent du fel.ameinent des petites barques qui entrent au dedens du platin le plus pres
qu'ils peuuent du fel qu'ils auront vendu,ils pofent
l'ancre, & ainfi l'on apporte ledit fel premieremét
en la barque, puis l'on meine ladité barque pour
defcharger dens le nauiere : & faut noter que le
plus fouuent en certains canaux l'on n'y peut entrer que au plein : & pour en fortir, fi la mer s'en
eft allée, il faut attendre qu'elle foit de rechef au
plein : Et combien que aucuns canaux ont efté
trouuées naturels, ce neantmoins il à efté neceffaire d'aider à nature: afin que les barques & petis
nauires puiffent approcher des lieux ou l'on fait le
fel:& ne faut douter que noz predeceffeurs n'ayét
auffi efté contraints de former des canaux és lieux
ou il ne s'en eft point trouué de nature : car autrement ils ne pouroyent tirer le fel defdits marez:
d'autant que les plates formes font faites fi fort
obliques, qu'il femble que c'eft vn labirinte, & ne
fauroit on faire vne lieuë au trauers qu'elle n'en
môte à plus de fix,à caufe des enuironnemétsqu'il
faut faire pour en fortir : & fi quelque eftranger y
eftoit enclos,à peine en pouroit il fortir fans con-
duite : par ce qu'il faut trouuer vn grand nombre
de pontages, qu'il faut chercher l'vn à dextre &
l'autre à feneftre, quelque fois tout au contraire
du lieu ou l'on veut allef: Car il faut entendre que
tout le platin des marez eft concaué de canaux,de
iards, de conches, ou de champ de marez, aucuns
desdits

deſdits champs ſont quarrez, & autres longs & e-
ſtroits, d'autres en forme deſquerre: afin q̃ toute
la terre ſoit employée en façõs de marez: tout ain
ſi qu'en vne ville les premiers edifiãs ont pris place cõmunemẽt quarrée à leur cõmodité, & les der
niers ont pris les places & reſtes des autres, ainſi
qu'elles ſe ſont trounées: le ſemblable s'eſt fait és
marez car les premiers ont pris place à leur cõmodité le plus pres des canaux & de la mer qu'il leur à
eſté poſſible, & les derniers venuz ont pris les places, non pas telles qu'ils deſiroyẽt, mais ils les ont
edifiez quelque fois és lieux bien lointains des canaux & riues de la mer, qui cauſe que ceux là ne
ſont pas tant venduz: d'autant que les frais de l'a-
menage du ſel ſont par trop grands.

Autres ont edifié des marez qui ſont de peu de
valeur, parce que bien ſouuent l'eau leur defaut au
plus grand beſoing, d'autant que les canaux, iards
& conches ne ſont pas aſſez bas en terre, pour recouurer de l'eau de là mer à leur ſouhait, & faut icy
noter vn point ſingulier, qui eſt qu'en chaſcun
marez il y à vn canal fait à force d'hommes, pour
amener l'eau de la mer dens le iard, & autres canaux comme petites riuieres, qui ſeruent pour
amener les barques entre pluſieurs marez, dedens
leſquelles on porte le ſel au grand nauire, comme
i'ay dit vne autre fois: par tel moyen toute la terre de la vallée des marez eſt labourée, foſſoyé &
retranchée pour l'vtilité & ſeruice dudit ſel, &

pour

pour ces caufes ay-ie dit ci deffus que fi vn eftranger eftoit au milieu des marez, ores qu'il verroit
le lieu ou il voudroit aller, à peine en pouroit il
fortir : d'autant que bien fouuent il luy faudroit
tourner le dos pour chercher les pontages : auffi
qu'il n'y à chemin ne voye que feulement les
boffis, qui font erigez par lignes obliques, &
n'eft poffible de trouuer chemin ne voye dens
lefdits marez autre que les boffis, lefquels font
haut efleuez, parce que toutes les vuidanges des
champs des marez y ont efté mifes, & fi l'on y
eftoit en hyuer l'on verroit tous lefdits champs
couuerts d'eau, comme de grands eftangs, fans
apparoir aucune forme d'iceux.   Ce qui à fait
que aucuns peintres, ayants efté enuoyez és ifles
pour fçauoir la caufe pourquoy il eft impoffible de paffer vne armée au trauers defdits marez,
ont efté deceus : d'autant qu'ils y font allez és fai-
fons que l'eau eftoit dedens lefdits marez, &
en ont rapporté des figures incertaines, du temps
que l'on vouloit eriger la gabelle au pays de
Guienne le fieur de la Trimouille & le general
Boyer, enuoyerent vn meftre Charles, (peintre
fort exellent) fur les ifles, pour remarquer les
paffages, ledit peintre apporta figure certaine &
au vray des bourgs & villages: Mais quand eft des
formes des marez, ce n'eftoit que confufion en
fa figure: d'autant que pour lors les marez eftoyét
couuers d'eau, & pour mieux te le faire entendre,
il faut

Il faut neceſſairement qu'apres que les chaleurs font paſſées & qu'il n'y a plus d'apparence de faire du ſel, les ſauniers pour la conſeruatió des marez, ouurent certaines bondes des canaux qui paſſent par le iard, & par ces conches, & laiſſent entrer l'eau dans leſdits marez iuſques à ce que toutes les formes ſoyent couuertes. Car s'ils laiſſoyent leſdits marez deſcouuerts les gelées les diſſiperoyét en telle ſorte qu'il les faudroit refaire tous les ans: mais par le moyen de l'eau ils ſont conſeruez d'v-ne année à autre.

Et afin que tu entendes mieux que le ſel n'eſt pas vne choſe qui ſe puiſſe faire aiſement & à peu de frais, il conuient noter que l'on n'en peut faire que durant trois ou quatre mois de l'année, pendant les grandes chaleurs. Et pour le premier preparatif du ſel, il faut prendre l'eau de la mer au plein de la lune du mois de Mars. Car en ce téps là, la mer eſt plus haute & enflée qu'en nulle ſaiſon, & lors qu'elle eſt en ſa pleine grandeur, les ſauniers desbondent les conduits des canaux & grandes tranchées, pour emplir ce grand receplacle qu'ils appellent iard, lequel faut qu'il contiéne autant d'eau qu'il en fait beſoing, pour faire le ſel iuſques à la pleine lune du mois de iullet, auquel temps la mer ſe remet en ſa grandeur & hauteſſe comme celle de Mars, & alors vn chaſcun ſaunier ſe trauaille à remplir le iard : toutesfois quelque labeur & diligence que noz predeceſſeurs ſauniers

ayent

ayent sçeu faire, si est ce que quand vn esté est fort
sec, il y à plusieurs marez qui ne font rien vne partie de l'esté : Car l'eau du iard estant faillie deuant
le temps, ils n'ont aucun moyen d'en remettre
d'autre, si ce n'est au temps des grandes malignes
(qu'ils appellent) qui est lors que la mer est en
sa superbe grádeur. Voila pourquoy les marez qui
sont pres du port, & qui peuuent auoir de l'eau au
plein de toutes les lunes sont beaucoup plus estimez que les autres.

Il faut aussi noter vn point qui est, que si durant
que l'on fait le sel il aduenoit vne pluye l'espace
d'vne nuit ou d'vn iour, mesmes seulement deux
heures, l'on ne sçauroit faire de sel de quinze iours
apres : parce qu'il faudroit nettoyer tous les marez & oster l'eau d'iceux, aussi bien la salée que la
douce, tellement que s'il pleuuoit tous les quinze
iours vne fois, l'on ne feroit iamais de sel à la chaleur du Soleil : parquoy faut croire qu'aux regiós
& contrées pluuieuses & froides, l'on n'y sçauroit
faire de sel à la maniere qu'il se fait és isles de
Xaintonge, encores qu'ils eussent toutes les autres commoditez cy dessus alleguées.

Il est encores de besoing d'entendre qu'au parauát que faire le sel il faut espuiser toute l'eau qui
est dens les marez, laquelle y auoit esté mise pour
les conseruer en hyuer: ce qui n'est pas vn petit labeur, & ayant nettoyé tous lesdits marez communement au mois de May, quand le temps
vient

vient à s'eschaufer, ils lachent les bondes pour
laisser passer telle quantité d'eau qu'ils veulent, laquelle ils font couler dedens les conches, enta-
bleméts, moyens & viresons, afin qu'elle se commence à eschaufer, & estant eschaufée, ils la merrét
à sobrieté dedés les aires ou l'on fait cresmer le sel.
Et pour mieux te môstrer encores la despense desdits marez, il faut entendre qu'en chascun champ
de marez il y à deux ecluses faites en maniere d'vn
pont, lesquelles ne se peuuent faire qu'auec grands
despens, à cause de la grandeur du bois! car il faut
que les montans viennent du fond & concauité
du canal bien profond, & les pieces trauersantes
seruent de passer hommes & cheuaux : ils nomment lesdits ponts l'vn la varengne & l'autre le
gros mas : par ce qu'il sert aussi à retenir les eaux
du iard : Outre lesdits ponts en chacun marez il y
à plusieurs pieces de bois qui sont percées tout du
long, pour faire passer les eaux, de degre en degré. En chascun champ de marez, il faut bien
vne piece de bois autant longue que le pied d'vn
grand arbre, laquelle est percée tout du long, qu'ils
appellent l'Amezau, & faut que ledit pied d'arbre
soit bien gros, & les autres pieces qui sont moin-
dres sont percées selon leur grosseur. Ie te di ceci
afin que tu entendes que les bois des marez estans
pourris ou bruflez, les forestz de la Guyenne
ne sçauroyent suffire pour les refaire.   Et n'y à
homme ayant veu le labeur de tous les marez de

Y ...

Xaintonge, qui ne iugeaſt qu'il à fallu plus de deſpence pour les edifier, qu'il ne faudroit pour faire vne ſeconde ville de Paris.

Theorique.

Voire mais ceux qui ſe ſont meſlez d'eſcrire par
cy deuant, diſent que le ſel prouient de l'eſcume de
la mer, & meſme vn autheur (qui à eſcrit, depuis
que le ſel eſt ſi cher, vn petit liure, de l'excellence
dignité & vtilité du ſel.) l'à ainſi dit, & ſemblablement à dit que nous ſerions bien heureux ſi nous
auions vne fonteine d'eau ſalée en France, comme
ils ont en la Lorreinne & autres pays.

Prattique.

Tu peux bien auoir entendu par mon diſcours,
le contraire de leur dire, il n'eſt pas beſoing que
i'en repete quelque choſe. Et quãt à l'autheur que
tu m'as allegué, il n'entend pas bien ce qu'il à mis
en ſon liure, & pluſieurs le croyans ſe pouront a-
buſer: Car quant il y auroit cent fonteines d'eau
ſalée en France, elles ne ſçauroyẽt ſuffire à la moitié du Royaume. Et qui plus eſt, quand il y en auroit mille, elles ſeroyent inutiles. Car ou ſont les
bois pour faire ledit ſel? i'oſe bien dire que toutes les foreſts de France ne ſçauroyẽt faire en cent
ans autant de ſel de fonteines ou de puits ſalez,
qu'il s'en fait en vne ſeule année en Xaintonge à
la chaleur du ſoleil, non pas vne année mais ſeulement depuis la my-May iuſques à la my-Septem-
bre. Car ils n'en ſçauroyent faire en antre ſaiſon.

Il y

Il y a des puits ou fonteines en Lorraine, defquels l'on fait grande quantité de fel : Mais ie te prie confidere vn peu la grande defpenfe. La chaudiere ou l'on fait boullir l'au, ha trente pieds de long & autât de large, elle eft maçônée fur vn four qui à deux gueules , & chacune gueule il y à deux hômes qui ne ceffent de ietter bois dens icelles. Il y à vn grand nombre de chariots pour charier le bois,& des hommes pour le mettre pres du four, autres font au bois pour le couper.   L'on tient pour certain que toutes les années il faut la leuée de mil arpens ou quartiers de bois tallis pour entretenir lefdittes fournaifes, & l'ordre eft tel qu'il y à quatre mil quartiers de bois deftinez pour l'entretenement des fours: & par chafcun an l'on en coupe mil quartiers , & au bout de quatre ans les quatre mil quartiers eftans coupez, ils recommencent au premier milier qui auoit efté coupé. Or confidere fi quelqu'vn auoit en France mil quartiers de bois taillis, s'il voudroit bailler la leuée dudit bois pour lepris que pouroit eftre vendu le fel qui fe feroit de dix mil quartiers,il eft certain que le bois vaudroit plus , & s'en trouueroit plus d'argent que du fel. Et combien que le bois ne coufte rien au duc de Lorraine, fi eft ce que les frais de faire le fel au feu , font fi grands que le fel eft trois fois plus cher en Lorraine , que non pas en Erance. O combien la beatitude de la France eft plus grande en ceft endroit que celle des autres

nati-

nations. Et combien qu'en Portugal il s'en face à
la chaleur du Soleil, si est ce qu'il n'est pas si naturel que celuy de Xaintonge: parce qu'il à vne acuité si grande & corrosiue, que plusieurs en ayant
salé des lards ont trouué des trouz & incisiós que
les gros grains de sel auoyent fait au trauers desdits lards. Quant est de celuy de Lorraine, tant il
s'en faut qu'il soit si conseruatif que celuy de Xain
tóge, que bien souuét les lard dudit lieu sont tous
remplis de vers apres auoir esté salez. Plusieurs
Royaumes estrangers, ayant quelque quantite de
sel en leur pays, ne laissent pour cela d'é venir querir en France, & quand ils en ont, ils l'augmen-
tent & accroissent du leur. ceux des Ardennes sçauent tresbien que le sel de Xaintonge est meilleur que celuy de Lorraine, & pour ces causes ils
sont soigneux d'en auoir: ils le connoissent à
la couleur & grosseur: car les grains du sel qui est
congelé au soleil sont plus gros que de celuy
qui est fait au feu, & faut croire que le sel de Xaintonge est aussi blanc que nul autre sçauroit estre:
Mais par ce que la terre des marez est noire, ceux
qui font le sel ne le peuuent tirer hors des aires
sans racler & entremesler quelque peu de terre: ce
qui luy oste vne partie de sa blancheur: toutesfois
quand les sauniers commencent à faire du sel, ils
en font d'ausi blanc que neige, pour seruir à table,
& en font des presens à leurs parents & amis, qui
sont espars és terres douces. Ils prennent ledit sel

blanc

blanc tout deffus, auant que de racler iufques au
fond, & fans efmouuoir rien de laditte terre. Ce
n'eft donc pas la faute de l'eau, que le fel de Xaintonge ne foit auffi blanc que celuy des autres pays.
Et ne faut plus auoir opinion qu'il s'en face de l'ef
cume de la mer, ainfi que l'on l'à creu iufques auiourd'huy.

Le Sel blanchit toutes chofes.
Et donne ton à toutes chofes.
Et fi fortiffie toutes chofes.
Et fi eft compaignon de toutes natures.
Et fi entretient l'amitie entre le mafle & la fe-
melle.
Et fi aide a la generation de toutes chofes ani-
mees & vegetatiues.
Il empefche la putrefaction & endurcift toutes
chofes.
Il aide à la veüe & aux lunettes.
Sans le fel, il feroit impoffible de faire aucune ef
pece de verre.
Toutes chofes fe peuuent vitrifier par fa vertu.
Il donne gouft a toutes chofes.
Il aide à la voix de toutes chofes animées, voire
toutes efpeces de metaux, & inftruments de
mufique.

DES PIERRES.

Theorique.

IE suis fort aise d'auoir entendu ce discours du sel commun : car ie ne pensois pas qu'il se fit auec tant de labeur, & cela meriteroit bien d'estre mis en lumiere. Car ie croy fermement que nuls des cosmographes n'en ont iamais parlé. Maintenant ie te prie de me parler des pierres : d'autant que tu m'as dit qu'en parlant d'icelles ie connoistrois de beaux secrets. Ie voudrois bien sçauoir que tu en veux dire : car les vns disent qu'elles ont esté formées des la creation du monde, & les autres disent qu'elles croissent tous les iours   *Pratique.*

D'autant que ie t'ay veu si fort attaché à l'alchimie ie suis content de te parler des pierres : car peut estre qu'en parlant de la formation & essence d'icelles, tu pouras te reduire à mon opinion. Ceux qui disent que les pierres sont formées des la creation du monde errent, & ceux qui disent qu'elles croissent errent aussi. Or il faut que tu rememores ce que i'ay dit plusieurs fois en parlant des fōteines & de l'alchimie, qu'il n'y à nulle chose sous le ciel en repos, & que toutes choses se trauaillét en se formant, & en se deformāt tournēt bien

souuent de nature à autre, & de couleur à autre.
S'il eſtoit ainſi que les pierres euſſent eſté crées
des la fondation du monde & qu'il ne s'en fit plus
l'on n'en pourroit plus trouuer à preſent. Conſidere la grande quantité de pierres qui eſt conſu-
mée tous les iours: vne partie par les gelées qui la
font venir menue comme cendres : vne autre partie par les fours à chaux : autre partie par les maçons & tailleurs de pierres. C'eſt choſe certaine
qu'en faiſant vn logis de pierre de taille la moitié
s'en ira en pouſſiere à coups de marteau, auſſi tu
ſçais ŷ les cheuaux, chariots & charrettes, en paſſant & repaſſant en diſſipent vne grande quantité.
Si tu as bien regardé les rochers qui ſont le long
de la mer, tu as veu comment ſes flots impetueux
ont ruiné vne bonne partie deſdits rochers. D'autre part le vent d'Eſt & de Sus, cauſe vne diſſolution du ſel qui entretient la pierre en ſon eſtre,
tellement qu'elles tombent en pouſſiere : & de la
vient qu'aucuns diſent que telles pierres ſont ge-
liſſes ou venteuſes. A la verité les pierres, deſquelles l'eau eſt ſortie au parauant que leur decoction
fut faite ſi eſtant abbreuées d'eau, la gelée vient là
deſſus elles ne faudront à ſe reduire en poudre : &
voila comment les pierres ſont ſuiettes à la diſſolution des vents & des gelées. Si tu conſideres
toutes ces choſes tu connoiſtras que ſi les pierres
euſſent eſté faites des la fondation du monde, &
qu'il ne s'en fit plus depuis, il y à long temps que
l'on

l'on n'en sçauroit trouuer vne seule. Ie ne di pas
que Dieu n'ait crée des le commencement & môtaignes & vallées, lesquelles montaignes ne sont
causées que des rochers, comme ie t'ay dit en parlant des fonteines.

Theorique.

Et pourquoy m'as tu donc nié que les pierres
croissent? *Practique.*

Ie te le nie bien encores : car les pierres n'ont
point d'ame vegetatiue: mais insensible. parquoy
elles ne peuuent croistre par action vegetatiue:
mais par vne augmentation congelatiue.

Theorique.

Et qu'appelles tu augmentation congelatiue.

Practique.

C'est vn trait qui te poura beaucoup seruir à
connoistre la generation des metaux. I'appelle
augmentation congelatiue comme qui ietteroit
de la cire fondue sur vne masse de cire desia congelée, & que icelle se vint côgeler auec ladite masse, laquelle seroit augmentée d'autant que l'addition y auroit esté mise. En cas pareils les rochers des montaignes sont augmentez par quelque cheute de pluye qui auroit amené auec soy
vne matiere pierreuse. Mais la vraye addition des
pierres & la plus certaine, est celle qui se fait és
pierres qui sont encores dens le ventre de la terre.
Car tout ainsi que i'ay dit des metaux, qu'ils ne
peuuent estre generez hors la matrice de la terre

& qu'il eſtoit beſoing qu'ils fuſſent enclos dens
lieux humides & aqueux, comme ſe fait la formation de nature humaine: Auſſi ſemblablement les
pierres des carrieres ne peuuent eſtre engendrées
ſinon és lieux creux & cachez dens la matrice de la
terre, & la ils recoyuent tous les iours vn augmé-
tation côgelatiue, & cela ſe fait par le moyen que
i'ay pluſieurs fois dit,& qui eſt le fondemét principal de mes arguments: aſçauoir ●e deſlors que
Dieu crea la terre, il la remplit de toutes ſubſtan-
ces.Or par ce que les ſubſtances pierreuſes & metaliques ſont inconneües parmi la terre, & conſequemment parmi les eaux, les pluyes qui paſſent
au trauers des terres prennent les ſels qui ſont auſſi inconnuz,leſquels ſels ou matieres metaliques,
ſont fluentes & ſe laiſſent couler auec les eaux qui
entrent dens la terre iuſques à ce qu'elles ayent
trouué quelque fonds pour s'arreſter : & ſi elles
s'arreſtent ſus vne carriere , ou miniere de pierre,
leſdites matieres eſtant liquides paſſent au trauers
des terres & ayans trouué lieu pour s'arreſter, ſe
viennent à congeler & endurcir & faire vn corps
& vne maſſe auec l'autre pierre. Voila pourquoy
ie t'ay dit que les pierres ne croiſſent point , mais
bien qu'elles peuuent augmenter par vne adition
congelatiue: & cela fait que toutes carrieres contigues ont les ſins veines & aſſéblages de trauers
& non point deſcendantes du haut en bas , qui eſt
vne vraye atteſtation que la congelation deſdites
                                                    pier

pierres n'à pas esté faitte tout en vn coup : autrement elle ne se pouroit iamais fendre , ains seroit
autant dure en l'vn endroit comme en l'autre. Et
quand l'on la veut fendre l'on trouue cōmunemēt
certaines ioinctures que l'on nomme sins, & bien
à propos: par ce que c'est la fin d'vne congelation
faite en vn temps , suyuant ce que i'ay dit que les
congelations des rochers ou carrieres contigues,
n'ont pas esté faites tout en vn coup.

Theorique.

Et ou est ce que tu as trouué cela par escript, ou
bien di moy en quelle escole as tu esté, ou tu puisses auoir entendu ce que tu dis?

Practique.

Ie n'ay point eu d'autre liure q̄ le ciel & la terre,
lequel est conneu de tous, & est dōné à tous de cōnoistre & lire ce beau liure. Or ayant leu en iceluy
i'ay consideré les matieres terrestres, par ce que ie
n'auois point estudié en l'astrologie pour cōtem-
pler les astres. Et ayāt de bien pres regardé les natures i'ay conneu en la forme de plusieurs pierres,
qui estoyent faites comme des glaçons qui pen-
dent aux goutieres des maisons quand il gele, que
les pierres estoyēt faites & engendrées de quelq̄s
matieres liquides & distilātes cōme eau, & ay esté
l'espace de dix ans en opinion q̄ les eaux cōmunes
se reduisoyēt en pierre par quelq̄ vertu cōgelatiue,
& singulieremēt le cristal, lequel ie ne trouuois en
rien diferent à l'eau cōmune. Toutesfois cōme les

scien-

sciences se manifestent à ceux qui les cherchēt, depuis quelque tēps i'ay conneu q̃ le cristal se cōgeloit dedens l'eau,& ayant trouué plusieurs pieces
de cristal formées en pointes de diamāts,ie me suis
mis à penser qui pouroit estre la cause de ce,&
estant en telle resuerie, i'ay consideré le salpestre,
lequel estant dissoult dedens l'eau chaude, il se cōgele au milieu ou aux extremitez du vaisseau ou
elle aura boulli : & encores qu'il soit couuert de
laditte eau,il ne laisse à se congeler: par tel moyen
i'ay conneu que l'eau qui se congele en pierres,ou
metaux n'est pas eau commune.Car si c'estoit eau
cōmune elle se congeleroit egalement par tout,
comme elle fait par les gelées. Ainsi donc l'ay
conneu par la congelation du salpestre que le cristal ne se congele point sur la superficie, ains au
milieu des eaux communes,tellement que toutes
pierres portans forme quarrée, triangulaire ou
pentagonne,sont congelées dedens l'eau. Depuis
que ie suis en telle connoissance, i'y trouuée plusieurs mines de fer, d'estain & dargent,qui auoyent les formes de cristal, qui m'a fait croire que
toutes ces choses estoyēt congelées dedens leau,
comme i'ay dit en parlant de l'alchimie. Et pour
confirmation de ce que ie dis,i'ay veu vn lapidaire
(nōmé Pierre Seguin) qui auoit trouué vne pierre de cristal au dedens de laquelle il y auoit de l'eau
qui n'estoit pas congelée, & dedens ladite eau y
auoit vne petite ordure noire qui estoit plus legere que

te que l'eau, car quád il tournoit la pierre de quelque cofté,ladite ordure fe tenoit toufiours deffus.
Et d'autant que ledit lapidaire l'auoit fait tailler &
enchaffer en vn anneau, aucuns croyoyent fermement que c'eftoit vn efprit enclos dedens icelle,ne
fe doutant du fecret de cefte philofophie.Il y auoit
vn nommé de Trois rieux , homme curieux & de
bon iugement, lequel auoit vne autre pierre de
criftal en laquelle y auoit de l'eau enclofe comme
en la fufdite: Mais il fuft bien trompé: car l'ayant
baillé à vn lapidaire pour tailler vne larme , en la
taillant trouua vne petite veinne par laquelle l'eau
(qui n'eftoit pas congelée) s'enfuit. I'ay trouué
auffi plufieurs cailloux cornuz,qui eftoyent creuz
dedens & auoyent plufieurs pointes comme de
diamants: cela m'à fait connoiftre que quand lefdits cailloux fe formoyent , ils eftoyent pleins
d'eau , & que depuis l'eau commune s'eft exhalée
& à laiffé la matiere congelatiue en forme d'vn
caillou creux. Voila les liures de mon eftude.

Theorique.

Et cuides tu que ie croye que l'eau fe puiffe reduire en pierre?

Practique.

Ie t'ay dit que i'ay efté long temps en cefte o-
pinion.Mais à prefent ie te di que ce n'eft pas l'eau
commune,ains vne eau de fel,laquelle tu ne fçaurois diftinguer d'auec la commune: toutesfois
elle eft fluide & autant candide que l'eau commu-
ne.Et

ne. Et de cela i'ay bon tefmoignage: car moy eſtāt
à Paris l'année paſſée 1575. il y euſt vn medecin
nommé monſieur Choyſuin, duquel la cōpagnie
& frequentation m'eſtoit vne grande conſolatió,
qui apres m'auoir entēdu parler ainſi des natures,
& cōnoiſſant qu'il eſtoit amateur de philoſophie,
ie le priay de venir auec moy dés les carrieres pres
ſaint Marceau, afin de luy oſter toute doute de ce
que ie luy auois dit de la generation des pierres.
Et celuy meu de bō zele & ſans eſpargner ſa peinne, fit ſoudain apporter des flambeaux de cire, &
amenant auec luy vn eſcolier medecin nommé
Milon, nous allaſmes pres d'vne lieüe dens leſdites
carrieres, eſtants conduits par deux carriers : Et
là nous viſmes ce que long temps au parauant i'a-
uois conneu par les formes des pierres faites cōme des glaces pendantes: Auſſi que i'auois veu vn
nombre de telles pierres, qui auoyent eſté apportées de Marſeille par le cōmandement de la Royne mere du Roy, d'vne çauerne qui s'appelle la
Mauue l'ouriere, laquelle a pris ſon nom par ce q̃
les loups y vont ſouuent menger les cheures &
brebis qu'ils ont deſrobées. I'auois auſſi veu grande quātité de telles pierres à la grotte de Meudon,
qui ont eſté apportées des parties maritimes. I'en
ay auſſi veu és rochers qui ſont du long de la riuiere de loire: Mais quand nous fuſmes és carrieres de
Paris nous viſmes diſtiler l'eau qui ſe cōgeloit en
noſtre preſence.   Parquoy tu ne me peux nier ce
point: car i'ay bon teſmoignage.

Theorique.

Voila vne chose bien estrange de dire qu'il se forme des pierres tous les iours.

Practique.

Ie ne dis pas des pierres seulemét, mais aussi des metaux, & te di que le bois & les herbes se peuuét reduire en pierre.

Theorique.

Si tu dis cela, gueres de gens ne le voudront croire, & te conseille de ne tenir iamais vn propos si eslongné de verité

Practique.

I'ay trouué autrefois des asnes comme toy, qui trouuoyent fort estranges mes propos, & crioyent apres moy cóme au regnart, que bien souuent i'en estois honteux: toutefois ie faisois tousiours mon compte que la science n'à plus grãd ennemi que l'ignorance. A present l'on n'à garde de m'en faire rougir: car ie suis trop asseuré en mon affaire. Et di que non seulement le bois se peut reduire en pierre, ains aussi le corps de l'homme & de la beste.

Theorique.

Voila vne chose plus qu'estrãge, que l'homme, la beste & le bois se puissent reduire en pierre.

Practique.

Quãd est du bois ie t'é móstreray plus de cét pieces reduites en pierre & en cailloux: quand est de l'hóme ie n'é ay pas veu:mais i'ay bó tesmoignage d'vn hóme de bien, medecin, qui dit auoir veu dés le cabinet d'vn seigneur, le pied d'vn hóme petrifié

Et

Et vn autre medecin m'à asseuré auoir veu la teste
d'vn homme aussi petrifiée. vn monsieur Iulles
demourant à Paris m'à asseuré qu'il y à vn prince
en Alemagne, lequel à en son cabinet le corps d'vn
homme la plus part petrifié. Ie me tiens tout asseuré que si vn corps estoit enterré dans vn lieu ou
il y eust quelque eau dormante, parmi laquelle y
eust de l'eau congelatiue, de laquelle se forme le
cristal & autres matieres metaliques & pierreu-
ses, que ledit corps se petrifieroit: par ce que la semence congelatiue est d'vne nature salcitiue, &
que le sel du corps de l'homme atireroit à soy la
matiere congelatiue, qui est aussi salcitiue, à cause
de l'afinité que les deux especes ont, elles viendroyent à congeler, endurcir & petrifier le corps
mort, & cela ie preuue par le bois de hettre, qui est
le plus salé, & dequoy l'on fait plus aisement du
verre.   *Theorique.*

Voila encores vn propos plus eslongué de verité que tous les autres, selon mon iugement, & ne
crois point que le corps de l'homme se puisse reduire en pierre.

Practique.

Ie ne dis pas seulement en pierre, mais ie di qu'il
se peut reduire en metal, & l'homme, & le bois,
& les herbes. Et cela se peut faire quand vn homme seroit enterré en quelque lieu aquatique, ou la
terre seroit pleine d'vne seméce de vitriol, ou coperose. Car ladite semence n'est autre chose qu'vn
sel

fel qui n'eft iamais oyfif. Et comme i'ay defia dit, les fels ont quelque affinité enfemble. Le fel du corps mort eftant en la terre fait atraction de l'autre fel, lequel fera d'vn autre genre, & les deux fels enfemble pourront endurcir & reduire le corps de l'homme en matieres metalique : d'autant que la nature du fel nommé copperofe, ou vitriol, ne peult faire autre chofe que conuertir en airain les chofes qu'il treuue au lieu ou il fait fa demeurance. Ie te donne ce trait pour vng point inuincible & bien affeuré.

Theorique.

Tu le dis que ceft vn point bien affeuré. Ouy fi ie te veux croire. Voila toute l'affeurance que ie fçaurois auoir de toy.

Practique.

Ie ne t'ay pas mis ces points en auant fans que i'en feuffe bien affeuré. Il y a long temps que l'on m'à affeuré qu'il y à vn perfonnage de qualité, au pays d'Auuergne, qui à vn pal, lequel à efté arraché d'vn eftang, lequel s'eft trouué partie en bois, partie en pierre, & l'autre partie en fer. Sçauoir eft, la partie qui eftoit dens terre eftoit conuertie en fer, & la partie qui eftoit dens l'eau conuertie en pierre, & la partie qui reftoit hors de l'eau, eft ancores bois. Quand i'euz entendu vne telle chofe, ie me mis en deuoir d'en fçauoir la caufe : Et quelque iour en cerchant de la terre argileufe, ie trouuay plufieurs pieces de bois reduites en metal:

en metal: Et i'apperceu que dedens ladicte terre y
auoit grande quantité de vitriol: Lors ie cónneuz
que ainſi que le bois ſe putrifioit en la terre il s'ab-
breuoit de ceſte matiere ſalſitiue ou vitriolique,
qui cauſa la congelation & tranſmutatió de la nature du bois, en matiere metalique: & par ce que ie
ſçauois bien que le bois le plus ſalé eſtoit le plus
prompt à ſe reduire en pierre, ie mis peine de cónoiſtre de qu'elle eſpece de bois eſtoyent ces pieces metaliques, & le cóneuz par la forme d'icelle:
car ayant conſideré qu'autrefois le lieu ou ie les
auois trouuées, auoit eſté planté de vignes, leſquelles auoyent eſté arrachees, pour tirer de la terre
d'argille à faire des tuilles, ie vis que leſdites pieces de bois metaliſées eſtoyent ſemblables aux iá-
bes & pieds des vignes qui auoyent eſté arrachées
dudit lieu. Lors ie ne doutay plus que ce ne fut leſdits piedz de vignes, qui auoyent eſté tranſmuez
de bois en metal: non pas par le moyen du feu, cóme les alchimiſtes cherchent à faire, hors la matrice de la terre. Car ie trouuay & contemplay de
bien pres que ces choſes auoyent eſté tranſmuées
dens ladite terre d'argile, qui eſt de ceſte nature
froide: dót quelques vns ont dit ǵ pour ceſte cauſe elle reſtraint le flus de ſang, eſtant miſe ſus les
témples auec du vinaigre. Apres que ie fus bien certain que ladite vigne ſe cógeloit & tranſmuoit en
matiere metalique, par la vertu de la coperoſe, ie
cóneuz qu'il y auoit encores vne autre cauſe ope-
rante

rante & aidante à laditte coperofe : Et tout ainfi
que le fel d'vn corps mort eftant couuert dens la
terre és lieux aqueux peut tirer à foy autres fels
par l'afinité qu'ils ont l'vn à l'autre. Auffi les fels
de la vigne peuuent auoir aidé à la congelation &
tranfmutation dudit bois, & de cela ie m'en tiens
pour tout affeuré, fachant bien que le fel de la vigne que l'on nomme tartare à grande vertu enuers les metaux. Ie fçay que plufieurs alchimiftes
en blâchiffent le cuiure, qui à caufé que plufieurs
en ont abufé. Aucuns font vn tirep...dudit tartare, que ie n'ofe dire, craignant que tu m'eftimes
menteur : par ce que la chofe femble impoffible.
Parquoy ayant conneu telles chofes à la verité, &
en eftant bien affeuré, i'ay confideré que i'auois
beaucoup employé de temps à la cônoiffance des
terres, pierres, eaux des metaux, & que la vieil-
leffe me preffe de multiplier les talens que Dieu
m'à donnez, & partant qu'il feroit bon de mettre
en lumiere tous ces beaux fecrets, pour laiffer à la
pofterité. Mais d'autant que ce font matieres
hautes & connues de peu d'hommes, ie n'ay ofé
me hazarder, que premierement ie n'euffe fen-
ti fi les Latins en auoyent plus de connoiffance
que moy : Et i'eftois en grand peine, par ce
que ie n'auois iamais veu l'opinion des philofophes, pour fçauoir s'ils auoyent efcrit des chofes fufdittes. I'euffe efté fort aife d'entendre le
Latin

Latin, & lire les liures desdits philosophes, pour
aprendre des vns & contredire aux autres: Et estât
en ce debat d'esprit ie m'auisay de faire mettre des
afiches par les carrefours de Paris, afin d'assébler
les plus doctes medecins & autres, ausquels ie
promettois moftrer en trois leçons tout ce que
i'auois conneu des fonteines, pierres, metaux &
autres natures. Et afin qu'il ne si trouuaft que des
plus doctes & des plus curieux, ie mis en mes afiches que nul n'y entroit qu'il ne baillaft vn escu à
l'entree de ces leçons, & cela faifoy-ie en partie
pour voir si par le moyé de mes auditeurs ie pourois tirer quelque contradictió, qui euft plus d'affeurance de verité que non pas les preuues que ie
mettois en auant: fachant bien que fi ie mentois
il y en auroit de Grecs & Latins qui me refifte-
royent en face, & qui ne m'efpargneroyét point,
tant à caufe de l'efcu que i'auois pris de chafcun,
que pour le temps que ie les euffe amufez: car il y
auoit bien peu de mes auditeurs qui n'euffent pro-
fité de quelque chofe, pendant le temps qu'ils e-
ftoyent à mes leçons. Viola pourquoy ie dis que
s'ils m'euffent trouué menteur, ils m'euffent bien
rembarré: Car i'auois mis par mes afiches que
partant que les chofes promifes en icelles ne fuffent veritables, ie leur rendrois le quadruple. Mais
graces à mon Dieu, iamais homme ne me contredit d'vn feul mot. Quoy confideré & voyant que
ie ne pouuois auoir de plus fidelles tefmoings, ne
plus

plus affeurez en fçauoir qu'iceux, i'ay pris hardi-
effe de te difcourir toutes ces chofes bien tefmoi-
gnées, afin que tu ne doutes qu'elles ne foyent
veritables. Et pour te les rendre encores mieux
affeurées, ie te feray icy vn catalogue des gens de
bien, honorables & doctiffimes, qui ont affifté à
mefdites leçons (lefquelles ie fis le carefme de l'an
mil cinq cens feptante cinq) au moins de ceux
defquels ie pouray fçauoir le nom & la qualité: lefquels m'ont affeuré qu'ils feront toufiours preftz
à rendre tefmoingnage de la verité de toutes ces
chofes, & qu'ils ont veu toutes les pierres minerales & formes monftreufes, lefquelles tu as veües
à mes dernieres leçós de l'an mil cinq cens feptante fix, lefquelles i'ay continué, afin d'auoir plus
grand nombre de tefmoings.

*Senfuit le catalogue defdits tefmoins qui ont veu les
chofes fufdites au parauant l'impreffion du liure.*

Et premierement meftre François Choinin, &
monfieur de la Magdalene, tous deux medecins
de la Royne de Nauarre.

Alexandre de Campege medecin de Monfieur
frere du Roy.

Monfieur Milon medecin.

Guillaume Pacard, medecin de faint Amour en
la comté de Bourgongne: diocefe de Lion.

Philibert Gilles medecin, natif de Muy en la
duché de Bourgongne.

Monfieur Drouyn medecin, natif de Bretaigne.

O   Mon-

Monſieur Clement medecin de Dieppe.

Ichan du pont au dioceſe d'Aire, medecin.

Monſieur Miſere medecin Poiteuin.

Iehan de la Salle, medecin du mont de Marſan.

Monſieur de Pena medecin.

Monſieur Courtin medecin.

Tous ceux cy ſus nommez, ſont medecins doctes

Monſieur Paré premier chirurgien du Roy.

Monſieur Richard auſſi chirurgien du Roy.

Meſſieurs Paiot & Guerin Apoticaires à Paris

Meſſire Lordin, Marc de Saligny en Bourbon-
nois, cheualier de l'ordre de Roy.

Môſieur d'Albene & l'abbé d'Albene ſon frere

Iaques de Narbonne preſenteur de l'Egliſe ca-
thedrale de Narbonne.

Monſieur de Camas gentilhomme prouençal

Noble hôme Iaques de la Primaudaye du pay
de Vendomois.

La Roche Larier gentil'homme de Tourainne

Monſieur Bergeron aduocat au parlement d
Paris, hôme docte & expert aux mathematique

Maiſtre Iehan du Clony dioceſe de Renes e
Bretaigne, auſſi aduocat en parlement de Paris.

Brunel de ſaint Iaques Bearnois, des ſalies, dio
ceſe de Dax, ſicentié és loix.

Iehan Poirier eſcolier en droit, Normand.

Môſieur Brachet d'Orleãs & môſieur du Mô

Maiſtre Philippe Oliuin gouuerneur du ſe
gneur du chaſteau breſi, homme docte és lettre

Maiſt

Maiſtre Bertolome prieur, homme experimenté és ars.

Maiſtre Michel Saget, homme de iugement &
de bon engin.

Maiſtre Ian Vinet homme expert aux ars & mathematiques.

Or i'ay veu autrefois vn liure que Cardan auoit
fait imprimer des ſubtilitez, ou il traite de la cauſe pourquoy il ſe trouue grãd nombre de coquilles petrifiées iuſques au ſommet des montaignes
& meſme dens les rochers: ie fus fort aiſe de voir
vne faute ſi lourde pour auoir occaſion de contredire vn homme tant eſtimé : d'autre coſté
i'eſtois faſché de ce que les liures des autres philoſophes n'eſtoyét traduits en François, côme ce-
ſtuy la, pour voir ſi d'auéture i'euſſe peu côtredire
côme ie côtredis à Cardan ſur le fait des coquilles
lapifiées.   *Theorique.*

Et comment? voudrois tu contredire a vn tel
ſçauãt perſonnage, toy qui n'és rien? Nous ſçauôs
que Cardã eſt vn medecin fameux, lequel a regété
à Tolette & qui a compoſé pluſieurs liures en langue Latine: & toy qui n'as que la langue de ta mere, en quoy eſt ce que tu le voudrois contredire?

          Practique.

En ce qu'il a dit que les coquilles petrifiées qui
eſtoyent eſparſes par l'vniuers eſtoyét venues de
la mer és iours du deluge, lors que les eaux ſur-
monterent les plus hautes montaignes, & comme

          O 2   les

les eaux couuroyent toute la terre, les poiſſons de
la mer ſe dilatoyent par tout l'vniuers, & que la
mer eſtant retirée en ſes limites, elle laiſſa les poiſſons : & les poiſſons portans coquilles ſe ſont reduits en pietre ſans chãger de forme. Voila la ſen-
tence & l'opinion de monſieur Cardan.

Theorique.

Pour certain voila vne fort belle raiſon, & ie ne
ſçaurois croire que la verité ne ſoit telle.

Practique.

Si eſt ce que tu n'as garde de me faire croire
vne telle bauaſſe.   Car il eſt certain que toutes eſpeces d'ames ont quelque connoiſſance du cou-
roux de Dieu & des mouuements des aſtres, fou-
dres & tempeſtes. & cela ſe voit tous les iours és
parties maritimes. Il y a pluſieurs eſpeces de vo-
lailles qui au parauant les tempeſtes aduenues en
la mer ſe retirent és riuieres douces en attendant
que les tormentes ſoyent pacifiées , & apres s'en
retournent en la mer comme au parauant. Entre
leſquels oyſeaux il y en a vn genre qui ſont blancs
& grands comme pigeons, que lon appelle goi-
lants, qui au temps de tempeſte ſe ſçauent retirer
és eaux douces. Lon voit communement les por-
cilles (qui eſt vn grand poiſſon) venir és coſtes de
la mer au parauãt la tempeſte, qui eſt vn ſigne qui
donne à connoiſtre aux habitans du pays que la
tempeſte eſt prochaine. Et quant eſt du poiſſon
portant coquille, au temps de la tormente ils s'attachent

tachent contre les rochers en telle sorte que les
vagues ne les sçauroyent arracher, & plusieurs autres poissons se cachent au fond de la mer, auquel
lieu les vents n'ont aucune puissance d'esbranler
n'y l'eau n'y le poisson. Voila vne preuue sufisan-
te pour nier que les poissons de la mer se soyent
espandues par la terre és iours du Deluge. Si Cardanus eust regardé le liure de Genese il eust parlé
autrement: Car là, Moyse rend tesmoignage qu'és
iours du Deluge, les abymes & ventailles du ciel
furét ouuertes, & pleut l'espace de quarante iours,
lesquelles pluyes & abymes amenerént les eaux
sus la terre, & non pas le desbordement de la mer.

Theorique.

Mais d'òu voudrois tu donc dire la cause de ces
coquilles dedens les pierres, si ce n'est par le moy-
en que Cardanus à escrit?

Practique.

Si tu auois bien consideré le grand nombre de
coquilles petrifiées, qui se trouuent en la terre, tu
conoistrois que la terre ne produit gueres moins
de poissons portans coquilles, que la mer: com-
prenant en icelle les riuieres, fonteines & ruisseaux, L'on voit aux estangs & ruisseaux plusieurs
especes de moules & autres poissons portants coquilles, que quand lesdites coquilles sont gettées
en terre, si en icelle il y à quelque semence salcitiue
elle se viendront à petrifier.

Theorique.

Ie ne croiray iamais qu'en la terre se trouue,
presque autant de poissons portans coquilles que
dens la mer., & l'on sçait bien qu'il n'y à endroit
en la mer qui n'en soit tout remply, & que dens la
terre ou és riuieres il n'y en peut auoir qu'en certains lieux bien rarement.

Practique.

Tu t'abuses de penser que par toutes les parties
de la mer, il y ait des poissons portans coquilles.
Car tout ainsi que la terre produit des plantes
qui ne sçautoyent venir en vn pays comme en
l'autre, ainsi que les orengers, figuiers, palmiers,
amandiers, & grenadiers, ne peuuét venir en tous
pays: aussi en la mer il y à certaines contrées où
l'on pesche des maquereaux, autres contrées où
l'on pesche des harés, autres contrées des seiches,
autres des maigres, & mesmes nous sommes côtrains aller quérir des molues és terres neuues.
Tous poissons portants coquilles se tiennent prés
des limites de la terre, & viennent en partie des
matieres salciriues, qui sont amenées des bords
de la terre prochaine de la mer. Et encores ne
faut penser trouuer desdits poissons par tout les
endroits des bordures de la mer. Il faut donc conclure qu'il y à quelques endroits ou les semences
des poissons peuuent prendre nourriture, & autres non. Tout ainsi comme des vegetatifs. Ie
n'en

n'entends pas dire qu'il y a à preſent auſſi grand
nombre de poiſſons armez en la terre comme
il y à eu autre fois. Car pour le certain les beſtes
&poiſſons qui ſont bons à manger, les hommes
les pourſuyuēt de ſi pres qu'en fin ils en font perdre la ſemence. l'ay veu pluſieurs ruiſſeaux ou
l'on prennoit grand nôbre de lamproyons, qu'à
preſent l'on n'y en trouue plus. l'ay veu auſſi autres ruiſſeaux ou l'on prenoit des eſcreuiſſes par
milliers, là ou l'on n'en trouue plus. i'ay veu des
riuieres ou l'on prenoit du ſaumon, & à preſent
ne s'y en trouue plus. Et que la terre ou riuieres
d'icelle ne produiſent auſſi bien des poiſſons armez comme la mer, ie le proune par les coquilles
petrifiées, leſquelles on trouue en pluſieurs endroits par milliers & millions, deſquelles i'ay vn
grand nombre qui ſont petrifiées, dont la ſemence en eſt perdue, pour les auoir trop pourſuyuis.
Et eſt vne choſe qui ſe void tous les iours, que les
hommes mangent des viandes deſquelles ancien-
nement l'on n'en euſt mangé pour rien du monde.
Et de mon temps i'ay veu qu'il ſe fut trouué bien
peu d'hommes qui euſſent voulu manger n'y tortues n'y grenoulles, & à preſent ils mangent toutes choſes qu'ils n'auoyent accouſtumé de mãger.
l'ay veu auſſi de mon temps qu'ils n'euſſent voulu
mãger les pieds, la teſte, n'y le ventre d'vn moutõ,
& à preſent c'eſt ce qu'ils eſtimēt le meilleur. parquoy ie maintiens q̃ les poiſſons armez & leſquels

sont petrifiez en plusieurs carrieres, ont esté engendrez sur le lieu mesme, pendãt que les rochers
n'estoyent que de l'eau & de la vase, lesquels depuis ont esté petrifiez auec lesdits poissons, comme tu entendras plus amplemẽt cy apres, en parlant des rochers des Ardennes.

Theorique.

Par ce propos tu n'as rien fait contre l'opinion de Cardan : car tu n'as pas dit la cause de la petrification des coquilles.

Practique.

Aucunes ont esté ietées en la terre, apres auoit
mãgé le poisson, & estãt en terre, par leur vertu salsitiue ont fait atraction d'vn sel generatif, qui e-
stãtioinct auec celuy de la coquille en quelque lieu
aqueux ou humide, l'affinité desdites matieres e-
stants iointes à ce corps mixte ont endurcy & petrifié la masse principalle. Voila la raison, & ne faut
pas que tu en cherches d'autres. Et quant est des
pierres ou il y à plusieurs especes de coquilles, ou
bien qu'en vne mesme pierre, il y en à grande quãtité, d'vn mesme genre, comme celles du fau-
bourg saint Marceau l'és Paris, elles là sont formées en la maniere qui sensuit, sçauoir est, qu'il
y auoit quelque grand receptacle d'eau, auquel
estoit vn nombre infini de poissons armez de coquilles, faites en limace piramidale. Et lesdits
poissons ont esté engendrez dens les eaux dudit
receptacle, par vne lente chaleur, soit qu'elle soit
proue-

prouenue par le foleil au defcouuert, ou bièn par
vne lente chaleur qui fe trouue foubs la terre,
comme i'ay apperceu eftant dens lefdites carrieres. Ie mets cefte difficulté en auant, par ce qu'il
y à vne veine de pierre efdites carrieres, laquelle
n'eft que cinq ou fix piedz de profonds au deffous
de la terre, laquelle veine contient autant que
toutes les terres de cefte contrée là, & icelle n'a
gueres qu'vn pied & demy d'efpoiffeur, mais elle à grande eftendue. La caufe que ie penfe eftre la
plus certaine eft, qu'il y à eu autrefois quelque
grand lac, auquel lefdits poiffons eftoyent en
auffi grand nombre que l'on y trouue leurs coquilles : Et parce que ledit lac eftoit remply de
quelque femence falcitiue & generatiue, iceluy
depuis s'eft congelé, a fçauoir l'eau, la terre & les
poiffons. Tu l'entendras mieux cy apres quand
ie te parleray des pierres des deferts des Ardennes. Et voila pourquoy l'on trouue communement és rochers de la mer, de toutes efpeces de
poiffons portans coquilles. Il s'enfuit donc que
apres que l'eau à deffailly aufdits poiffons, & que
la terre & vafe ou ils habitoyent s'eft petrifiée par
la mefme vertu generatiue des poiffons, il fe trouue autant de coquilles petrifiées dedans la pierre
qui à efté congelée defdits vafes, comme il y auoit
de poiffons en icelle, & la vafe & les coquilles ont
changé de nature, par vne mefme vertu, & par vne
mefme caufe efficiente. I'ay prouué ce point deuant

uant mes auditeurs, en leur faisant monstre d'v-
ne grande pierre que i'auois fait couper à vn rocher pres de Soubize, ville limitrophe de la mer:
Lequel rocher auoit esté autrefois couuert de
l'eau de la mer, & au parauant qu'il fut reduit en
pierre, il y auoit vn grand nombre de plusieurs
especes de poissons armez, lesquels estants morts
dedens la vase, apres que la mer à esté retiree de
ceste partie là, la vase & les poissons se sont petrifiez, la chose est certainne que la mer s'est retirée
de c'este partie là, comme i'ay verifié, du temps
qu'il y auoit sedition au pays de Xaintonge, lors
qu'on y vouloit eriger la gabelle. Car en ces iours
là ie fus commis pour figurer le pays des marez
sallans, & estant en l'isle de Brouë, laquelle fait
vne pointe vers le costé de la mer, ou il y à encores vne tour ruinée. Les habitans du pays m'ont
attesté que autrefois ils auoyent veu le canal du
haure de Brouage venir iusques au pied de ladite
tour, & que l'on auoit edifié ladite tour, pour garder d'entrer les pirattes & brigands de mer, qui
en temps de guerre venoyent bien souuent rafrai-
chir leurs eaux à vne fôteine, qui estoit pres de ladite tour, & ladite tour s'appelle la tour de Broue
à cause de l'isle ou elle est assise, laquelle se nomme
Broue, dont le haure de Brouage à pris son nom.
Et pour autant qu'il est auiourd'huy impossible
d'aller le long du canal pour aprocher de ladite
tour, l'on connoist par là que la mer s'est retirée

de

de celle contrée, & qu'elle peut auoir autant gaigné en vn autre endroit : comme ainsi soit que
pres la coste d'Aluert, gueres loing du passage de
Maumusson, qui est si fort dangereux : & les habitans du pays disent auoir passé autrefois de lies-
sú d'Aluert en l'isle d'Oleron, en ayant mis seulemét vne teste de cheual ou de bœuf à vn petit fossé, ou autremét petit bras de mer, qui se ioingnoit
des deux bouts à la grand mer. Et auiourd'huy
les nauires de quelque grádeur qu'elles soyent, passent par la pour le plus court chemin de Bordeaux
à la Rochelle, ou en Bretaigne, en Flandres & en
Angleterre : & au parauát il falloit tourner alétour
de l'isle d'Oleron. Voila vn tesmoignage cóment
la mer se deminuant d'vne part, accroist d'autre
part. Dont i'ay pris tesmoignage que le rocher qui
est tout plein de diuerses especes de coquilles à
esté autrefois vases marins, produisás poissons. Si
aucuns ne le veulét croire, ie leur mósteray ladite
pierre, pour couper broche à toutes disputes. Et
par ce qu'il se trouue aussi des pierres remplies de
coquilles, iusques au sommet des plus hautes mó-
taignes, il ne faut ɋ̃ tu penses que lesdites coquilles soyét formées, côme aucuns disent que nature
se iouë a faire quelque chose de nouueau. Quand
i'ay eu de bien pres regardé aux formes des pierres, i'ay trouué que nulle d'icelles ne peut prendre
forme de coquille ny d'autre animal, si l'animal

mesme

mefme n'à bafti fa forme : parquoy te faut croire
qu'il y a eu iufques au plus haut des montaignes
des poiffons armez & autres, qui fe font engendrez dedens certains caffars ou receptacles d'eau
laquelle eau meflée de terre & d'vn fel congelatif
& generatif, le tout s'eft reduit en pierre auec l'ar-
mure du poiffon, laquelle eft demourée en fa forme. Et ne faut pas que tu m'allegues qu'il faudroit donc que l'eau des pluyes euft auec foy quelque fubftance falcitiue & generatiue ; & ne faut
point que tu doutes de ce; car fi autrement eftoit
les crapaux & grenoulles, qui tombent bien fouuent auec les pluyes ne pouroyent eftre engendrez en laër; d'autre part tu vois fouuent des murailles bien hautes, ou il y aura des arbriffeaux &
herbages, qui n'auront efté produits ny engendrez finon des femences & humeurs apportées
par les pluyes, & fi les pluyes n'apportoyent auec
elles quelque fubftance generatiue, elles ne pouroyent aider à l'accroiffement des femences, &
mefmes les fruits arroufez d'vne eau qui ne fut
point falée, viendroyent foudain en pourriture.
C'eft la raifon pourquoy ie t'ay dit que le fel eft la
tenue & maftiq generatif & conferuatif, de toutes chofes : ie n'ay pas pourtant dit que tous fels
fuffent poignans & mordicatifs: tu trouueras que
toutes coquilles petrifiées font plus dures que
non pas la maffe de la pierre ou elles font, & ce
pour caufe qu'il y à plus de matiere falcitiue. Or
com-

combien que par cy'deuant i'aye aſſez deſconfit
l'opinion de Cardan, ſur le fait des pierres mon-
ſtreuſes, ſi eſt ce que ie ſuis deliberé de donner
plus amples preuues de mon opinion contraire à
la ſienne, & ce d'autant qu'il y à bien peu d'hommes qui ne diſent auec lu? que les coquilles des
poiſſons petrifiez, tant és montaignes qu'és valees, ſont du temps du Deluge, pour à quoy reſi-
ſter & prouuer le contraire, i'ay fait pluſieurs figures de coquilles petrifiées, qui ſe trouuent par milliers és montaignes des Ardennes, & non ſeulement des coquilles, ains auſſi des poiſſons, qui ont
eſté petrifiez auec leurs coquilles. Et pour mieux
faire entendre que la mer n'à point amené leſdites coquilles au temps du Deluge, ie te monſtre-
ray preſentement la figure d'vn rocher qui eſt eſdites Ardennes, pres la ville de Sedan, auquel rocher & en pluſieurs autres, il ſe trouue des coquilles de toutes les eſpeces figurées en ce papier : depuis le ſommet de la montaigne iuſques au pied
d'icelle : combien que ladite montaigne ſoit plus
haute que nulle des maiſons n'y meſme le clocher
dudit Sedan, & les habitans dudit lieu coupent
iournellement de la pierre de ladite montaigne,
pour baſtir, & en ce faiſant il ſe trouue deſdites
coquilles auſſi bien au plus bes cóme au plus haut,
voire encloſes dedens les pierres les plus conti-
guës : ie puis aſſeurer en auoir veu d'vn genre qui
contenoit ſeize poulces de diametre. Ie demande

de maintenant à celuy qui tient l'opinion dudit
Cardanus, par quelle porte entra la mer pour apporter lefdites coquilles au dedens des rochers
les plus contigus? Ie t'ay cy deſſus donné à entendre que lefdits poiſſons ont eſté engédrez au lieu
meſme ou ils ont changé de nature, tenans la meſme forme qu'ils auoyent eſtans viuans. Parquoy
ie repeteray le meſme propos, diſant que dedens
les rochers ſuſdits ſe trouuent pluſieurs foſſes, cô-
cauitez, & receptacles d'eau, qui entre par les fentes deſdits rochers, deſcendant du haut en bas, &
en deſcendant l'on connoiſt euidemment qu'elles
ſe petrifiét en la forme des eaux glacées, qui cou-
lent du haut des montaignes en bas. Il faut donc
conclure que au parauant que ceſdites coquilles
fuſſent petrifiées, les poiſſons qui les ont formées
eſtoyent viuans dedens l'eau qui repoſoit dens les
receptacles deſdites montaignes, & que depuis
l'eau & les poiſſons ſe ſont petrifiez en vn meſme
temps: & de ce ne faut douter. Es montaignes
deſdites Ardennes ſe trouue par milliers des
moules petrifiées, toutes ſemblables à celles qui
ſont viuantes dens la riuiere de Meuſe, qui paſſe pres deſdites montaignes. I'ay contemplé autrefois les habitations des huiſtres de la mer O-
ceane: mais ie ne vis onques les huiſtres naturelles ne leurs coquilles en plus grande quantité
qu'il s'en trouue en pluſieurs des rochers d'Ardenne: leſquelles combien qu'elles ſoyent petrifiées,

fiées. Si est ce qu'elles ót esté animées, & cela nouˢ
doit faire croire qu'en plusieurs contrées de la terre les eaux sont salées, non si fort cóme celle de la
mer. Mais elles le sont assez pour produire de toutes especes de poissons armez. Et faut ctoire ce
que i'ay dit cy deuant, que tout ainsi cóme la terre
produit des arbres & plantes, d'vne espece en vne
contrée, & en l'autre contrée elle en produit d'vne
autre espece : & comme aucuns champs produisent de la feuchere, & autres des yebles, & autres
chardons & espines: aussi la mer produit des genres de poissons en vn endroit qui ne pouroyent
viure en l'autre. Il est certain que les huittres, les
moules, auaillons, petoncles & sourdons & toutes especes de burgants, qui ont leur coquilles en
façon de limace, toutes ces especes, dy-ie, se tiennent és rochers limitrophes de la mer, ce que les
autres especes de poissons ne font pas. Ceux qui
vont pescher les moules à trois ou quatre céts
lieuës me seront tesmoings de ce que i'ay dit. Et
comme les orangiers, figuiers, oliuiers, & espiceries ne pouroyent viure és pays froids, en cas pa-
reilles poissons ne viuent sinon és lieux là ou il à
pleu à Dieu de ietter la seméce de leur generation
& nouriture, comme ainsi soit que i'ay dit cy deuant qu'il à fait des seméces des metaux & de tous
mineraux, & des vegetatifs iusques icy ie n'ay parlé que des coquilles petrifiées, & ainsi que ie cherchois & m'enquerois de toutes parts des lieux
ou i'en pourois recouurer pour le tesmoignage

de mes conclusions, il me fut dit que au pays de
Valois, pres d'vn lieu nommé Venteul, il y auoit
grande quantité de coquilles petrifiées, qui me
causa me transporter sur ledit lieu, pres d'vn her-
mitage ioingnant la montaigne dudit lieu, auquel
ie trouuay grand nombre de diuerses especes de
coquilles de poissons, semblables à celles de la
mer Oceane & autres. Car parmi icelles coquilles s'en treuue de pourpres & de buccines de diuerses grandeurs, bien souuent d'aussi longues
que la iambe d'vn homme, lesquelles coquilles
n'ont point esté petrifiées, ains sont encores telles comme elles estoyent quand le poisson estoit
dedens, qui te doit faire croire qu'il y à autrefois
eu des eaux en ce lieu là, qui produisoyét les poissons qui ont formé lesdites coquilles: mais d'autant qu'il y à eu faute d'eau commune & d'eau generatiue la montaigne ne s'est peu lapifier ains est
demeurée en sable, & si ladite montaigne se fut
petrifiée comme celle des Ardennes & plusieurs
autres, lesdites coquilles se fussent aussi petrifiées,
& en quelque endroit que la roche eust esté cou-
pée, icelles se fussent trouuées incastrées au dedens
d'icelle roche, en pareille forme q tu voids celles
des carrieres de saint Marceau les Paris. Depuis
auoir veu ladite montaigne i'ay trouué vne autre
montaigne pres la ville de Soissons, ou il y à par
miliers de diuerses especes de coquilles petrifiées,
si pres à pres l'vne de l'autre que l'on ne sçauroit
rom-

rompre le roc d'icelle montaigne en nul endroit,
que l'on ne treuue grande quantité desdittes coquilles, lesquelles nous rendent tesmoignage que
elles ne sont venues de la mer, ains ont generé sur
le lieu, & ont esté petrifiées en mesme téps que la
terre & les eaux où elles habitoyent, furent aussi
petrifiéez. Quelque temps apres que i'euz recouuert plusieurs coquilles & poissons petrifiez, ie
fus d'auis de reduire ou mettre en pourtraiture
ceux que i'auois trouué lapifiez, pour les distin-
guer d'auec les vulgaires, desquels l'vsage est à
present commun: Mais à cause que le temps ne
m'a voulu permettre, mettre en execution mon
dessein lors que i'estois en telle deliberation, ayant differé quelques années le dessein sudit, & ayant tousiours cherché en mon pouuoir de plus en
plus les choses petrifiées, en fin i'ay trouué plus
d'especes de poissons ou coquilles d'iceux, petrifiées en la terre, que non pas des genres modernes, qui habitent en la mer Oceane. Et combien
q i'aye trouué des coquilles petrifiées d'huistres,
sourdós, auaillons, iables, moucles, d'alles, coute-
lieux, petoncles, chastaignes de mer, escreuices,
burgaulx, & de toutes especes de limaces, qui habitent en ladite mer Oceane, si est ce que i'en ay
trouué en plusieurs lieux, tant és terres douces de
Xaintonge que des Ardénes, & au pays de Champagne d'aucunes especes, desquelles le genre est
hors de nostre connoissance, & ne s'en trouue

P point

point qui ne foyent lapifiées: parquoy i'ay ofé dire
à mes difciples que monfieur Belon & Rondelet
auoyent pris peine a defcrire & figurer les poiffons qu'ils auoyét trouuez en faifant leur voyage
de Venize, & que ie trouuois eftrange de ce qu'ils
ne s'eftoyent eftudiez a connoiftre les poiffons
qui ont autrefois habité & genere abondamment
en noz regions, defquels les pierres ou ils ont
efté petrifiez en mefme temps qu'elles ont efté
congelées, nous feruent à prefent de regiftre ou
original des formes defdits poiffons. Il s'en treuue en la Champagne & aux Ardennes de femblables à quelque efpeces d'aucuns genres de pourpres, de buccines , & autres grandes limaces,
defquels genres ne s'en trouue point en la mer
Oceane, & n'en void on finon par le moyen des
nautonniers , qui en apportent bien fouuent des
Indes & de la Guinée. Voila pourquoy i'ay conneu qu'en plufieurs & diuers endroits des terres
douces il y à eu autrefois habitation & generation defdits poiffons, & ce d'autant, cóme i'ay dit,
qu'il s'en trouue aucuns qui ne font encores petrifiez, par ce qu'il ne le peuuent auoir efté à caufe
que la terre ou ils viuoyent eft encores terre , ou
pour mieux dire fable. Mais les autre qui fe trouuét dedens les pierres des montaignes fe font petrifiez lors que le lieu ou ils habitoyent s'eft con-
glacé, fçauoir eft, l'eau & la vafe & tout ce qui
eftoit, comme ie t'ay dit tant de fois, pour tel
mieux

mieux faire entendre. Tu verras en mon cabinet,
que i'ay dreſſé pour cela, pluſieurs formes deſdits
poiſſons, de ceux qui ſont armez: par ce qu'il s'en
trouue bien peu d'autres de putrifiez: à cauſe
que les parties plus tendres ſe petrifient au parauant eſtre petrifiez: & qu'ainſi ne ſoit i'ay trouué pluſieurs eſcailles ou armures de l'ocultes &
eſcreuices petrifiées, qui eſtoyent ſeparées l'vn-
ne d'auec l'autre, pour cauſe de la putrefaction,
qui eſtoit ſuruenue en la chair, au parauant la petrification: toutesfois i'ay trouué aux montaignes des Ardennes de ces grands moules, qui
habitent communement és eſtangs, que le poiſſon eſtoit auſſi bien petrifié comme la coquille.
Et par ce que nous ſommes ſur le propos des
pierres il faut pourſuyure premierement les for-
mes d'icelles, & en cherchant la cauſe i'ay trou-   Des formes.
ué que le criſtal prent ſa forme dedens l'eau, &
que autrement il n'y auroit aucunes formes de
pointes n'y faces, comme l'on void qu'il ſe trouue audit criſtal. Ie trouue auſſi que toutes marcaſites & mineraux ayant quelque forme pentagone, triangulaire, quadrangulaire, ou hexagone,
ſont toutes formées au dedens de l'eau, cóme i'ay
dit cy deſſus, qu'il ſe trouue des pierres de mine
de fer formées à pointes. Au dedens des carrieres
ou l'on tire l'ardoiſe aux pays d'Aardéne, il ſe trouue dedens l'eau parmy les ardoiſes vne grande
quantité de marcaſites quarrées naturellement,

for-

formées à quatre quarres, ou faces polies & ega-
les en grandeur, & lefdites marcafités font de couleur de fer ou de plomb, affez luifantes. I'en ay
veu des autres qui ont fept ou huit faces formées
naturellement comme les fufdites. Il y à vn certain perfonnage qui m'à affeuré qu'il s'en trouue
au pays de Languedoc & de Prouence, que chacu-
nes defdites marcafites portoit en foy trente fix
faces diuifées par efgales parties. Or toutes ces
formes ne fe font n'y ne fe peuuent faire finon dedens l'eau. Nous voyons auffi que le fel qui eft
congelé dedens l'eau, fi on le laiffe congeler fans
le mouuoir, il prendra quelque forme pentagone
ou quadrangulaire, comme i'ay dit du falpeftre.
Mais quand eft des cailloux & autres pierres par-
ticulieres, qui n'ôt aucune forme diuifée, elles pré
nent leur forme felon la forme du trou ou receptacle ou les matieres feront areftées & ou elles
fe congelent: Et de ce genre de pierre & cailloux,
il s'en forme tous les iours: car quand ce vient fur
la fin de l'efté, que les herbes, pailles & foins &
autres herbages commencent à pourrir par les
champs, les eaux des pluyes ramaffent & font decouler le fel vegetatif, qui eft efdites pailles &
herbes & en tous vegetatifs qui feront confumez
és chaleurs, & eftant ainfi diffourt & liquidé en la
terre, iceluy mefme caufe la generation de nouuelles plantes & de pierres. Et ce genre de pierres fe
font communement felon la grandeur de la matiere

tiere, par fois grandes & par fois petites, & par
fois aussi menues que sable selon le peu de matiere qui se presentera. Quant est des grandes pierres
contigues i'en ay assez parlé des le commencement, il y a vne autre espece de pierres desquelles
ont fait des meules pour aiguiser toutes especes
de tranchans. Si tu regardes de bien pres & consideres la rudesse de ces pierres, tu trouueras qu'elles estoyent premierement formées en sable, &
apres que le sable à demeuré quelque temps en la
terre, il est aduenu que par l'action des pluyes, ledit sable s'est embibé d'eaux & sels congelatifs,
qui ont rassemblé & ioinct ensemble tous ces petis grains de sable en vne grande pierre, & d'autant
que le sable est d'vne eau plus pure que non pas
la seconde generation de la pierre, c'est la cause
pourquoy il est plus dur que non pas la masse seconde, & de la vient que ladite masse estant plus
tendre, se mine & gaste en aiguisant les ferremens:
ainsi les grains de sable demeurent tousiours plus
hauts, & les captanitez qui sont entre lesdits
grains, causent vne aigreur & rudesse à la meule,
d'ou vient sa puissance & action d'aiguiser les outils. Et ce qui m'à donné connoissance de ces
choses est qu'vn iour i'achetay vn plein muy de
sablon d'Estampes, & en le tamissant ou sassant
ie trouuois plusieurs pierres formées dudit sablon, en telle sorte attachées l'yne à l'autre par la
liqueur seconde qui auoit mastiqué ledit sable,

P 3 que

que l'on voyoit euidemment que lesdittes pierres
estoyent formées dudit sablon. Voila comment
de degré en degré ie suis paruenu à la connoissance de ces choses. Il y a vn autre gēre de pierres qui
ne tiennent aucune forme, ains sont contigues
comme les pierres des carrieres, & ce genre là
ne peut estre engendré qu'il ne soit pour le moins
aussi dur que marbre. Ce sont les pierres qui sont
engendrées des terres argileuses, lesquelles sont
bien souuent reduittes en marbre, iaspe, & en cal-
sidoinne, & autres telles pierres dures. Mais parce
que i'ay vouloir de traiter à part les duretez, pesanteurs & couleurs, ie garderay ce propos pour
en traiter quand le temps se presentera, & pour-
suyuray à parler des formes, desquelles i'ay bonne connoissance. Quant est du bois petrifié, il
tient la forme comme au parauant : il y a plusieurs especes de fruicts lesquels estans lapifiez
tiénent la mesme formē qu'au parauāt : i'ay perdu
vne poire petrifiée autant bien formée qu'elle
estoit deuant auoir changé sa substance. I'ay encores dans mon cabinet vne pomme de coing,
vne figue, & vn naueau petrifiez, tenant la mesme forme qu'ils auoyent auant qu'estre lapifiez.
Monsieur Race, chirurgien fameux & excellent
m'à monstré vn cancre tout entier petrifié, il
m'à aussi monstré vn poisson petrifié & plusieurs plantes d'vne certaine herbe, aussi petrifiée.
I'ay veu aussi plusieurs chastaignes marines pe-
trifi-

trifiées fans auoir rien perdu de leur forme. Il
y à en la ville d'Angers vn maiftre orfeure nommé Marc Thomafeau lequel ma monftre vne fleur
reduite en pierre chofe fort amirable, d'autant
que l'on voit en icelle le defouz & defus des parties de la fleur les plus tenures & deliées. I'ay
trouué vne miniere de terre argileufe en laquelle
y à vn nombre infiny de pierres de marcafites,
metaliques de plufieurs grandeurs, les vnes grandes comme la palme de la main, les autres com-
mes iocondales & teftons, lefquelles m'ont in-
ftruit en la philofophie beaucoup plus que non
pas Ariftote. Et c'est d'autant que ie ne puis
lire en Ariftote & iay bien leu aufdites marcafites & ay entendu par icelles que les matieres generatiues des metaux eftoyent fluides, liquides
& aqueufes, & cela ay-ie conneu en contemplant leurs formes: d'autant qu'elles font formées en telle forte que fi quelqu'vn auoit ietté de
la cire fondue en bas en affez bonue quantité, &
comme la premiere feroit ietté en plus grande
abondance que la feconde, & eftant ietté toufiours en diminuant le premier iet, en fe con-
glaçat feroit vne forme plus euafée que le fecond,
& le fecond plus euafée que le tiers, & cela fe feroit à caufe de la diminution de la matiere. Car ie
voyois euidemment dedens lefdittes marcaffites
que les goutes qui tomboyent les dernieres mon-
ftroyent vn figne de defaillance de matiere. Ce-

P 4 la ne

la ne se peut aisément entendre sans voir se la cho-
mesme : parquoy tu la pouras venir voir en mon
cabinet. Il y a beaucoup d'autres pierres qui sont
formées selõ le suget qu'ils ont pris, comme quelques autres pierres que i'ay veuës que l'on nomme pierre d'Aigle, Quelque chose que l'on en die,
ie croy que ce n'est autre chose qu'vn fruit lapifié,
& ce qui iouë dedens est le noyau, qui estant a-
moindry quand on secouë laditte pierre, ledit
noyau frappe des deux costez d'icelle. Voila comment les pierres peuuent auoir diuerses formes
par diuers suiets : lesquelles choses nous sont inconnues par faute d'y regarder. Plusieurs m'ont
certifié qu'il y a vn lac à Rome nommé Thioli,
duquel les eaux qui passent par les riuages d'iceluy s'attachent & congelent contre les herbages
& autres choses pendátes sur les bords desdits riuages, i'ay veu plusieurs desdittes pierres, qui ont
esté apportées du lac susdit, qui sont fort blanches
& belles, à cause des pores & cõcauitez percées &
spongieuses & embrouillées par diuerses formes,
q̃ les herbes leur ont causé. Ie feray fin au propos
des formes, & parleray de la cause des couleurs.

Il y à vn grand nombre de matieres qui causent
les couleurs des pierres, & plusieurs d'icelles sont
inconnues aux hommes : Toutesfois l'experience,
qui de tout temps est maistresse des ars, m'à fait
connoistre que le fer, le plomb, l'argent & l'antimoine, ne peuuét faire autres couleurs que iaune.

Ayant

Ayant donc vne telle certitude ie puis aſſuremét
dire, que pluſieurs pierres iaunes ont pris leurs
teintures de l'vn diceux mineraux: l'entens quand
les eaux paſſent par des terres eſquelles y à de la
ſemence deſdits mineraux, ayans apporté auec elles de laditte ſubſtance, laquelle aura actionné en
la couleur & en la congelation ; parce que toutes
ces matieres metaliques ſont ſalſitiues, & comme i'ay tant de fois dit, il ne ſe fait point de congelation ſans ſel ; auſſi laditte teinture à eſté faite
des le temps de l'eſſence de la pierre, au parauant
que les matieres fuſſent endurcies. Ie comprens
entre les pierres iaunes, les pierres rares auſſi bien
que les communes, comme la Topaſſe. Ie mets
auſſi au reng d'icelles le ſablon, duquel il ſe trouue
grande quantité de couleur iaune. Voila l'vne des
cauſes des pierres iaunes. Il y a vne autre cauſe
bien fort certaine & veritable, que les bois qui
ſont pourriz en terre, ayans rendu par diſſolution
& putrefaction le ſel qui eſtoit en eux, & que les
eaux & les matieres congelatiues (par vne deflu-
xion qui ſe fait és temps de pluyes, le ſel dudit
bois, amenant auec ſoy ſa teinture) cauſent la congelation & la couleur de quelque pierre, qui ſera
formée au premier receptacle, là ou telle matiere
fluide ſe viendra repoſer:& de ce n'en faut douter.
car ie ſçay que le verre iaune, que l'on fait en Lorrainne, pour les vitriers, n'eſt fait d'autre choſe
que d'vn bois pourry, qui eſt vn teſmoignage de
ce

ce que ie dy , que le bois peut teindre le bois en
iaune, si tu as regardé autrefois des ais, ou du plancher & autres pieces, & que le bois soit verd , &
qu'ils soyent fraischement siez , s'il vient à pleu-
uoir dessus, tu verras que l'eau qui degoute vers la
partie pendante sera iaune. Il y à aussi plusieurs especes d'herbes & plantes , qui peuuent teindre les
matieres desquelles les pierres sont formées: entre les autres la paille d'auoynne à auec soy vne
teinture fort iaune . l'Absinthe Xaintonnique ha
sa teinture fort iaune: l'on sçait aussi que les teinturiers se seruent d'vne herbe qu'ils appellēt Gau-
de, de laquelle ils font leurs iaunes.

Des liens ou
Azur.　　Ie ne connois n'y plante, n'y mineral, n'y aucune
matiere qui puisse teindre les pierres bleuës ou a-
zurées , que le saphre , qui est vne terre minerale,
extraite de l'or, argent & cuiure, lequel à bien peu
de couleur autre que grise , tirant vn peu sur le
violet : toutesfois quand ledit saphre est fait vn
corps auecques les matieres vitreuses , il fait vn a-
zur merueilleusement beau : par là peut on connoistre que toutes pierres ayans couleur d'azur,
ont pris leur teinture dudit saphre. Et afin que tu
ayes asseurance certaine de ce que ie di, considere
vn peu les pierres que l'on nomme lapis lazuli, lesquelles sont d'vne couleur d'azur, autant viue qu'il
en est point au monde , & parmy lesdites pierres
se treuuent plusieurs veinnes & petites estincelles
d'or, aussi se treuue en plusieurs endroits d'icelle

du

du verd resemblant au chrysocolla des anciens,
que nous appellons au iourd'huy borras. Ceux
qui font auiourd'huy ledit borras le font blanc,
par quelque industrie quils tiennent bien secret-
te. Le borras des anciens qu'ils nomment chrysocolla, estoit pris és canaux d'eau qui distiloit des
minieres de cuiure & de saphre. Et d'autant que
ie t'ay dit tant de fois qu'il y auoit du sel és metaux & que leur congelation estoit faite par la vertu dudit sel, tu as à present à noter ce point sur tous
les autres, qui est que le chrysocolla ou borras n'e-
stoit autre chose qu'vn sel que les eaux auoyent
pris en passant par les minieres d'airain: & les eaux
douces des pluyes estāt sorties & acheminées hors
des minieres ayāt attiré ledit sel, s'exaloyēt & s'e-
stant axalées le fixe demeuroit, qui estoit le sel lequl
se cōgeloit le long des canaux exterieurs, là ou les
eaux l'auoyēt amené estāt ainsi cōgelé on s'en ser-
uoit à souder l'or & l'argent & le cuiure. Or note
dōc ē ce chrisocolla n'estoit verd sinō à l'occasion
du sel de coperose, qui auoit engēdré la miniere del
cuiure. Ce n'estoit pas mō propos de parler en cest
endroit des couleurs verdes, ains de celles d'azur:
mais d'autant ē dedās le lapis lasuli, il se trouue du
verd, ie ne pouuois eschaper que ie ne parlasse des
deux ensēble. Par là tu peux cōnoistre ē le saphre
se prend dedēs les minieres d'or & de cuiure: Car
s'il n'y auoit de l'or en la miniere dudit saphre, il
ne se trouueroit pas dedēs le lapis, & s'il n'y auoit
du

du cuyure , il ne s'y trouueroit pas du verd. Voila comment les matieres sont colligées & comment de degré en degré les occasions se presentét de produire tousiours la vertu des sels.

Theorique.

Il me semble que ton propos est fort loing de verité, & ce d'autant que tu dis que le saphre cause vne tant belle couleur au lapis, & toutesfois tu dis que ledit saphre n'à point la couleur viue ny belle: comment donques se pouroit faire cela ? le saphre pouroit il bien donner ce qu'il n'à point?

Practique.

Pour certain ton argument est assez bien fondé: toutesfois ie suis bien certain que le verre d'asur se fait de saphre, & sçay bien aussi qu'au parauât qu'il soit fondu auec les matieres vitreuses il n'a point de couleur: Aussi ie sçay bien que l'herbe salicor luy baille sa viue couleur; combien qu'il n'aye nulle couleur, non plus que le sel commun, c'est à dire il le fait fondre ou liquifier auecques le caillou ou sable : & sçay bien aussi que les trois matieres ensemble font vn fort bel asur, ie di apres que les matieres sont liquifiées, & de rechef endurcies & formées en telles formes des vaisseaux de verre que l'on les veut employer.

Theorique.

I'ay ici deux arguments à te proposer à l'encontre de ton dire, en premier lieu tu dis que le sel de salicor cause de faire déuenir le saphre en couleur

d'azur

d'azur, & puis tu dis que cela se fait à force de feu.
Voila donc commét le lapis, lazuli, ne peut prendre sa couleur par ces deux moyés d'autant qu'au
lieu ou ledit lapis est trouué il n'y à ny feu ny salicor.   *Practique.*

A ce ie respõd, que le sel de vitriol fait en la terre, ce que le salicor fait au feu des verriers. Quand
à la decoction ce n'est pas chose estrange de voir
faire plusieurs decoctions en la matrice de la terre. Car elle ce fait en toutes especes de pierres &
metaux, & mesmes és terres argileuses, celles qui
sont noires en vn temps deuiennent blanches eñ
vn autre temps.

Theorique.

Et veux tu conclure par là qu'il n'y à aucune
matiere qui puisse faire la couleur d'azur que le
saphre?

Practique.

Ie n'en connois point d'autre.

Theorique.

Tu n'y entends donques rien: car on void bien
que le lapis & le saphir sont de couleur d'azur
bien viue, & toutesfois la Turquoyse tire plus
sur l'azur que nulle autre couleur: ce neantmoins
il y à grande difference: car elle tient vn peu de la
couleur verde: dautre part le saphir à vn corps diafane, & la Turquoyse & le lapis ont vn corps tenebreux. Ie prouue par la que ces couleurs differentes ne se peuuent trouuer en vn mesme suiet.

                              Pra-

Pratique.

Tu t'abuses : car la cause que le saphir est transparent & diafane, c'est par ce qu'il à esté formé de matieres aqueuses, pures & nettes : mais il n'est pas ainsi du lapis : Car auec les matieres d'icelluy, il y à de la terre entremeslée, laquelle luy rend sa couleur obscure. Aussi ledit lapis en est beaucoup plus foible, comme l'on peut voir qu'il y à plusieurs veinnes, à l'endroit desquelles il ne peut prêdre si beau polissement à l'vn endroit côme à lautre : les petites veinnes d'or, & les parties verdes qui y sont rendet tesmoingnage q les matieres de son essēce estoyēt mal entremeslées. Quāt est de la Turquoise Il faut prēdre le mesme argumēt, sçauoir est qu'il y a de la terre qui luy rend son corps tenebreux, & ce qui luy cause vn peu de verdeur n'est autre chose que quelq substance de cuiure entremeslée auec les autres matieres. Voila cómēt il faut tousiours donner l'honneur de toutes couleurs d'azur au saphre, côme principal fondemēt, les pierres qui tiēnēt de couleur de pourpre sont de semblables matieres, sauf qu'il y à quelque espece de matiere rouge, qui fait tourner l'azur en couleur purpurée.

Theorique.

Tu dis ne cônoistre aucune matiere qui puisse faire l'azur que le saphre, & toutefois il y à quelques vns qui en font auec du cuiure.

Pratique.

Ce n'est pas selon nature s'ils le font, c'est par
acci-

accident. *Theorique.*

Et côment pourois tu soustenir qu'il n'y aye
que le saphre qui puisse faire l'azur, attendu q̃ noûs
voyôs tant de miliers de fleurs bleuës, & entre les
autres flambe, de laquelle on fait de la couleur
bleuë? *Pratique.*

Tu respôds mal a propos: car ie te parle des couleurs des pierres & tu me respôds des couleurs de
peintres. Il y à bien a dire des couleurs mineralles
aux couleurs qui se font d'herbes: Car toutes celles qui se font d'herbes sont de peu de durée, cỗme
le saphran, le verd de vessie, le tournesol, & autres
telles couleurs. Mais celles des pierres qui viennẽt
des minieres, ou qui sont faites des metaux calcinez ne peuuent perdre leur couleur.

Theorique.

Quelque beau argumenteur que tu sois, si est ce
que tu t'és pris à ce coup, en telle sorte que tu ne
te sçaurois iustifier: d'autant que par cy deuant tu
m'as dit que les pierres iaunes pouuoyent prendre leur tincture des bois pourris & de diuerses
especes d'herbes, & à present tu dis tout le côtraire. *Pratique.*

Ce que i'ay dit est biẽ dit, & ne suis pas prest de
m'en desdire. Quãd ie t'ay dit que les pierres pouuoyent estre teintes quelquefois de bois pourris
& des herbes, ie ne t'ay pas dit que la pierre pouuoit estre teinte apres que les matieres sont endurcies: Mais bien t'ay-ie dit que lors que les
matie-

matieres sont liquides & fluentes qu'elles peuuent
estre teintes de quelque bois ou espece d'herbes,
& les matieres apres estants endurcies peuuent
retenir lesdites couleurs : & la cause pourquoy
elles ne peuuent perdre leur couleur, comme celles des peintres, c'est par ce qu'elles sont encloses en la masse, & d'autant que l'air n'y le vent
ne peut penetrer laditte masse, les couleurs y sont
conseruées. Si tu interrogues les peintres sur le
fait des couleurs qui sont faites d'herbes ils te diront qu'elles sont suiectes à s'esuenter, & pour
mieux entendre ce fait considere vn doublet, tu
trouueras aucūs lapidaires qui feront de fort belle
couleur de ruby & de grenad, de quelque sang de
dragon ou autre matiere, & ayant taillé deux pieces de cristal ils en teindront vne de ceste couleur
rouge & puis mastiqueront l'autre dessus icelle,&
ainsi ce rouge sera conserué en sa beauté entre les
deux pierres, autrement il ne pouroit garder sa
couleur. En pareille sorte les pierres naturelles
gardent leurs couleurs encloses en icelles. I'ay encores à te proposer deux arguments sur ce fait,
l'vn est quant ie t'ay dit que les couleurs des pierres se peuuent prendre quelque fois des bois &
des plantes, ie ne t'ay pas parlé des fleurs : car les
couleurs des fleurs sont de peu de durée, comme
l'on voit que les roses, les œillets & autres fleurs,
perdent leurs couleurs en vn instant : Mais
il n'est pas ainsi des couleurs qui procedent dés
bois

bois pourriz: Car ie t'ay dit cy deſſus que le bois
pourry ſert à faire du verre iaune. C'eſt autant
que ſi ie diſois que la teinture du bois s'eſt fixée
en ſa putrefaction , & ne ſe peut perdre pour ceſte
cauſe,à l'extreme chaleur du fourneau, choſe admirable. Semblablement il y peut auoir pluſieurs
ſimples,deſquels la teinture ſe peut fixer. Or voicy à preſent le ſecond argument qui eſt fort notable. Si tu me mets en auant que les teintures
des vegetatifs ne peuuent eſtre fixes, ie t'allegueray ce que deſſus , que le bois pourry fait le verre
iaune. Et partant que tu ne te veuilles contenter
d'vne telle preuue, ie te diray qu'entre toutes les
pierres de couleur, il s'en trouuera bien peu deſquelles la teinture ſoit fixe. I'ay fait calciner pluſieurs fois du marbre noir, des caillous, & pierres
noires,& autres de diuerſes couleurs, comme iaſ-
pe, caſſidoine, & marbre figurez : Mais ie n'en
trouuay iamais que les couleurs ne ſe perdiſſent
au feu : & combien que l'agate & caſſidoine ne ſe
peuuent calciner,ains ſe vitrifient,ſi eſt ce qu'eſtás
examinéez par le feu, elles perdent toutes leurs
couleurs : parquoy il ne faut plus douter que les
vegetatifs ne puiſſent donner quelque couleur en
la matiere des pierres, au parauant qu'elles ſoyent
endurcies,comme i'ay dit vn autrefois. Quant eſt
des emeraudes, il ne faut point douter que les
couleurs d'icelles ne ſoyët cauſées de la coperoze,
c'eſt a dire de quelque eau pure, qui à paſſé par les

minieres du cuiure & de copperofe. Quand eſt
des pierres noires, leurs teinture peut eſtre cauſée
par diuers moyens & de pluſieurs ſortes. Nous
auons pluſieurs arbres deſquels la teinture eſt noire, auſſi bien comme des noix de galle, entre autres les noires, les aulnes ou vergnes, apportent
teinture noire, & eſtant pourris en terre leur teinture peut eſtre retenue pour ſeruir quelquefois
à la generation des pierres : pour le moins la terre
là ou ils pourriront en ſera teinte de noirs. I'ay
auſſi pluſieurs fois côtemplé que les pierres ſont
bien ſouuent de la couleur de la terre ou elles ont
eſté engendrées, & celles qui ſont dedens les ſables ſont auſſi bien ſouuent de la couleur des ſables où elles ſont trouuées:Toutesfois il ſe trouue
bien ſouuent des pierres blanches dedens les terres noires, & cela vient a cauſe que les matieres
d'ou elles ont eſté formées,ont changé de couleur
en leur decoctiõ,ce qui aduient bien ſouuêt à pluſieurs mineraux,& generalement à tous les fruits
de la terre, leſquels ont autre couleur à leur maturité que non pas a leur commencement. Quand
eſt des couleurs des marbres figurez, iaſpés,por-
phyres, ſerpentins, & autres telles eſpeces, leur
couleurs ſont cauſées par diuers egouſts d'eau qui
tombent du haut de la terre,iuſques au lieu ou les
dites pierres ſe forment:les eaux venant de pluſieurs & diuers endroits de la terre en deſcendant
elles apportent auec elles ces diuerſes couleurs
                                                    qu

qui sont esdittes pierres. Car ainsi qu'vne partie
de l'eau,en passant,trouuera quelque miniere d'airain ou de copperoze, elle fera des taches,verdes
sus la pierre,tombât goutte a goutte sus icelle. Autres gouttes tomberont a mesme instant qui passeront par quelques minieres de fer, & tombans
(comme i'ay dit) sur le receptacle ou ladite pierre se formera, lesdittes gouttes se congeleront en
iaune. Autres gouttes porteront autres couleurs
diuerses, qui causeront plusieurs figures ausdites
pierres.

Theorique.

Si ainsi estoit comme tu dis, les figures seroyét
toutes rondes, comme le porphyre : mais quoy,
nous voyons aux iaspes, marbes, & pierres mix-
tes,des figures faites par idees estranges:cela mô-
stre bien qu'elles ne se font pas par vne eau des-
gouttante,comme tu dis.

Practique.

Si tu eusses esté a mes leçons,tu eusses bien cô-
ceu que ce que ie te dy est vray : car il y auoit plusieurs hommes vn peu plus cauans que toy,ce ne-
antmois ie leur fis connoistre que la verite est telle,que ie te dy, & n'y eust iamais homme qui me
sçeut contredire. Vray est que pour leur faire entendre mon dire i'en fis vne figure en leur presen-
ce.Il est vray que si les gouttes qui tombent du
haut en bas se congeloyent soudain qu'elles sont
tombées;elles ne seroyent autre figure que ronde,

Q 2 selon

felon la groffeur de la goutte qui tomberoit: mais
d'autant que la matiere qui fe conglaçant fait
quelques boffes, les matieres qui tombent de plufieurs endroits tout en vn coup, trouuant la place
boffüe, font contrains de fe couler en la vallée: &
ainfi que trois ou quatre piffeures d'eau diuerfes
en couleurs, tomberont fur vne boffe ou petite
montaigne, elles feront contraintes fe couler en
bas, & en coulant feront chafcune d'elles vne veine de la couleur qu'elles apporteront: & outre cela ainfi qu'elles defcendront de viteffe, par la violence de leurs defcentes, elles s'entremefleront en
tournoyant comme deux riuieres qui fe rencon-
trent, auec ce que vne autre defcente, ou deux ou
trois, fe pouront faire tout a vn coup en ce mefme lieu, qui en fe combatant ou contrepouffant
l'vne l'autre, il ne faudront à faire des figures con-
fufes. Quant eft du porphyre ou autres pierres,
qui ont les figures rondes, elles fe peuuent faire à
la cheute des eaux, comme les gouttes tombent,
& en tombant il y a plufieurs petites gouttes qui
fe feparent d'auec les grandes, comme l'on voit
audit porphyre. I'ay veu auffi du porphyre qui a-
uoit efté fait par vn autre moyen, qui eft que quelque terre fableufe, s'eftoit congelée, & auec elle le
fable qui y eftoit, & quãd on tailloit ledit porphyre les grains de fable qui eftoyent plus blans fer-
uoyent de moucheture. Pour connoiftre comment le caffidoine & plufieurs efpeces de iafpes
ont

ont prins leurs couleurs. Il faut chercher les terres
argileuſes, & l'on trouuera que pluſieurs d'icelles
ont les meſmes couleurs que le caſſidoine. Il y en
a auſſi qui ont des figures ſemblables à l'agate. Ie
laiſſeray le reſte adire lors que ie parleray d'icelles.

Theorique.

Tu m'as promis cy deuant de me dire la cauſe pourquoy les pierres ſont plus dures les vnes
que les autres, tu me ferois plaiſir de m'en parler.

Practique.

C'eſt vn point bien aiſé a prouuer : & pour ce _La dureté des_
faire ne t'enuoyeray ſinon és carrieres de Paris, _pierres._
deſquelles les pierres ſont tendres deſſus, enuiron
de dix ou douze pieds de profondeur, & leſdites
pierres tendres ſont appellées moilon, a cauſe
qu'elles ſont mal condenſées: mais au deſſouz dudit moilon, il ſe trouue de la pierre que l'on appelle liais, laquelle eſt tellement condenſée que lon
en peut tirer des pierres de telle grandeur que l'on
veut, & ſont leſdites pierres fort dures, & en fait
on communement des marches pour les eſcalli-
ers, & auſſi l'on en fait des couuertures ſus les mo-
numents. Ceſte preuue te deuroit ſuffire : par ce
que tu pouras contempler eſdittes pierres que
la cauſe pourquoy elles ſont plus dures deſſouz
que deſſus, n'eſt autre ſinon que les eaux, qui paſſent au trauers des terres, deſcendent en bas, & a-
yant trouué le bas fonçé de quelque terre argileuſe, au trauers de laquelle les eaux n'ont ſçeu paſſer

fi promptement comme elles faifoyent en haut,
elles ont efté arreftées, & quand le premier lict à
efté congelé il a feruy de vaiffeau pour retenir les
autres eaux, qui defcendoyent au trauers des terres,& par ce moyen lefdites pierres ont toufiours
eu abondance d'eau,qui a caufé qu'elles font beaucoup plus dures que celles de deffus. Et te faut
noter que celles de deffus ne font tendres finon
par ce que les eaux n'y peuuent demeurer iufques
a ce que la congelation foit paracheuée. Et ce de-
faillement d'eau eft pour deux caufes principales,
l'vne eft celle que i'ay dit,que les eaux defcendent
toufiours & delaiffét la partie haute,l'autre eft que
la terre eft alterée en efté, par la vertu du foleil, &
de la vient qu'elle ne peut produire les pierres en
leur perfection : & telles pierres fuperieures fe
pourroyent appeller marcaffites : par ce que au
deffus des minieres metalique, & en plufieurs autres lieux, fe treuue des metaux imparfaits, que
l'on appelle marcaffites, à caufe de leur imperfe-
ction. Et tout ainfi comme les pierres congelées
és parties les plus baffes & plus aqueufes,font plus
parfaites que les autres, auffi voit on que les metaux les plus parfaits fe treuuent bien fouuent dedens les eaux,lefquelles il faut pomper auec grand
labeur.Il faut donc tenir pour chofe certaine qu'il
y a deux caufes qui donnent la dureté aux pierres,
l'vne eft l'abondance d'eau, l'autre eft la longue
decoction : car plufieurs pierres peuuent eftre en-
                                        gendrées

gendrées d'eau, qui toutefois ne feront pas dures.
Nous en auons vn fort bel exemple aux plaftrieres de Montmartre, pres Paris : car parmy icelles
il fe treuue certaines veines d'vn plaftre qu'ils appellent gif, ou miroirs, lequel fe fend comme ardoife, auffi tenue que feulles de papier, & eft auffi
cler que verre : Il eft comme vne efpece de talc, fa
diafanité ou tranfparence nous donne bien a connoiftre que la plus grand par de fon effence n'eft
autre chofe que de l'eau : toutesfois il fe calcine, &
lon en befongne tout ainfi que de l'autre plaftre.
Il faut donc conclure par la, que la trop haftiue cógelation ne peut fouffrir endurcir les pierres : Et
cela peut on connoiftre és lieux là òu ledit plaftre
fe treuue. Car c'eft vn pays fableus, & les terres
font alterées, & en ce mefme endroit & ioingnant
lefdites plaftrieres. Il y a certains rochers defquels
les pierres font fort legeres, tendres & tenantes à
la langue, comme du boliarmeny, & lefdits Rochers font for mal condenfez. Voila comment ie
prouue que les pierres aufquelles l'eau deffault
trop toft, ne peuuent eftre dures : pour bien connoiftre vne pierre qui à eu faute d'eau en fa formation : au pays de Bigorre ne fe trouue point de
pierres, ains font tous caillous durs : le pays eft
froid & fort pluuieux : & y a grande quantité de riuieres, à caufe qu'il eft fort pres des montaignes :
parquoy en la formation des pierres dudit pays il
n'y peut auoir faute d'eau : auffi font ils contrains

Q 4   de defai-

de defaire leurs maçonneries de cailloux, qui ne
se peuuent tailler, à cause de leur dureté. Aux
Ardennes les terres sont fort sableuses, & leurs
pierrieres ne sont d'autres matieres que d'icelles
terres:Mais par ce que le pays est fort pluuieux,les
pierres sont fort dures, aigres & mal plaisantes;
tellement que ceux qui bastissent sont contrains
aller querir de la pierre tédre en France, pour tailler leurs iambages de cheminees, croisées, corni-
ches, frises & architrabes : car ils ne pouroyent
former leurs moulures de la pierre du pays.Les pi
erriers qui la tirent font tout au contraire de ceux
de Paris:car ils ne prennent que le dessus,& quand
ils ont osté la moins contiguë & qu'ils commencent à trouuer celle que les Parisiens nomment
liais, ils sont contrains la laisser, à cause qu'elle est
trop dure.Les pierrieres dequoy ie parle sont formées d'vne sorte que l'on n'en voit gueres de semblables. Car apres que l'on à trouué vn lit de pier
re de l'espesseur de pied & demi ou deux pieds
l'on trouue vn autre lit de sable, & toutes les pier
res de ladite contrée sont ainsi faites, & le sable
qui faict la separation entre les lits des pierres, est
aussi dur & aussi bien condensé que la pierre blan
che qu'ils vont querir en France,pour tailler leur
fenestrages: ce que ie trouue fort estrange, & ne
puis croire autre chose sinon que ledit sable est
commencé à petrifier.Dedens les forests desdite
Ardennes il y à vn grand nombre de cailloux d
plu

plufieus groffeurs & couleurs, lefquels fe treuuent
en plus grande quantité le long des ruiffeaux qui
paffent par les vallées, par ce ꝗ les eaux des pluyes
qui defcendent des montaignes amenent le fel
des bois pourris aux ruiffeaux defdites vallées,
qui eft encores vne preuue que les pierres &
cailloux ne peuuent eftre dures fans qu'il y ait
abondance d'eau.   Et communement les plus
dures fe trouuent és pays froids & pluuieus,
côme l'on voit par exemples aux môts pyrenées,
ou il fe trouue de beau marbre. Il s'en trouue auffi
à Dynan qui eft pays froit & pluuieux. Aux montaignes d'Auuergne il fe trouue du criftal, & tout
cela ne fe fait que par abondance d'eau & de froidure. L'on fçait bien que à Fribourg en Brifcot le
beau criftal fe trouue és montaignes aufquelles il
ya de la nege prefque en tout temps: & fuyuant ce
que i'ay dit du pays de Bigorré, qu'il ne s'y trouue que des caillouz, par ce que le pays eft pluuieux
& froid, l'on peut dire le femblable d'vne grande
partie des contrées limitrophes des Ardennes, &
principalement fur le chemin allant de Meffieres
à Anuers: chofe plus merueilleufe que i'aye encore veue. Car le long de la riuiere de Meufe au pays
du Liege, ladite riuiere paffe entre des môtaignes
lefquelles font d'vne merueilleufe hauteur, elles
font formées la plus grande partie de matiere fem
blable aux caullioux blanc, & autre partie de gris
& afin que tu n'entendes que la montaigne foit

de

de diuers cailloux, ie di qu'vne grande montiagne ne fera qu'vn caillou. Et te di encores qu'il y en a plusieurs qui ne produisent ny arbres ny plantes: à cause de leur grand dureté elles sont inutiles: par ce que lon ne les sçauroit couper pour s'en seruir en bastiments, & au dessouz d'icelles bien auant souz terre, se trouue des carrieres d'ardoises: semblablement les maisons de Bigorre sont couuertes d'ardoise, comme celles des Ardennes : car elles se prennent communement és pays frais.

Theorique.

Et di moy ie te prie la cause des pesanteurs diuerses.

Practique.

Vn homme de bon iugement l'entendra assez par les causes que i'ay dit cy dessus. car la mesme chose qui cause la dureté, cause la pesanteur des pierres : parquoy tu peux connoistre que ce n'est autre chose que l'eau : car toutes pierres legeres, comme la croye, & certaines pierres blanches, ne sont legeres sinon à cause que l'eau leur à deffailli en leur formation, & à laissé lesdites pierres spongieuses & pleines de pores. Et qu'ainsi ne soit, prens vne pierre de croye & la mets tremper dens l'eau, apres l'auoir pesée, & estant trempee repoise la, tu trouueras par la pesanteur qu'elle est spongieuse, qui luy à causé boire beaucoup de ladite eau. si tu mets tremper vn caillou ou quelque piece de cristal, tu trouueras qu'il ne boira pas l'eau

comme

comme la pierre legere. car il en a beu son soul en
sa congelation.

Theorique.

Ie te prie de me dire la cause de la fixation des
pierres. Car i'en voy aucunes qui sont suiettes à se
calciner, & estant calcinees sont plus legeres'quelles n'estoyent au parauant, & soudain que l'on y
met de l'eau elles se rendent en poussiere, & autres
se blanchissent & candident & liquifient, se tenans
tousiours en vne mesine masse.

Practique.

Il y à deux effects qui causent la fixation de plusieurs pierres, l'vn est l'abondance d'eau & l'autre
la longue decoctió, & faut noter que toutes pierres qui se calcinent sont imparfaites en leur decoction. Voila en peu de parolles tout ce que ie te
peux dire de la fixation des pierres. Il y à quelques
contrées ou climats, là ou la malice du temps &
vents impetueux, gelees & froidures, causent quelque aigreur aux pierres & aux bois, comme nous
voyons par les minieres de fer qui sont aux Ardénes és terres du Duc de Bouillon. Car tout ainsi que i'ay dit q̃ les pierres dudit lieu sont aigres,
rudes & mal plaisantes, semblablemét le fer qui se
fait és forges dudit pays est fort aigre, rude & fray
able : & non seulement le fer se resent de l'air mal
plaisant, mais aussi les bois qui sont és riues & limites des forests sót, rudes, durs, suiets à gauchir,
mal aisez à mettre en besongne. Aussi les vignes
ne peu-

ne peuuent croiftre audit pays, par ce qu'il y à bien
peu d'efté. Les terres du Duc de Bouillon font bié
pourueuës de mine de fer, mais ladite mine à les
grains fort menus, & la faut chercher bas en terre, qui eft toufiours confirmation de ce que i'ay
dit des metaux, qui ne fe peuuent venerer par feu.
Tout ainfi qu'aucunes plantes & fruits viennent
en vne contrée qui ne peuuent venir en vn autre,
auffi en aucuns climats les pierres ne font point
femblables à celles d'vn autre climat: comme auffi
ne font les terres argileufes.

Theorique.

Tu m'as baillé beaucoup de raifons des formes, couleurs, duretez & pefanteurs des pierres,
lefquelles chofes m'eftoyét aifées à entendre lors
que tu en faifois la monftre: Mais s'il me failloit à
prefent inftruire vn autre de ce que tu m'as m'ô-
ftré, ie ferois fort empefché, n'ayát aucunes preuues, comme tu auois lors que tu faifois les demô-
ftrations: par quoy ie voudrois que tu m'euffes
baillé en peu de parolles, quelques belle conclufion, comme tu as fait des metaux & de l'eau generatiue.

Practique.

S'il te fouuiét des points que ie t'ay enfeignez,
tu te rememoreras que pour la derniere conclufion de l'effet des pierres, ie prouuois deuant mes
auditeurs que la matiere principale de toutes
pierres n'eftoit autre que l'eau congelatiue, de la
quelle

quelle le criftal & diamant & toutes pierres diafanes font compofées. Et s'il te fouuient, ne te mon-
ftrois-ie pas certainnes pierres d'agate & autres,
qui eftoyent candides fur la partie fuperieure &
tenebreufes en la partie inferieure? ne difoy-ie
pas, auec preuues, que toutes les pierres tenebreufes & coulourées, de quelque couleur que ce foit,
ne font tenebreufes ny coulourées finon par accident? qui eft que les pierres defquelles font les
meules pour efguifer les ferremens, font rendues
tenebreufes à caufe d'vn fable qui eft meflé parmi
l'eau congelatiue. Autres pierres font rendues te-
breufes à caufe de la terre qui eft entremeflée parmi ladite eau. tu peux affez auoir entendu la caufe
de ce, quand i'ay parlé des couleurs des pierres: &
pour te rememorer les preuues que i'ay alleguées
en mes leçons.   Il te faut fouuenir de ce que ie te
dis lors. Confidere le Criftal qui eft en la roche, &
tu connoiftras que durant fa congelation la matiere d'iceluy eftoit dedens les eaux, comme i'ay
dit plufieurs fois: & quand les eaux font troublées
à caufe des terres, la terre cherche toufiours le bas
comme la lie dens vn poinfon de vin: & de la vient
que l'eau pure & l'impure fe congelét toutes deux:
mais la partie fuperieure fera de criftal pur & net,
& l'inferieure fera d'vn criftal trouble. Autant en
eft il comme ie t'ay dit des matieres metaliques.
lefquelles apportent toufiours auec elles, quelque
chofe qui caufe leur impurité.

DES

DES TERRES D'ARGILE.

Theorique.

TV as ſi ſouuent allegué les terres argileuſes, en parlant des fonteines &
des pierres , & toutesfois ie n'ay
point entendu de toy, que c'eſt que
terre argileuſe.

Practique.

I'ay ouy lire quelque liure d'vn autheur, lequel
en traitant des pierres & terres, dit que la terre
d'argile à pris ſon nom d'vn vilage qui ſe nomme
Argis, & que par ce qu'en ce lieu furent faits les
premiers vaiſſeaux de terre, l'on appelle depuis ce
temps là toutes terres bonnes à faire pots, terre
d'argille, tout ainſi que lon appelle le boliarmeny
qui ſe prend en France bolus armenus : combien
qu'il ne fut iamais pris en Armenie. Toutesfois
i'ay depuis entendu par quelques Latins que cela
eſtoit faux, & que toute terre propre a faire vaiſſeaux s'appelle argille, à cauſe de ſon action tenante : & diſent qu'argille veut dire terre graſſe.
Telles opinions m'ont cauſé double hardieſſe d'en
parler. car i'ay conneu par là en partie que les Latins & les Grecs peuuent auſſi bien faillir que les
François. Et qu'ainſi ne ſoit ils appellent la terre
d'argille terre graſſe : & tant s'en faut quelle ſoit
graſſe

graſſe: car l'on prend de la terre d'argille pour deſ-
graiſſer, teſmoins les foulons de draps : & aucuns
merciers en ont fait des trochiſques à védre, pour
degraiſſer. Il eſt bien certain que la terre d'argile
n'a aucune affinité auec les choſes graſſes, & ne ſe
peut non plus entremeller auec la graiſſe que fait
l'eau auec l'huile. Et ce qui cauſe que la terre d'argille oſte la graiſſe des draps, la raiſon n'eſt autre
ſinon que la graiſſe luy eſt aduerſaire. E tout ainſi
comme le chaud chaſſe l'humide, la terre d'argille
chaſſe la graiſſe du lieu ou elle eſt la plus forte.

Theorique.

Comment ? voudrois tu donc que l'on nom-
maſt la terre des potiers ſinon terre graſſe ? car ie
ſçay bien que le glus, qu'aucuns appellent beſq, eſt
compoſé de matieres graſſes : aucuns le font de la
pelure d'vn arbre que l'on apelle houx : les autres
prennét la graiſne d'vn certain brandon qui croit
le plus communement ſus les pommiers : laquelle eſt fort viſqueuſe : Auſſi aucuns appellent ledit
brandon beſq. Or tous ces deux là ſont bons à
prendre des oyſeaux, & quand on la manie il faut
auoir les mains mouillées, autrement elle pren-
droit aux mains : & toutesfois quand les François
& Latins parlent des terres argileuſes ils diſent
que ceſt vne terre viſqueuſe, graſſe & glueuſe : &
meſme aucuns ont eſcrit que la terre d'argille eſt
vne terre tenante, glueuſe & viſqueuſe.

Pra-

Practique.

Par tes propres paroles tu confesses que tous ceux qui parlent ainsi, l'entendent fort mal: par ce qu'il n'y à rien plus côtraire aux matieres visqueuses que l'eau. Or la terre argileuse est toute composée de matiere aqueuse: parquoy se peuuent lier ensemble. La terre d'argile se disout en l'eau, & toutes matieres visqueuses & oleagineuses y deuiennent plus dures. Il seroit beaucoup plus conuenable de la nommer terre pasteuse que non pas visqueuse: parce que la farine à faire la paste se destrempe auec l'eau comme la terre d'argille.

Theorique.

Et puis qu'elles sont toutes bonnes à faire vaisseaux, quelle difference y treuues tu?

Practique.

Entre les terres argileuses il y à si grande difference de l'vne à l'autre qu'il est impossible, à nul homme de pouuoir raconter la côtrarieté qui est en icelles. Aucunes sont sableuses, blanches & fort maigres: & pour ces causes leur faut vn grand feu au parauât qu'elles soyent cuittes au debuoir. Telle espece de terre est fort bonne à faire des creusets: par ce qu'elle endure vn bien grand feu, il y en à autres especes qui pour cause des substances metaliques qui sont en elles, se ployêt & liquifiêt: quand elles endurent grande chaleur. J'ay veu quelques fours de tuiliers que les arceaux estoyêt en telle sorte liquifiez que les voultes estoyent

toutes

toutes pleines de formes pendantes comme tu
vois les glaçons és goutieres des maiſons durant
les gelées. Il y en à d'autres eſpeces que quand elles
ſont cuittes, ſoit en thuiles ou en briques, il faut
que le maiſtre de l'euure ſe donne bien garde de
tirer ſa beſongne du four, qu'elle ne ſoit bien re-
froïdie : Et qui plus eſt, ceux qui en beſongnent
ſont contraints d'eſtouper tous les aſprals de leurs
fourneaux, ſoudain que leur beſongne eſt cuitte:
parce que ſi elle ſentoit tant peu ſoit de vent en
refroidiſſant, les pieſſes ſe trouueroyent toutes
ſeͤdues. Il y en à vne eſpece à Sauigny en Beauuoi-
ſis, que ie cuide qu'en France n'y en à point de
ſemblable. car elle endure vn merueilleux feu, ſans
eſtre aucunemét offenſée, & à ce bien là, de ſe laiſſer former aütant tenue & deliée que nulle des autres: Et quâd elle eſt extrememét cuitte elle prend
vn petit poliſſement vitrificatif, qui procede de
ſon corps meſme : Et cela cauſe que les vaiſſeaux
faits de ladite terre tiennent l'eau fort autant bien
que les vaiſſeaux de verre. Il y à autres eſpeces de
terres qui ſont noires en leurs eſſence, & quand
elles ſont cuittes elles ſont blanches comme papier. autres eſpeces ſont iaunes, & quâd elles ſont
cuittes elles deuiennent rouges. Il y en à aucuns
genres qui ſont de mauuaiſe nature : parce que
parmy elles, il y à des petites pierres, que quand
les vaiſſeaux ſont cuits les petites pierres, qui ſont
dedens leſdits vaiſſeaux, ſont reduittes en chaux,

R &

& foudain qu'elles fentent l'humidité de l'aër fe
viennent à enfler, & font creuer ledit vaiffeau à
l'endroit ou elles font enclofes: & c'eft pour caufe
que lefdites pierres fe font calcinées en cuifant: &
par ce moyé plufieurs vaiffeaux font perdus quelque grand labeur que l'on y aye employé. Il y a
autres efpeces de terres qui font fort bonnes &
endurent fort bien le feu: Mais elles font fi vaines
& lafches que l'on n'en peut faire aucuns vaiffeaux
legers:par ce que quand l'on la veut former vn peu
haut elle fe laiffe aller en bas, ne fe pouuant fouftenir. C'eft vne regle generale que toutes terres
argileufes & fingulierement les plus fines font fu-
iettes a peter au feu, au parauant qu'elles foyent
cuittes : pour ces caufes ceux qui en befongnent
font contraint de mettre le feu petit à petit, afin
de chaffer l'humidité qui eft dedens la befongne,
tellement que fi les pieces que l'on fait cuire font
efpoiffes, & qu'il y en ait quantité, il faudra tenir
le feu quelque fois trois & quatre iours & nuits,&
fi la befongne eft vne fois commécée à efchaufer,
& que celuy qui conduira le feu s'endorme, &
qu'il laiffe refroidir fa befongne, au parauát qu'elle foit cuitte en perfection, il n'y aura nulle faute
que l'euure ne foit perdue. Et par tel accident plufieurs thuiliers ont eu de grandes pertes. Il ne fera
pas hors de porpos que ie te die vn autre fecret
fort eftrange, qui eft que plufieurs chaufourniers
ont auffi eu de grands pertes, par vn accident tout
fembla-

femblable : c'eft que depuis que la pierre du four à
chaux commence à efchaufer, iufques à auoir fa
couleur rouge, & que la flambe aye commencé
à paffer entre les pierres, fi celuy qui conduit le
feu fe vient à endormir,& qu'en feueillant il trouue que la flambe foit abbatue,& la chaleur en partie rabaiffée au parauant que la pierre foit calcinée
au degré requis. S'il venoit apres à recommencer
à mettre du bois à fon fourneau, & qu'il employ-
aft tout le bois des forefts des Ardennes il ne luy
eft plus poffible de faire remonter fon feu,ne plus
reduire fa pierre en chaux, ains à perdu tout ce
qu'il y auoit mis. I'en ay congneu plufieurs qui
font deuenus pauures par tels accidens. Ceux qui
befongnent impatiemment de l'art de terre, per
dent beaucoup bien fouuêt par leurs impati en e.
car s'ils ne chaffent l'humeur exalatiue,qui eft dedens la terre, petit a petit,& qu'ils veulent mettre
le grand feu au parauant qu'elle foit oftée , il n'y à
rien plus certain que le chaud & l'humide fe ren-
contrant engendreront vn tonnerre, à caufe de
leur contrarieté. Car ie fçay que les tonnerres naturels font engendrez par la mefme caufe, fçauoir
eft le chaud & humide:par ce qu'ils font côtraires,
& ne peuuent habiter enfemble: car le feu (comme le plus fort) trouuant l'humide enclos dedens
les parties de la terre,il le veut chaffer violemmêt,
comme fon ennemy , & l'humide eftant preffé de
trop pres veut fuir en diligence:mais d'autant que

le feu ne luy donne pas le loifir de troúuer les petites portes, par ou il eftoit entré, il eft contraint
de s'enfuir, & en s'enfuyant il fait creuer & caffer
les pieces ou il eft enclos. I'ay veu autrefois que
aucuns tailleurs d'images, inftruits en l'art de terre par ouyr dire feulement, & affez nouueaux en
la connoiffance des terres, qu'apres auoir fait
quelques images ils les venoyent mettre dedens
les fourneaux, pour les cuire, felon qu'ils l'enten-
doyent : Mais quand il commençoyent à mettre
le grand feu, c'eftoit vne chofe affez plaifante (côbien qu'il n'y eut pas a rire pour tous) d'entendre ces images peter & faire vne baterie entr'eux
comme vn grand nombre d'harquebufades &
coups de canon, & le pauure maiftre bien fafche,
comme vn homme à qui on rauiroit fon bien: car
le iour venu pour defenfourner les images, le four
n'eftoit pas fi toft defcouuert qu'il aperceuoit les
vns la tefte fenduë, les autres les bras rompus &
les iambes caffées, tellement que le pauure hôme
ayant tiré fes images eftoit bien empefché & auoit
bien de la peine à chercher les pieces : car les vnes
eftoyent auffi petites que mouches, & ne les pouuant raffembler eftoit contraint bien fouuent faire des nez de drapeau ou autre matieres à s'efdites
images. Les hommes experimentez en l'art de terre ne befongnent pas ainfi inconfiderement, ains
premierement, ils tachent de connoiftre le naturel de la terre, & apres l'auoir connüe, ils confide-
rent

rent l'efpaiffeur de la befongne qu'ils veulent faire
cuire, ayant connoiffance que la plus efpaiffe eft la
plus dangereufe a fe creuer au feu: Auffi ils fe donnent bien garde de la cuire qu'elle ne foit bien fe-
che. Et quand elle eft dedens le four ils baillent le
petit feu plus longuement à la befongne efpeffe,
que non pas à la tenue: & en donnant le feu petit à
petit ils donnent loifir à l'humide de fortir à fon
aife & fans violence: Et quant le maiftre connoift
que l'humide à quitté fa place, il donne congé au
feu d'entrer auec telle violence que bon luy
femblera, & lors il fe vient efgayer & entrer a-
uec toute liberté, mefme iufques à l'interieur de
toutes les parties clofes & fermées au dedens des
pieces d'ouurages, formees de laditte terre: & par
tel moyen l'on peut connoiftre qu'en la terre argileufe y à deux humeurs, l'vne éuaporatiue &
accidentale,& l'autre fixe & radicale : l'humide &
accidentale eft fuiette à s'euaporer & eftant eua-
porée, la radicale tranfmue la fubftance de terre
en pierre: Toutesfois fans que premieremét l'humide y befongne, cela ne fe pouroit faire : car il
faut neceffairement que l'humide raffemble toutes les parties, & qu'il ferue de maftic pour former toutes fortes d'ouurages.

Il y a aucunes efpeces de terres aufquelles il ne
faut pas tenir longuement le petit feu; Telles terres font communement groffes, fableuzes & fpó-
gieufes: & par ce qu'elles ont les pores ouuerts,

R 3   l'humi-

l'humide s'exale plus promptement, eſtant chaſſé
par le feu. Il y a autres terres qui ſont ſi aliſes, ou
ſi peu poureuſes que pour ces cauſes ceux qui en
beſongnent ſont contraints d'y mettre du ſable,
pour obuier au long temps qu'il faudroit tenir le
petit feu, pour garder de caſſer la beſongne. La
cauſe pourquoy le ſable peut faire que la piece endurera plutoſt le grand feu, que quand la terre ſera
pure, eſt qu'il fait diuiſion des ſubtiles parties de
la terre : & d'autant que ſa ſubtilité la rendoit plus
aliſe & reſerrée , le ſable luy cauſe quelques pores
par leſquels l'humide s'exale plus promptement
pour donner place au feu, ſon aduerſaire. Pour ces
cauſes les potiers de Paris mettent du ſable à toutes leurs beſongnes : aupres de Paris il y a de trois
ſortes de terres argileuſes, la plus fine ſe prent à
Gentilly, qui eſt vn vilage prez. dudit lieu. Mais il
y à certains endroits là òu parmy ladite terre ſe
trouue grand nombre de marcaſſites metaliques
& ſulphurees, qui cauſent que leſdits potiers n'en
veulent point, ſinon pour faire de la brique, ou de
la tuille. La cauſe pourquoy ils n'en veulent point
faire de bonne beſongne, eſt parce qu'en cuiſant
leur ouurage leſdites macaſſites rendent vne vapeur noire & puante, laquelle noircit tout l'ouurage qui eſt couuert de iaune & de verd. Il y a vne
autre eſpece de terre à vn vilage pres Paris nommé Chaliot, de laquelle lon fait la tuille: elle eſt vn
peu plus groſſe que celle de Gentilly : il ſe trouue
de dens

dedens icelle vn grand nombre de marcaſſites, qui
toutefois ſont d'autre genre que celle de Gentilly.
Ie te dy ces choſes pour te faire mieux entendre
que ſi en ſi peu de pays il ſe trouué de diuerſes eſpeces de terre, que cela te ſoit argument de te faire croire qu'en la grandeur d'vn Royaume il y en
peut auoir vn grand nombre de bien differentes.
Ie n'ay pas conneu la difference des terres & leurs
diuers effets ſans grans frais & labeurs. I'auois
quelque fois recouuert de la terre de Poitou, &
auois trauaillé d'icelle bien l'eſpace de ſix mois au
parauant que d'auoir ma fournée complette: parce que les vaiſſeaux que i'auois faits eſtoyent fort
elabourez, & d'aſſez haut pris. Or en faiſant leſdits
vaiſſeaux de la terre de Poitou i'en fis qu'elques
vns de la terre de Xaintonge, de laquelle i'auois
beſongné pluſieurs années au parauaut, & eſtois
aſſez experimenté au degré du feu qu'il falloit a
ladite terre, & pêſant que toutes terres ſe peuſſent
cuire à vn meſme degré. Ie fis cuire ma beſongne
qui eſtoit de terre de Poitou parmy celle de terre
de Xaintonge, qui me cauſa vne grande perte: d'au
tant que la beſongne de terre de Xaintonge eſtât
aſſez cuitte, ie penſois que l'autre le ſeroit auſſi:
mais lors que ie vins à eſmaller mes vaiſſeaux,
iceux ſentant l'humidité, ce fut vne riſée mal plaiſante pour moy: parce qu'autant de pieces que
lon eſmailloit vindrent à ſe diſſoudre & tomber
par pieces, comme feroit vne pierre de chaux

trem-

trempée dedens l'eau, & toutefois les vaisseaux de
la terre de Xaintonge estoyent cuits dans le mesme four, & d'vn mesme degré de chaleur, & en
mesme heure que les susdits, & se portoyent fort
bien. Voila comment vn homme qui besongne
de l'art de terre, est tousiours apprentif à cause des
natures inconnuës és diuersitez des terres. Il y a
des terres argileuses que combien qu'elles ayent
receu vne cuisson raisonnable, & autant de feu
qu'il leur en faut, si est ce que si les vaisseaux de telle terre sont moullez, & que l'on les presente deuant le feu, ils se casseront comme s'ils n'estoyent
pas cuits: ce qui n'auient point aux autres terres.
Il y en à de certaines especes qui sont si visqueuses
& si tresfines, qu'elles se laisseront allonger comme vne corde. I'ay veu des femmes besongner
d'vne telle terre, que pour faire des anses de pots,
prenoyent vne poignée d'icelle, & la tenant par
vn bout d'vne main, de l'autre main elles l'allon-
geoyent autant longue qu'elles pouuoyent leuer
les bras en haut: & quand cela estoit fait elles lais-
soyent aller vn bout pendant vers le bas, sans que
laditte terre se rompist, & puis elles les mettoyent
par monceaux, pour faire leurs dittes anses. Cela
ne se peut pas faire des terres sableuses: par ce
qu'elles sont toutes courtes & vaines. Il y à autres
especes de terres fort malignes: car quand elles
sont vn peu trop cuittes elles sont suiettes a se
brusler, noircir, & fendiller, & les vaisseaux qui
sont

sont dessouz, pressez de la pesanteur de ceux qui
sont dessus se ployent & tordent la geule comme
s'ils estoyét d'vne matiere maleable. Il y a des terres argileuses vers les Ardennes, qui sont fort humides ou longues a seicher, dangereuses à brusler
lesquelles tiennent quelque substance de mine de
fer. I'en ay trouué quelque fois d'vne espece qui
estoit fort nette, subtile & deliée, ayant apparence
d'estre fort bonne: tellement que pour l'esperance
que i'auois de m'en seruir i'en formay quelques
pieces, & le mis au plus chaut du fourneau : mais
quand ie vins à chercher mes pieces ie trouuay
qu'elles estoyent fondues, & laditte terre auoit
coulé le long des cendres, comme plomb fondu.
Il se trouue des vaisseaux antiques d'vne terre rouge qui est polie, sans aucun esmail, & aucuns appellent les vaisseaux de laditte terre, vaisseaux de
barc. Ie ne sçay pour quelle cause ils les appellent
ainsi: mais bien sçay-ie qu'anciennemét ils estoyent en grand vsage. Car l'on en trouue grande
quantité de pieces rompues aux villes antiques:
&plusieurs fois s'en est trouué dans des sepulchres
auec des mónoyes des Empereurs qui regnoyent
pour l'ors, & cela se faisoit par quelque ceremo-
nie, qui depuis à esté laissée. Si ie voulois escrire
toutes les diuersitez des terres argileuses, ie n'aurois iamais fait: tu en pouras auoir plus grande
connoissance en traitant de l'art de terre: parquoy
ie n'en parleray plus pour le present.

DE

DE L'ART DE TERRE, DE SON
vtilité,des efmaux & du feu.

Theorique.

T V m'as promis cy deuant de m'apprendre l'art de terre: & lors que tu me fis vn fi long difcours des diuerfitez des terres argileufes,ie fus fort refiouy, penfant que tu me vouluffes monftrer le total dudit art: mais ie fus tout efbahy qu'au lieu de pourfuyure tu me remis a vne autre fois,afin de me faire oublier l'affection que i'ay audit art.

Practique.

Cuides tu qu'vn homme de bon iugement vüeille ainfi donner les fecrets d'vn art, qui aura beaucoup coufté à celuy qui l'aura inué té? Quant a moy ie ne fuis deliberé de ce faire que ie ne fçache bien fouz quel titre.

Theorique.

Il n'y a donques en toy nulle charité. Si tu veux ainfi tenir ton fecret caché, tu le porteras en la foffe.& nul ne s'en reffentira, ainfi ta fin fera maudite:Car il eft efcrit qu'vn chacun felon qu'il a receu des dons de Dieu qu'il en diftribue aux autres.par ainfi ie puis conclure que fi tu ne me monftres ce
que

que tu fçais de l'art fufdit, que tu abufes des dons
de Dieu.

Practique.

Il n'eſt pas de mon art, ny des ſecrets d'iceluy
comme de pluſieurs autres. Ie ſçay bien qu'vn bon
remede contre vne peſte, ou autre maladie pernicieuſe, ne doit eſtre celé. Les ſecrets de l'a-
griculture ne doyuent eſtre celez. Les hazards &
dangers des nauigations ne doyuét eſtre celez. La
parole de Dieu ne doit eſtre celée. Les ſciences
qui ſeruent communément a toute la republique
ne doyuent eſtre celées. Mais de mon art de terre
& de pluſieurs autres arts il n'en eſt pas ainſi. Il y a
pluſieurs gentilles inuentions leſquelles ſont con-
taminées & meſpriſees pour eſtre trop communes aux hommes. Auſſi pluſieurs choſes ſont exal-
tées aux maiſons des Princes & ſeigneurs, que ſi
elles eſtoyent communes lon en feroit moins d'e-
ſtime que de vieux chaudrons. Ie te prie confidere vn peu les verres, leſquels pour auoir eſté trop
cómuns entre les hómes ſont deuenuz a vn pris ſi
vil que la plus part de ceux qui les font viuét plus
mechaniquement que ne font les crocheteurs de
Paris. Leſtat eſt noble, & les hommes qui y beſon
gnét ſont nobles: mais pluſieurs ſont gentils hom
mes pour exercer ledit art, qui voudroyent eſtre
roturiers & auoir dequoy payer les ſubſides des
Princes. N'eſt ce pas vn malheur aduenu aux verriers des pays de Perigord, Limoſin, Xaintonge,

An-

Sciences & secrets qui doyuent eſtre diuulguez à tous.

Choſes communes, ſont meſpriſées, et les rares ſont eſtimées.

Angoulmois, Gaſcongne, Bearn & Bigorre ? auſquels pays les verres ſont mechanizez en telle ſor
te qu'ils ſont venduz & criez par les vilages , par
ceux meſmes qui crient les vieux drapeaux & la
vielle ferraille , tellement que ceux qui les ſont &
ceux qui les vendent trauaillét beaucoup a viure.

*Inuentions
ſeñues ſecret-
tes cauſent
proufits.*

Côſidere auſſi vn peu les boutôs d'eſmail (qui eſt
vne inuention tant gentille) leſquels au commencement ſe vendoyent trois francs la douzaine. Or
d'autant que ceux qui les inuenterent ne tindrent
leur inuention ſecrette, vn peu de temps apres la
conuoitiſe du gain, ou l'indigence des perſonnes
fuſt cauſe qu'il en fut fait ſi grande quantité qu'ils
furent contrains les donner pour vn ſolz la douzaine, tellement qu'ils ſont venus a tel meſpris
qu'auiourd'huy les hômes ont honte d'en porter,
& diſent que ce n'eſt que pour les beliſtres , par ce
qu'ils ſont à trop bon marché. As tu pas veu auſſi
les eſmailleurs de Limoges? leſquels par faute d'a-
uoir tenu leur inuention ſecrette, leur art eſt deuenu ſi vil qu'il leur eſt difficile de gaigner leur vie au
pris qu'ils donnét leurs euures. Ie m'aſſeure auoir
veu donner pour trois ſols la douzaine de figures
d'enſeignes que l'on portoit aux bônets leſquelles
enſeignes eſtoyét ſi biê labourées & leurs eſmaux
ſi bien parfondus ſur le cuiure, qu'il ny auoit nulle
peinture ſi plaiſante. Et n'eſt pas cela ſeulement
aduenu vne fois, mais plus de cent mil, & non
ſeulement eſdittes enſeignes, mais auſſi aux eſgui-
eres.

eres, falieres, & toutes autres efpeces de vaiffeaux,
& autres hiftoires, lefquelles ils fe font aduifez de
faire : chofe fort a regretter. As tu pas veu auffi
combien les imprimeurs ont endomagé les peintres & pourtrayeurs fçauans? i'ay fouuenance d'a-
uoir veu les hiftoires de noftre dame imprimées
dế gros traits apres l'inuention d'vn Alemand
nommé Albert, lefquelles hiftoires vindrent vne
fois a tel mefpris, a caufe de l'abondance qui en fut
faite, quon donnoit pour deux liars chacune defdites hiftoires, combien que la pourtraiture fut
d'vne belle inuention. Vois tu pas auffi combien
la moulerie a fait de dommage a plufieurs fculpteurs fauãs, a caufe qu'apres que quelqu'vn diceux
aura demeuré long temps a faire quelque figure
de prince & de princeffe ou quelque autre figure
exceléte, que fi elle vient à tomber entre les mains
de quelque mouleur il en fera fi grande quantité
que le nom de l'inuéteur ny fon cuure ne fera plus
connue, & donnera on a vil pris lefdites figures
a caufe de la diligence que la moulerie à amenée,
au grand regret de celuy qui aura taillé la premiere piece. l'ay veu vn tel mefpris en la fculpture, à
caufe de laditte moulerie, que tout le pays de la
Gafcongne & autres lieux circonuoifins eftoyent
tous pleins de figures moulées, de terre cuite, lefquelles on portoit vendre par les foyres & mar-
chez, & les donnoit on pour deux liards chafcune
dont aduint que du temps que lon commençoit
à por-

a porter des ceintures & autres habits a la busque,
il y eut vn homme lequel fut emprisonné & eut le
foüet, a cause qu'il alloit par toute la ville de To-
louze auec vne balle pleine de crucifix criant crucifix, crucifix a la busque. Tu peux aisément connoistre par ces exemples & par vn millier d'autre
semblables, qu'il vaut mieux qu'vn homme ou
vn petit nombre facent leur proufit de quelque
art, en viuant honestement, que non pas si grand
nombre d'hommes, lesquels s'endōmageront si
fort les vns les autres, qu'ils n'auront pas moyen
de viure, sinon en profanant les arts, laissants les
choses à demy faites, comme lon voit communément de tous les ars, desquels le nombre est trop
grand. Toutesfois si ie pensois que tu gardasses le
secret de mon art aussi precieux comme il le requiert, ie ne ferois difficulté de te l'enseigner.

Theorique.

S'il te plaist de me l'apprendre ie te promets de
le tenir aussi secret qu'homme a qui tu le pourois
enseigner   *Practique.*

Ie voudrois faire beaucoup pour toy, & te voudrois auancer d'aussi bon cueur que mon propre
enfant : mais ie crains qu'en te monstrant l'art de
terre ce seroit plutost te reculer que t'auancer. La
raison est parce que tu as besoing de deux choses,
sans lesquelles il est impossible de rien faire de l'art
de terre. La premiere est qu'il faut que tu sois veuil
lant, agile, portatif & laborieux. Secondement il te
faut

*Ce qui est re-
quis à l'ou-
urier de ter-
re.*

faut auoir du bien, pour fouſtenir les pertes qui
furuienent en exerçant ledit art. Or d'autant que
tu as indigence de ces choſes ie te conſeille de
chercher quelque autre moyen de viure, qui ſoit
plus aiſé & moins hazardeux.

Theorique.

Ie cuide que ce qui te fait dire ces choſes n'eſt
pas pour pitié que tu ayes de moy : Mais c'eſt qu'il
te fache de tenir ta promeſſe & de me reueler les
ſecrets dudit art. Qu'ainſi ne ſoit ie ſçay que quãd
premieremẽt tu te mis à chercher ledit art, tu n'a-
uois pas beaucoup de biens, pour ſupporter les
pertes & fautes que tu dis qui peuuẽt ſuruenir au
labeur dudit art.

Practique.

Tu dis vray, ie n'auois pas beaucoup de biens :
Mais i'auois des moyens que tu n'as pas. Car i'a-
uois la pourtraiture. L'on penſoit en noſtre pays
que ie fuſſe plus ſçauant en l'art de peinture que ie
n'eſtois, qui cauſoit que i'eſtois ſouuent appellé
pour faire des figures pour les proces. Or quand
ieſtois en telles commiſſions i'eſtois tresbien payé, auſſi ay ie entretenu long temps la vitrerie, iuſques à ce que i'aye eſté aſſeuré pouuoir viure de
l'art de terre : auſſi en cherchant ledit art i'ay apprins a faire l'alchimie auec les dents, ce qu'il te fa-
cheroit beaucoup de faire. Voila comment i'ay
eſchappé le temps que i'ay employé a chercher
ledit art.

Theo-

Theorique.

Ie ſçay que tu as enduré beaucoup de pauuretez
& d'ennuis en le cherchant:mais il ne ſera pas ainſi de moy:car ce qui t'à fait endurer,ce à eſté à cauſe que tu eſtois chargé de femme & d'enfans. Or
d'autant que au parauant tu n'en auois nulle connoiſſance, & qu'il te failloit deuiner, par ce auſſi
que tu ne pouuois laiſſer ton meſnage pour aller
apprendre ledit art en quelque boutique,auſſi que
tu n'auois moyen d'entretenir aucuns ſeruiteurs
qui te peuſſent faire quelq choſe pour t'amener au
chemin de l'art ſuſdit. Tous ces defauts t'ont cauſé les ennuis & miſeres ſuſdites.Mais il ne ſera pas
ainſi de moy : par ce que ſuyuant ta promeſſe tu
me donneras par eſcrit tous les moyens d'obuier
aux pertes & hazards du feu: auſſi les matieres
dont tu fais les eſmaux & la doſe,meſures & compoſitions diceux. Ainſi faiſant pourquoy ne ſeray
ie de belles choſes ſans eſtre en danger de rien perdre , attendu que tes pertes me ſeruiront d'exemple pour me garder & guider en exerçant ledit art.

Practique.

Quand i'aurois employé mille rames de papier
pour t'eſcrire tous les accidens qui me ſont ſuruenuz en cherchant ledit art, tu te dois aſſeurer que
quelque bon eſprit que tu ayes qu'il t'auiendra
encores vn millier de fautes, leſquelles ne ſe peuuent apprendre par lettres: & quand tu les aurois
meſme par eſcrit, tu n'en croiras rien iuſques à ce
que

Accidens qui ſuruiennent a ceux qui trauaillent en l'art de terre & eſ-maux.

que la pratique t'en aye donné vn millier d'afflicti-
ons. Toutesfois afin que tu n'ayes occasion de
mappeller menteur, ie te mettray icy par ordre
tous les secrets que i'ay trouué en l'art de terre,
ensemble les compositions & diuers effects des
esmaux: aussi te diray les diuersitez des terres argileuses, qui sera vn point lequel il te faudra bien
noter. Or afin de mieux te faire entendre ces choses, ie te feray vn discours pris des le commencement que ie me mis en deuoir de chercher ledit
art, & par la tu orras les calamitez que i'ay endu-
rees au parauant que de paruenir à mon dessein.
Ie cuide que quand tu auras bien entendu le tout:
qu'il te prendra bien peu d'enuie de te ietter audit
art, & m'asseure que d'autant que tu és a present
desireux de t'en approcher, d'autant tascheras tu à
t'é esloinger: par ce que tu verras que l'on ne peut
poursuiure n'y mettre en execution aucune chose,
pour la rendre en beauté & perfection, que ce ne
soit auec grand & extreme labeur, lequel n'est iamais seul, ains est tousiours accompagné d'vn
millier d'angoisses.

Rien n'est fait d'excellét sans grád labeur.

Theorique.

Ie suis homme naturel comme toy, & puis que
es choses t'ont esté possibles sans auoir eu aucun
enseigneur, il me sera beaucoup plus aisé quand
i'auray obtenu de toy vn entier discours de toute
maniere de faire, & les moyens par lesquels tu
és paruenu.

S　　　　*Practi-*

Suyuant ta requeſte, ſaches qu'il y a vint & cinq
ans paſſé qu'il me fut monſtré vne coupe de terre,
tournée & eſmaillée d'vne telle beauté que deſlors
i'entray en diſpute auec ma propre penſée, en me
rememorant pluſieurs propos, qu'aucuns m'a-
uoyent tenus en ſe moquant de moy, lors que ie
peindois les images. Or voyant que l'on commençoit à les delaiſſer au pays de mon habitatió, auſſi que la vitrerie n'auoit pas grand requeſte, ie vay
penſer que ſi i'auois trouué l'inuention de faire
des eſmaux que ie pourois faire des vaiſſeaux de
terre & autre choſe de belle ordonnance, par ce
que Dieu m'auoit donné d'entendre quelque choſe de la pourtraiture, & deſlors ſans auoir eſgard
que ie n'auois nulle connoiſſance des terres argi-

L'autheur a
appris de ſoy
l'art de terre.

leuſes, ie me mis a chercher les eſmaux, comme
vn homme qui taſte en tenebres. Sans auoir entendu de qu'elles matieres ſe faiſoyent leſdits eſmaux: ie pilois en ces iours là de toute les matieres que ie pouuois penſer qui pouroyent faire
quelque choſe, & les ayant pilées & broyées i'a-
chetois vne quantité de pots de terre, & apres les
auoir mis en pieces ie mettois des matieres, que
i'auois broyées, deſſus icelles, & les ayant mar-

Diſcours de
l'auteur, de
la façon qu'il
à appris a
faire les eſ-
maux.

quéesie mettois en eſcrit a part les drogues que
i'auois mis ſus chacune d'icelles, pour memoire;
puis ayant fait vn fourneau a ma fantaſie, ie mettois cuire leſdittes pieces pour voir ſi mes drogues

gues pouroyent faire quelque couleur de blanc:
car ie ne cherchois autre esmail que le blanc: parce que i'auois ouy dire que le blanc estoit le fondement de tous les autres esmaux. Or par ce que
ie n'auois iamais veu cuire terre, ny ne sçauois a
quel degré de feu ledit esmail se deuoit fondre, il
m'estoit impossible de pouuoir rien faire par ce
moyen, ores que mes drogues eussent esté bonnes, parce qu'aucune fois la chose auoit trop chaufé & autrefois trop peu, & quand lesdites matieres estoyent trop peu cuittes ou brulées, ie ne pou
uois rien iuger de la cause pourquoy ie ne faisois
rien de bon, mais en donnois le blasme aux matieres, combien que quelque fois la chose se fut peut
estre trouuée bône, ou pour le moins i'eusse trouué quelque indice pour paruenir à mon intention, si i'eusse peu faire le feu selon que les matieres le requeroyent : Mais encores en ce faisant ie
commettois vne faute plus lourde que la susdite: car en mettant les pieces de mes epreuues dedens le fourneau, ie les arrengeois sans consideration,
de sorte que les matieres eussent esté les
meilleures du monde & le feu le mieux à propos
il estoit impossible de rien faire de bon. Or m'e-
stant ainsi abuzé plusieurs fois auec grand frais &
labeurs, i'estois tous les iours a piler & broyer
nouuelles matieres & construire nouueaux fourneaux, auec grande despence d'argent & consom-
mation de bois & de temps.

S 2   Quand

Quand i'eus baſtelé pluſieurs années ainſi im-
prudemment auec triſteſſe & ſouſpirs, a cauſe que
ie ne pouuois paruenir a rien de mon intention, &
me ſouuenant de la deſpence perdue, ie m'auiſay
pour obuier a ſi grande deſpence, d'enuoyer les
drogues que ie voulois approuuer, a quelque four
neau de potier, & ayant conclud en mon eſprit têl-
le choſe i'achetay de rechef pluſieurs vaiſſeaux de
terre, & les ayant rompus en pieces, cóme de cou
ſtume, i'en couuré trois ou quatre cent pieces
d'eſmail, & les enuoyay en vne poterie diſtante
d'vne lieue & demie de ma demeurance, auec requeſte enuers les potiers qu'il leur pleuſt permettre cuire leſdittes eſpreuues dedés aucuns de leurs
vaiſſeaux : ce qu'ils faiſoyent volontiers : mais
quand ils auoyent cuit leur fournée & qu'ils venoyent a tirer mes epreuues, ie n'en receuois que
honte & perte, par ce qu'il ne ſe trouuoit rien de
bon, a cauſe que le feu deſdits potiers n'eſtoit aſſez chaut, auſſi que mes eſpreuues n'eſtoyent en-
fournées au deuoir requis & ſelon ſçience, & parce que ie n'auois connoiſſance de la cauſe pourquoy mes eſpreuues ne s'eſtoyent bien trouuées, ie mettois (comme i'ay dit cy deſſus) le blaſ-
me ſus les matieres : de rechef ie faiſois nombre
de compoſitions nouuelles, & les enuoyay aux
meſmes potiers, pour en vſer comme deſſus: ainſi
fis ie par pluſieurs fois touſiours auec grãds frais,
perte de temps, confuſion & triſteſſe.

                                        Quand

Quand ie vis que ie ne pouuois par ce moyen
rien faire de mon intention, ie pris relasche quelque temps, m'occupant a mon art de peinture &
de vitrerie, & me mis comme en non chaloir de
plus chercher les secrets des esmaux, quelques
iours apres suruindrent certains commissaires de-
putez par le Roy pour eriger la gabelle au pays de
Xaintonge, lesquels m'appellerent pour figurer
les isles & pays circonuoisins de tous les marez
salans dudit pays. Or apres que ladite commission
fut paracheuée & que ie me trouuay muny d'vn
peu d'argent ie reprins encores l'affectió de pout-
suyure a la suitte desdits esmaux, & voyant que ie
n'auois peu rien faire dens mes fourneaux, ny a
ceux des potiers susdits, ie rompi enuiron trois
douzaines de pots de terre tous neufs, & ayant
broyé grande quantité de diuerses matieres, ie
couuray tous les lopins desdits pots, desdites drogues, couchées auec le pinceau: mais il te faut entendre que de deux ou trios cents desdittes pieces,
il n'y en auoit que trois de chascune composition: ayant ce fait ie prins toutes ces pleces & les
portay a vne verrerie, afin de voir si mes matieres
& compositions se pouroyét trouuer bonnes aux
fours desdits verreries. Or d'aucát que leurs fourneaux sont plus chauds que ceux des potiers, ayát
mis toutes mes espreuues dans lesdits fourneaux,
le lendemain que ie les fis tirer i'apperçeu partie
de mes compositions qui auoyent commencé à

fondre

fondre, qui fut cause que ie fus encores d'auantage encouragé de chercher l'esmail blanc, pour lequel i'auois tant trauaillé.

Touchant des autres couleurs ie ne m'en mettois aucunemēt en peine. ce peu d'apparence que
ie trouuay lors, me fit trauailler pour chercher ledit blanc deux ans outre le temps susdit, durant
lesquels deux ans ie ne faisois qu'aller & venir aux
verreries prochaines, tendant aux fins de paruenir
à mon intention. Dieu voulut qu'ainsi que ie cō-
mençois à perdre courage, & que pour le dernier
coup ie m'estois trāsporté à vne verrerie, ayāt auec
moy vn hōme chargé de plus de trois cens sortes
despreuues, il se trouua vne desdites espreuues qui
fut fōdue de dés quatre heures apres auoir esté mis
au fourneau, laquelle espreuue se trouua blāche &
polie de sorte qu'elle me causa vne ioye telle que ie
pēsois estre deuenu nouuelle creature; Et pensois
dés lōrs auoir vne perfection entiere de l'esmail
blāc: Mais ie fus fort esloingé de ma pensée: ceste
espreuue estoit fort heureuse d'vne part, mais bien
mal-heureuse de l'autre, heureuse en ce qu'elle me
donna entrée à ce que ie suis paruenu, & mal-heureuse en ce qu'elle n'estoit mise en doze ou mesure requise; ie fus si grand beste en ces iours là que
soudain que i'eus fait ledit blanc qui estoit singulierement beau, ie me mis à faire des vaisseaux de
terre, combien que iamais ie n'eusse conneu terre
& ayant employé l'espace de sept ou huit mois
fair

faire lefdits vaiffeaux, ie me prins à eriger vn fourneau femblable à ceux des verriers, lequel ie baftis
auec vn labeur indicible : car il falloit que ie ma-
çonnaffe tout feul, que ie deftrempaffe mon mortier, que ie tiraffe l'eau pour la deftrampe d'icelluy, auffi me failloit moy mefme aller querir la
brique fur mon dos, à caufe que ie n'auois nul
moyen d'entretenir vn feul homme pour m'ayder
en c'eft affaire. Ie fis cuire mes vaiffeaux en premiere cuiffon: mais quand ce fut à la feconde cuiffon ie receus des trifteffes & labeurs tels que nul
homme ne voudroit croire. Car en lieu de me re-
pofer des labeurs paffez, il me fallut trauailler l'efpace de plus d'vn mois nuit & iour pour broyer les
matieres defquelles i'auois fait ce beau blanc au
fourneau des verriers ; & quand i'eu broyé lefdites matieres i'en couure les vaiffeaux que i'auois
faits: ce fait ie mis le feu dens mon fourneau par
deux gueules, ainfi que i'auois veu faire audits
verriers . ie mis auffi mes vaiffeaux dés ledit fourneau pour cuider faire fondre les efmaux que i'a-
uois mis deffus: mais c'eftoit vne chofe mal-heu-
reufe pour moy: car combien que ie fuffe fix iours
& fix nuits deuant ledit fourneau fans ceffer de
brufler bois par les deux gueles, il ne fut poffible
de pouuoir faire fondre ledit efmail & eftois côme vn homme defefperé, & combié que ie fuffe
tout eftourdi du trauail, ie me vay aduifer que dés
mon efmail il y auoit trop peu de la matiere qui

S 4   deuoit

deuoit faire fondre les autres, ce que voyant ie me
prins a piler & broyer de laditte matiere, sans toutesfois laisser refroidir mon fourneau : par ainsi
i'auois double peine, piler, broyer & chaufer ledit
fourneau. quand i'eus ainsi composé mon esmail,
ie fus contraint d'aller encores acheter des pots,
afin desprouuer ledit esmail : d'autant que i'auois
perdu tous les vaisseaux que i' auois faits : & ayant
couuert lesdites pieces dudit esmail, ie les mis dés
le fourneau continuât tousiours le feu en sa grandeur : mais sur cela il me suruint vn autre malheur,
lequel me donna grande fascherie, qui est que le
bois m'ayant failli, ie fus contraint brusler les esta-
pes qui soustenoyent les trailles de mon iardin,
lesquelles estant bruslées ie fus contraint brusler
les tables & plancher de la maison, afin de faire
fondre la seconde composition. I'estois en vne telle angoisse que ie ne sçauois dire : car i'estois tout
tari & deseché à cause du labeur & de la chaleur du
fourneau, il y auoit plus d'vn mois que ma che-
mise n'auoit seché sur moy, encores pour me consoler on se moquoit de moy, & mesme ceux qui
me deuoyent secourir alloyent crier par la ville
que ie faisois brusler le plancher : & par tel moyen
l'on me faisoit perdre mon credit, & m'estimoit
on estre fol. Les autres disoyent que ie cherchois
à faire la fausse monnoye, qui estoit vn mal qui
me faisoit seicher sur les pieds, & m'en allois par
les rues tout baissé, comme vn homme honteux:
i'estois

i'eſtois endetté en pluſieurs lieux, & auois ordinairement deux enfans aux nourrices, ne pouuant
payer leurs ſalaires, perſóne ne me ſecouroit: Mais
au contraire ils ſe mocquoyent de moy, en diſant
il luy appartient bien de mourir de faim, par ce
qu'il delaiſſe ſon meſtier. toutes ces nouuelles venoyent à mes aureilles quand ie paſſois par la ruë,
toutesfois il me reſta encores quelque eſperance,
qui m'accourageoit & ſouſtenoit, d'autant que
les dernieres eſpreuues s'eſtoyent aſſez bien por-
tées, & deſlors en penſois ſçauoir aſſez pour gaigner ma vie, combié que i'en fuſſe fort eſloingné
(comme tu entendras ci apres) & ne dois trouuer
mauuais ſi i'en fais vn peu long diſcours, afin de
te rendre plus attentif à ce qui te poura ſeruir.

Quand ie me fus repoſé vn peu de temps auec
regrets de ce que nul n'auoit pitié de moy, ie dis à
mon ame, qu'eſt ce qui te triſte, puis que tu as
trouué ce que tu cherchois? trauaille à preſent &
tu rendras honteux tes detracteurs : mais mon eſprit diſoit d'autre part, tu n'as rien dequoy pourſuyure ton affaire, comment pouras tu nourrir ta
famille & acheter les choſes requiſes pour paſſer
le temps de quatre ou cinq mois qu'il faut au parauant que tu peuſſes ioüir de ton labeur? Or ainſi
que i'eſtois en telle triſteſſe & debat d'eſprit, l'eſperance me donna vn peu de courage, & ayant
conſideré que ie ſerois beaucoup long pour faire
vne fournée touse de ma main, pour abreger &
gain-

gaingner le temps & pour plus foudain faire apparoir le fecret que i'auois trouué dudit efmail
blanc,ie prins vn potier commun & luy donnay
certains pourtraits, afin qu'il me fift des vaiffeaux
felon mon ordonnance , & tandis qu'il faifoit ces
chofes ie m'occupois a quelques medailles: mais
c'eftoit vne chofe pitoyable:car i'eftois contraint
nourrir ledit potier en vne tauerne,a credit:parce
que ie n'auois nul moyen en ma maifon. Quand
nous eufmes trauaillé l'efpace de fix mois, & qu'il
falloit cuire la befõgne faite,il fallut faire vn fourneau & donner congé au potier , auquel par faute
d'argent ie fus contraint donner de mes vefte-
ments pour fon falaire. Or par ce que ie n'auois
point d'eftofes pour eriger mon fourneau , ie me
prins a deffaire celuy que i'auois fait a la mode des
verriers,afin de me feruir des eftofes de la defpouil
le d'iceluy. Or par ce que ledit four auoit fi fort
chaufé l'efpace de fix iours & nuits,le mortier & la
brique dudit four s'eftoit liquifié & vitrifié de telle forte qu'en defmaçonnant i'eus les doits coupez & incifez en tant d'endroits que ie fus contraint manger mon potage ayant les doits enuelopez de drapeau. Quand i'eus deffait ledit fourneau il fallut eriger l'autre qui ne fut pas fans grãd
peine:d'autant qu'il me falloit aller querir l'eau,le
mortier & la pierre , fans aucun aide & fans aucun
repos.Ce fait ie fis cuire l'euure fufdite en premiere cuiffon,& puis par emprunt ou autrement ie
trou-

trouuay moyen d'auoir des eſtofes pour faire des
eſmaux, pour couurir ladicte beſongne, s'eſtant
bien portée en premiere cuiſſon:mais quand i'eus
acheté leſdites eſtofes il me ſuruint vn labeur qui
me cuida faire rendre l'eſprit. Car apres que par
pluſieurs iours ie me fus laſſé a piler & calciner
mes matieres, il me les conuint broyer, ſans aucunes aide, a vn moulin a bras, auquel falloit ordinairement deux puiſſans hommes pour le virer:
le deſir que i'auois de paruenir a mon entreprinſe
me faiſoit faire des choſes que i'euſſe eſtimé im-
poſſibles. Quand leſdittes couleurs furét broyées
ie couuris tous mes vaiſſeaux & medailles dudit
eſmail, puis ayant le tout mis & arrengé dedens
le fourneau, ie commençay a faire du feu, penſant
retirer de ma fournée trois ou quatre cent liures,
& continué ledit feu iuſques à ce que i'eus quelque indice & eſperance que mes eſmaux fuſſent
fondus & que ma fournée ſe portoit bien: le lendemain quand ie vins à tirer mon euure, ayant pre
mierement oſté le feu, mes triſteſſes & douleurs
furent augmentees ſi abondemment que ie per-
dois toute contenance. Car combien que mes eſmaux fuſſent bons & ma beſongne bonne, neantmoins deux accidens eſtoyent ſuruenuz à laditte
fournée, leſquels auoyent tout gaſté:& afin que tu
t'en donnes de garde ie te diray qu'els y ſont:auſſi
apres ceux la ie t'en diray vn nombre d'autres: a-
fin que mon malheur te ſerue de bon heur, & que

ma

ma perte te ſerue de gain. C'eſt par ce que le mortier dequoy i' auois maçonné mon four eſtoit
plein de cailloux, leſquels ſentant la vehemence du
feu (lors que mes eſmaux ſe commençoyent a liquifier) ſe creuerent en pluſieurs pieces, faiſans
pluſieurs pets & tónerres dans ledit four. Or ainſi que les eſclats deſdits cailloux ſautoyent contre
ma beſongne, l'eſmail qui eſtoit deſia liquifié & ré
du en matiere glueuſe, print leſdit cailloux & ſe les
attacha par toutes les parties de mes vaiſſeaux &
medales, qui ſans cela ſe fuſſent trouuez beaux.
Ainſi connoiſſant que mon fourneau eſtoit aſſez
chaut ie le laiſſay refroidir iuſques au lendemain:
lors ie fus ſi marri que ie ne te ſçaurois dire & non
ſans cauſe: car ma fournée me couſtoit plus de ſix
vingts eſcus. I'auois emprunté le bois & les eſtofes, & ſi auois emprunté partie de ma nourriture
en faiſant laditte beſongne. I'auois tenu en eſperance mes crediteurs, qu'ils ſeroyent payez de l'argent qui prouiendroit des pieces de laditte fournées, qui fut cauſe que pluſieurs accoururent des
le matin quand ie commençois a deſenfourner.
Dont par ce moyen furent redoublées mes triſteſſes: d'autant qu'en tirant laditte beſongne ie ne
receuois que honte & confuſion. Car toutes
mes pieces eſtoyent ſemées de petits morceaux
de cailloux, qui eſtoyent ſi bien attachez autour
deſdits vaiſſeaux, & liez auec l'eſmail, que quand
on paſſoit les mains par deſſus, leſdits cailloux cou
poyent

poyent comme rasoirs, & combien que la besongne fust par ce moyen perdue toutefois aucuns
en voulyent acheter a vil pris: mais parce que se
eut esté vn descriement & rabaissement de mon
honneur, ie mis en pieces entierement le total de
laditte fournée & me couchay de melancholie, &
non sans cause : car ie n'auois plus de moyen de
subuenir a ma famille : ie n'auois en ma maison
que reproches:en lieu de me consoler l'on me donnoit des maledictions : mes voisins qui auoyent
entendu cest affaire disoyent que ie n'estois qu'vn
fol,& que i'eusse eu plus de huit franc de la beson-
gue que i'auois rompue, & estoyent toutes ces
nouuelles iointes auec mes douleurs.

Quand i'eus demeuré quelque temps au lit, &
que i'eus consideré en moy mesme qu'vn homme
qui seroit tombé en vn fossé, son deuoir seroit de
tascher à se releuer, en cas pareil ie me mis à faire
quelques peintures,&par plusieurs moyés ie prins
peine de recouurer vn peu d'argent, puis ie disols
en moymesme que toutes mes pertes & hazards
estoyent passées, & qu'il n'y auoit rien plus qui
me peust empescher que ie ne fisse de bonnes pieces:& me prins (comme au patauant)à trauailler
audit art.Mais en cuisant vne autre fournée il suruint vn accident duquel ie ne me doutois pas: car
la vehemence de la flambe du feu auoit porté quátité de cendres contre mes pieces, de sorte que
par tous les endroits ou ladite cendre auoit touché

ché mes vaiſſeaux eſtoyent rudes & mal polis : à
cauſe que l'eſmail eſtant liquifié s'eſtoit ioint auec
leſdites cendres : nonobſtant toutes ces pertes ie
demeuray en eſperance de me remonter par le
moyen dudit art : car ie fis faire grand nombre de
lanternes de terre à certains potiers pour enfermer mes vaiſſeaux quand ie les mettois au four:
afin que par le moyen deſdites lanternes mes vaiſſeaux fuſſent garentis de la cendre. L'inuention ſe
trouua bône, & m'a ſerui iuſq̃s au iourd'huy: Mais
ayant obuié au hazard de la cendre il me ſuruint
d'autre fautes & accidés tels, que quand i'auois fait
vne fournée, elle ſe trouuoit trop cuitte, & aucune
fois trop peu, & tout perdu. par ce moyẽ i'eſtois
ſi nouueau que ie ne pouuois diſcerner du trop ou
du peu, aucuñe fois ma beſongne eſtoit cuitte ſur
le deuãt & point cuitte à la partie de derriere: l'autre apres que ie voulois obuier à tel accidẽt ie faiſois bruſler le derriere & le deuant n'eſtoit point
cuit: aucuneſois il eſtoit cuit à dextre & bruſlé à
ſeneſtre: aucuneſois mes eſmaux, eſtoyẽt mis trop
clers, & autreſois trop eſpois: qui me cauſoit de
grandes pertes: aucuneſois que i'auois dedens le
four diuerſes couleurs d'eſmaux, les vns eſtoyent
bruſlez premier que les autres fuſſent fondus. bref
i'ay ainſi baſtelé l'eſpace de quinze ou ſeize ans,
quand i'auois appris à me donner garde d'vn danger, il m'en ſuruenoit vn autre, lequel ie n'euſſe
iamais penſé. Durant ces temps là ie fis pluſieurs
four-

fourneaux lesquels m'engendroyent de grandes
pertes au parauant que i'eusse connoissance du
moyen pour les eschauffer egallement: en fin ie
trouuay moyen de faire quelques vaisseaux de diuers esmaux entremeslez en maniere de iaspe:cela
m'à nourri quelques ans: mais en me nourrissant
de ces choses ie cherchois tousiours à passer plus
outre auecques frais & mises, comme tu sçais que
ie fais encores à present. Quand i'eus inuenté le
moyen de faire des pieces rustiques, ie fus en plus
grande peine & en plus d'ennuy qu'au parauant.
Car ayant fait vn certain nombre de bassins rustiques & les ayant fait cuire, mes esmaux se trouuoyent les vns beaux & bien fonduz, autres mal
fonduz, autres estoyét brulez, à cause qu'ils estoyent composez de diuerses matieres qui estoyent
fusibles à diuers degrez, le verd des lezards estoit
bruflé premier que la couleur des serpens fut fondue, aussi la couleur des serpés, escreuices, tortues
& cancres, estoit fondue au parauant que le blanc
eut receu aucune beauté. Toutes ces fautes m'ôt
causé vn tel labeur & tristesse d'esprit, qu'au parauant que i'aye eu rendu mes esmaux fusibles à vn
mesme degré de feu. I'ay cuidé entrer iusques à la
porte du sepulchre: aussi en me trauaillant à tels
affaires ie me suis trouué l'espace de plus de dix ans
si fort escoulé en ma personne qu'il n'y auoit aucune forme n'y apparence de bosse aux bras n'y aux
iambes; ains estoyent mesdites iambes toutes d'v-
ne ve-

ne vëüe:de forte que les liens de quoy i'attachois
mes bas de chauffes eftoyent foudain que ie che-
minois fur les talons auec le refidu de mes chauffes, ie m'allois fouuent pourmener dans la prairie
de Xaintes,en confiderant mes miferes & ennuys:
Et fur toutes chofes de ce qu'en ma maifon mefme ie ne pouuois auoir nulle patiéce, n'y faire rien
qui fut trouué bon. I'eftois mefprifé, & mocqué
de tous: toutesfois ie faifois toufiours quelques
vaiffeaux de couleurs diuerfes, qui me nourriffoy-
ent tellement quellement: Mais en ce faifant, la
diuerfité des terres defquelles ie cuidois m'auancer, me porta plus de dommage en peu de temps
que tous les accidens du parauant. Car ayant fait
plufieurs vaiffeaux de diuerfes terres, les vnes e-
ftoyent bruflées deuant que les autres fuffent cuittes: aucunes receuoyent l'efmail & fe trouuoyent
fort aptes pour ceft affaire:les autres me deceuoy-
ent en toutes mes entreprinfes.Or par ce que mes
efmaux ne venoyent bien en vne mefme chofe,
i'eftois deceu par plufieurs fois: dont ie receuois
toufiours ennuis & trifteffe.Toutesfois l'efperan-
ce que iauois, me faifoit proceder en mon affaire
fi virillemét que plufieurs fois pour entretenir les
perfonnes qui me venoyent voir ie faifois mes efforts de rire,combien que interieurement ie fuffe
bien trifte.

Ie pourfuyuiz mon affaire de telle forte que ie
receuois beaucoup d'argent d'vne partie de ma
besoin-

beſongne, qui ſe trouuoit bien: mais il me ſuruint
vne autre afliction conquatenée auec les ſuſdites,
qui eſt que la chaleur, la gelée, les vents, pluyes &
gouttieres, me gaſtoyét la plus grand part de mon
euure, au parauant qu'elle fut cuitte: tellement
qu'il me fallut emprunter charpéterie, lattes, tuilles & cloux, pour m'accómoder. Or bien ſouuent
n'ayant point dequoy baſtir, i'eſtois contraint
m'accommoder de liarres & autres verdures. Or
ainſi que ma puiſſance s'augmentoit ie defaiſois
ce que i'auois fait, & le batiſſois vn peu mieux, qui
faiſoit qu'aucuns artiſans, comme chauſſetiers,
cordonniers, ſergens & notaires, & vn tas de vieilles, tous ceux cy ſans auoir eſgard que mon art
ne ſe pouuoit exercer ſans grand logis, diſoyent
que ie ne faiſois que faire & desfaire, & me blaſ-
moyent de ce qui les deuoit inciter à pitie, attendu que i'eſtois contraint d'employer les choſes
neceſſaires à ma nourriture, pour eriger les commoditez requiſes à mon art: Et qui pis eſt le mo-
tif deſdites mocqueries & perſecutions ſortoyent
de ceux de ma maiſon, leſquels eſtoyent ſi eſloin-
guez de raiſon, qu'ils vouloyent que ie fiſſe la beſongne ſans outis, choſe plus que déraiſonnable.
Or d'autant plus que la choſe eſtoit déraiſonnable, de tant plus l'affliction m'eſtoit extreme. I'ay
eſté pluſieurs années que n'ayant rien dequoy faire couurir mes fourneaux, i'eſtois toutes les nuits
la mercy des pluyes & vents, ſans auoir aucun ſe-

T   cours

cours aide ny confolation, finon des chatshuants
qui chantoyent d'vn cofté & les chiens qui hur-
loyent de l'autre ; parfois il fe leuoit des vents &
tempeftes qui fouffloyent de telle forte le deffus
& le deffouz de mes fourneaux, que i'eftois contraint quitter là tout, auec perte de mon labeur,
& me fuis trouué plufieurs fois qu'ayãt tout quit
té, n'ayant rien de fec fur moy, a caufe des pluyes,
qui eftoyent tombées, ie m'en allois coucher a la
minuit ou au point du iour accouftré de telle forte comme vn homme que l'on auroit trainé par
tous les bourbiers de la ville, & en m'en allãt ainfi
retirer, i'allois bricollant fans chandelle en tombant d'vn cofté & d'autre comme vn homme qui
feroit yure de vin, rempli de grãdes trifteffes: d'autant qu'apres auoir longuement trauaillé ie voyois mon labeur perdu. Or en me retirãt ainfi fouil-
lé & trempé, ie trouuois en ma chambre vne feconde perfecution pire que la premiere, qui me
fait a prefent efmerueiller que ie ne fuis confumé
de trifteffe.

Theorique.

Pourquoy me cherches tu vne fi longue chan-
fon? c'eft plutoft pour me deftourner de mon intention, que non pas pour m'en approcher, tu me
as bien fait cy deffus de beaux difcours touchant
les fautes qui furuiénent en l'art de terre, mais cela ne me fert que d'efpouuantement: car des efmaux tu ne m'en as encores rien dit.

Pratique.

Les esmaux dequoy ie fais ma besongne, sont faits d'estaing, de plomb, de fer, d'acier, d'antimoine, de saphre de cuiure, d'arene, de salicort, de cendre grauelée, de litarge, de pierre de perigord. Voi-a les propres matieres desquelles ie fais mes esmaux.

Matieres desquelles sont faits les Esmaux.

Theorique.

Voire mais ainsi que tu dis tu ne m'apprés rien. Car i'ay entendu cy deuant par tes propos que tu as beaucoup perdu au parauant que d'auoir mis les esmaux en doze asseurée : parquoy tu sçais bien que si tu ne me donnes la doze, ie ne sçaurois que faire de sçauoir les matieres.

Pratique.

Les fautes que i'ay faites en mettant mes esmaux en doze, m'ont plus apprins que non pas les choses qui se sont bien trouuées : parquoy ie suis d'aduis que tu trauailles pour chercher laditte doze, aussi bien que i'ay fait, autremét tu aurois trop bon marché de la science, & peut estre que ce seroit la cause de te la faire mespriser : car ie sçay bien qu'il ny a gens au monde qui facent bon marché des secrets & des arts, sinon ceux ausquels il ne coustent gueres : mais ceux qui les ont pratiquez à grands frais & labeurs ne les donnent ainsi legerement.

Theorique.

Tu me fais trouuer les choses merueilleuse-

ment bonnes:fi c'eſtoit quelque grande ſcience,
de laquelle on eut grande neceſſité, tu l'a ferois
bien trouuer bonne: veu que tu eſtimes ſi fort vn
art mechanique,duquel on ſe peut paſſer aiſémết.

Practique.

Voila vn propos par lequel ie connois a preſent que tu és indigne d'entendre rien du ſecret
dudit art : & puis que tu l'appelles art mechanique tu n'en ſçauras plus rien par mon moyen. On
ſçait bien qu'audit art, il y a quelques parties mechaniques,comme de batre la terre:il y en a aucuns
qui font des vaiſſeaux pour le ſeruice ordinaire
des cuiſines,ſans tenir aucune meſures, ils ſe peuuent appeller mechaniques : mais quant au gou-
uernement du feu, il ne doit eſtre comparé a la
meſure des mechaniques. Car il faut que tu ſça-
ches que pour bien conduire vne fournée de beſongne , meſmement quand elle eſt eſmaillée, il
faut gouuerner le feu par vne philoſophie ſi ſon-
gneuſe qu'il n'y a ſi gentil eſprit qui n'y ſoit bien
trauaillé,& bien ſouuent deceu. Quand a la maniere de biẽ enfourner, il y eſt requis vne ſingulie-
re Geometrie.

Item tu ſçais qu'on fait en pluſieurs lieux des
vaiſſeaux de terre qui ſont conduits par vne telle
geometrie qu'vn grand vaiſſeau ſe ſouſtiendra ſur
vn petit pied, meſme la terre eſtất encores molle,
appelles tu cela mechanique?Sçais tu pas bien que
la meſure du compas ne ſe peut appeller mecha-
niqueʔ

niques pour eſtre trop communes, auſſi par ce que *Les arts qui ne ſont mechaniques.* les ouuriers d'iceux ſont pauures ; toutefois les arts auſquels ſont requis compas, reigles, nombres, poids & meſures, ne doyuent eſtre appellez mechaniques. Et puis quainſi eſt que tu veux mettre,l'art de terre au rang des mechaniques, & que tu n'eſtimes gueres ſon vtilité, ie te veux a preſent faire entendre combien elle eſt plus grande que ie ne te ſçaurois dire. Conſideres vn peu combien *Vtilité de l'art de terre.* d'arts ſeroyent inutiles, voire entierement perdus, ſans l'art de terre. Il faudroit que les affineurs d'or & d'argent ceſſaſſent. Car ils ne ſçauroyent rien faire ſans fourneaux, ny vaiſſeaux de terre : d'autant qu'il ne ſe peut trouuer pierre ny autres matieres qui puiſſent ſeruir a fondre les metaux, ſinon les vaiſſeaux de terre.

Item il faudroit que les verriers ceſſaſſent : car *Metiers qui ne ſe peuuent paſſer de l'art de terre.* ils n'ont aucun moyen pour fondre les matieres de leurs verres ſinon en vaiſſeaux de terre. Les orfeures, fondeurs, & toute fonderie de quelque ſorte & eſpece que ce ſoit, ſeroit aneantie & ne s'en trouuera aucune qui ſe puiſſe paſſer de terre. Regarde auſſi les forges des marechaux & ſerruriers, & tu verras que toutes leſdittes forges ſont faites de briques: car ſi elles eſtoyent de pierres elles ſeroyent ſoudain conſommées. Regarde tous les fourneaux, tu trouueras qu'ils ſont faits de terre, meſme ceux qui trauaillent de terre font tous leurs fourneaux de terre, comme tuiliers, briquetiers

C 3

tiers & potiers:bref il ne fe trouue pierre,ny mineral, ny autre matiere qui puiffe feruir a l'édificatió
d'vn fourneau à verres, ou à chaux, ou autres fufdits, qui puiffe durer longuement. Tu vois auffi
combien les vaiffeaux communs de terre font v-
tiles à la republique,tu vois auffi combien l'vtilité
de la terre eft grande pour les couuertures des
maifons: tu fçais bien qu'en beaucoup de pays ils
ne fçauent que c'eft d'ardoife, & n'ont autre couuertures que de tuilles:combien cuides tu que l'v-
tilité de la terre foit grande,pour conduire les rui-
feaux des fonteines?on fçait bien que les eaux qui
paffent par les tuyaux de terre font beaucoup
meilleures & plus faines que celles qui font con-
duites par canaux de plomb. combien cuides tu
qu'il y a de villes qui font edifiées de briques, d'autant qu'ils nont pas eu moyen de recouurer de la
pierre? Combien cuides tu que noz anceftres ont
eftimé l'vtilité de l'art de terre ? on fçait bien que
les Aegyptiens & autres nations ont fait con-
ftruire plufieurs baftiment fomptueux, de l'art
de terre, il y a eu plufieurs Empereurs & Rois
qui ont fait edifier de grandes Piramides de terre
afin de perpetuer leurs memoires, & aucuns d'eu-
ont ce fait craignants que leurs Piramides fuffent
ruinées par feu, fi elles euffent efté de pierre. Or
fçachans q̃ le feu ne peut rien contre les baftime-
de terre cuite, ils les faifoyent edifier de brique
tefmoings les enfãs d'ifrael, lefquels ont efté me-
                                    ueille-

ueilleufement opprimez en faifãt les briques defdits baftimés. Si ie voulois mettre par efcrit toutes les vtilitez de l'art de terre ie n'aurois iamais
fait: parquoy ie te laiffe a penfer en toy mefme le
furplus de fon vtilité. Quãd a fon eftime, fi elle eft
auiourd'huy mefprifée,ce n'a pas efté de tous téps.
Les hiftoriés nous certifiét que quand l'art de terre fut inuenté,les vaiffeaux de marbre,d'alebaftre,
caffidoine & de iafpe,furent mis en mefpris: mefmes que plufieurs vaiffeaux de terre ont efté con-
facrez pour le feruice des temples.

POVR TROVVER ET CONNOI-
ftre la terre nommée Marne,de laquelle l'on fume
les champs infertiles, és pays & regions ou elle eft
connue : chofe de grand poids & neceffaire à tous
ceux qui poffedent heritages.

Theorique.

IL me fouuient auoir veu vn petit
traité que tu fis imprimer durãt les
premiers troubles, auquel font cõ-
tenus plufieurs fecrets naturels, &
mefme de l'agriculture: toutesfois
cõbien que tu ayes amplement parlé des fumiers,
fi eft ce que tu n'as rien dit de la terre qui s'appelle

T 4 Mar-

Marne: bien ſçay-ie que tu as promis par ton liure
de regarder s'il s'en pouroit trouuer en Xaintonge & autres lieux ou ladite terre eſt encor incon-
nuë. Ie me ſuis enquis pluſieurs fois ſi tu aurois có-
poſé quelque autre liure ou tu euſſes parlé de ladite terre: mais ie n'en ay rien trouué : parquoy ſi
tu en as quelque intelligence ou connoiſſance d'i-
celle, ne me le cele point: ce ne ſeroit pas bien fait
à toy d'enſeuelir vn ſecret vtile à la Republique.

Practique.

A la verité ie promis par mon liure que tu dis,
de chercher de la Marne au pays de Xaintóge, par
ce que pour lors i'eſtois habitant audit pays & y
penſois finir mes iours, & par ce que audit pays
n'eſt aucune nouuelle de ladite Marne, & que i'en
auois veu au pays d'Armaignac, i'euſſe eſté bien
aiſe de laiſſer quelque proufit ou faire quelque ſeruice au pays de mon habitation: & pour ces cauſes
me ſuis efforcé d'auoir ample connoiſſance de ladite terre: toutesfois quand elle ſeroit autant con-
neüe ou commune aux autres pays comme elle eſt
en la Brye & Champagne ie n'en daignerois parler: par ce que les laboureurs qui la mettent en euure ne ſe ſoucient point d'entendre la cauſe pourquoy elle rend la terre fertille : & combien que la
cauſe ne requiert point eſtre entendue de tous, ſi
eſt ce que les medecins & tous phyſiciens, philoſophes & naturaliſtes, pourront beaucoup proufiter à la lecture des cauſes & raiſons que ie te diray
en

en continuant noſtre propos.

Theorique.

Ie te prie en premier lieu entendre de toy que c'eſt que Marne. *Practique.*

La Marne eſt communement vne terre blanche que l'on tire au deſſouz de l'autre terre, & communement l'on fait les foſſes pour la tirer en telle formé que l'on fait les puits à tirer les eaux, & au pays ou laditte terre eſt en vſage on la boute dens les champs ſteriles, en la forme & maniere que lon boute les fumiers, premierement par petites pilles, & puis il la faut dilater par les champs, cóme l'on fait les fumiers, & quand les terres ſteriles ſont fumez de ladite terre c'eſt aſſez pour dix ou douze annees : aucuns diſent qu'en diuerſes contrées il n'y faut plus rien mettre de trente années. aucunes deſdites marnes ſe cómencent a trouuer des l'entrée de la foſſe, & pourſuyuent la profondeur vn nombre de toiſes de profond. En d'autre lieux & contrees il faut creuſer plus de quatre ou cinq toiſes de profond au parauant que trouuer le commencement de la Marne. Voila ce que i'ay peu tirer de ceux qui vſent communement de la Marne. Toutesfois i'ay entendu de quelque perſonnage que la Marne ne prouſite de gueres aux champs la premiere année qu'elle y eſt miſe, ce que ie trouue fort eſtrange.

Theorique.

Pourquoy eſt ce que tu trouues eſtrange de ce qu'ils

qu'ils difent que la première année que la terre fera marnée elle ne produira rien, fi tu auois confideré la caufe qui peut actionner la vegetation des
fruits tu ne trouuerois eftrange vne telle raifon:
car il n'y à homme en ce monde qui me fçeut faire acroire que la marne puiffe aider à la generatió,
finon pour caufe de la chaleur qui eft en elle: comme nous voyons que nulle chofe ne peut vegeter
en hyuer, & nulle femence ne germeroit iamais
n'eftoit la chaleur procedée d'en haut par la vertu
du foleil: combien que le foleil caufe la vegetation
de toutes chofes fi eft ce que quád il eft trop chaut
il defeiche l'humidité, & les vegetatifs ne peuuent prendre accroiffement:le foleil donc eft la vie
& quand il eft trop vehement eft auffi la mort: en
cas pareil la marne eft caufe de generation germinatiue ou vegetatiue des plantes, pour caufe de la
chaleur: mais quand elle eft nouuellement tirée il
faut croire que fa chaleur eft fi grande qu'elle brule les femences. Voila pourquoy la generation
des femences qui feront iettez en la terre la premiere année ne peut croiftre.

Practique.

A la verité ta raifon eft fort grande & fort aifée à faire croire à ceux qui n'ont gueres de fen-
timent des chofes naturelles:mais en mon endroit
vn tel argument ne trouuera iamais lieu.

Theorique.

Ie t'en bailleray à prefent vn autre contre lequel
tu ne

tu ne pouras oppoſer aucun argument legitime,&
quand tu voudrois contredire, le moindre laboureur des Ardennes te rédra confus. Il faut neceſſairemét que tu me confeſſes que la pierre cuite dedés les fournaiſes ardantes, ſoit reduitte en pouſſiere par la vehemence du feu, & que l'humidité
deſdites pierres s'eſtant exalée il n'y demeure plus
que le terreſtre rempli d'vne vertu ignee, & pour
ces cauſes l'on l'appelle chaux: par ce qu'elle eſt
chaude, voire ſi chaude qu'il eſt aduenu pluſieurs
fois que ayant apporté deſdites pierres dens des
maiſons,ſur de la paille, leſdittes maiſons ont eſté
bruſlées par le mouuement de certaines gouttieres d'eaux qui ſont cheutes en temps de pluye ſur
ladite chaux:& tout ainſi que les pierres de ladite
chaux ſont diſſoutes par l'humidité qui leur eſt
preſentée quand elles ſont tirées du four,ſembla-
blement en cas pareil les pierres de marne eſtant
tirees de la foſſe ſe viennent a diſſoudre & mettre en pouciere comme les pierres de chaux. I'ay
encores vn bel argument &preuue ſuffiſante pour-
conclure ce q́ i'ay dit, qui eſt que d'autant que les
terres circonuoiſines des bois des Ardennes,ſont
froides à cauſe des neiges & froidures dudit pays,
les laboureurs de certaines contrées ayant indigence de fiens ſe ſont aduiſez de fumer les terres
de chaux,en cas pareil & forme que l'on à couſtume de les engreſſer de fumiers : & par tel moyen
ils ont rendu les terres fertilles, qui ne produy-
                                        ſoyent

foyét rien au parauant, puis que la chaux cauſe vn
tel bien par ſa chaleur (comme ainſi ſoit que les
laboureurs diſent que la chaux eſchauffe les terres, & fait germer les ſemences) puis-ie pas donc
par là conclure que la marne ne peut de rien ſeruir aux champs ſinon pour cauſe de ſa chaleur?

Pra𝔱ique.

Les raiſons qui ſont bonnes, comme celle que
tu dis ſerōt touſiours receüe pour bónes moyé-
nāt qu'il n'y en ait point de meilleure ꝗ les tiénes:
& cóbien que tes argumẽts ayent grande apparẽ-
ce de verité, ſi eſt ce ꝗ ie te vay bailler des raiſons
plus veritables que les tiennes, & premierement
quant à ce que tu dis que la terre de marne ſe diſſoult a l'humidité cóme la chaux, a ce ie reſponds
qu'ainſi font toutes terres, quand elles ſont ſei-
ches,& ſingulierement toutes terres argileuſes:&
quand a l'autre raiſon que tu pourois alleguer,
que la marne eſt auſſi blanche comme la chaux,
a ce ie reſponds qu'il y a de la marne griſe, noire,
iaune, par leſquelles couleurs ie prouue l'argumẽt
obiectable.　　*Theorique.*

Ie ne ſçay quel obieĉt tu ſçaurois alleguer contre mon dire:car nous ſçauons que la cauſe que le
fumier aide a la vegetation des ſemences,eſt pour
cauſe de ſa chaleur, & ſi ainſi eſt du fumier, il eſt
ſemblable a la marne & a la chaux.

Pra𝔱ique.

Tu veux donc dire & conclure que le fumier
eſt

eſt chaut

Theorique.

Et me voudrois tu nier vne choſe ſi euidente?
ne ſçauons nous pas que l'on fait conſommer &
reduire les lames de plomb en ceruſe dedens les
fumiers, a cauſe de la grande chaleur? ne ſçait-on
pas bien que pluſieurs teintures de ſoye ſe font
dedés les fumiers chaux? ne ſçait on pas bien que
pluſieurs alchimiſtes ſe ſeruent de fumiers chaux,
pour mettre couuer les œufs de leurs eſſence? il
n'y a pas iuſques aux pourceaux qui ne rendent
teſmoignage de la chaleur des fumiers : car bien
ſouuét les fumiers leur ſeruent de poilles ou eſtu-
ues pour s'eſchauffer.

Practique.

Tout cela eſt fort mal entendu, & ne fait rien
contre moy, nous ſçauons bien que quand le foin
& la paille ſont humectez par les eaux, ils ſe putri-
fient & en ſe putrifiant la putrefaction cauſe vne
grande chaleur és pailles & foins, iuſques a ce que
la diſſolution de l'eſſence radicalle ſoit accomplie,
& ce fait le fumier n'a plus de chaleur. nous ſçauons auſſi que les pierres de chaux cuites, engendrent vn feu, lequel feu dure en elle iuſques a ce
qu'elle ſe ſoit creuée & pulueriſée, & apres la chaleur n'y eſt plus. nous ſçauons auſſi que l'eau bouil
lante eſt chaude tandis qu'elle eſt eſmeüe ou touchée par le feu, mais apres eſtant repoſée hors du
feu elle eſt plus ſubiette a la gelée que nonpas leau
qui

qui n'aura point chauffé. Nous sçauons aussi que
vne playe ou concussion, qui par accident auenu
engédrera apostume à la partie offensée, sera plus
chaude que de coustume, à cause de l'accident &
de la putrefaction qui se fait, comme ie t'ay dit de
la paille & foin, qui s'echauffe par accident de
putrefactió, & non que la chaleur y soit tousiours.
nous sçauons aussi que deux cailloux ou autres
matieres dures engendreront (quand elles seront
frapees l'vne contre l'autre) des buettes ou estincelles de feu : ce n'est pas pourtant à dire que les
cailloux soyent chauts : mais c'est ce que ie di, que
les accidens engendrent des chaleurs extraordi-
naires : parquoy faut conclure qu'il y à quelque
cause autre qui fait germer les semences. quand
j'ay contemplé de bien pres la terre appellée Marne, i'ay trouué que ce n'estoit autre chose que vne
sorte de terre argileuse, & si ainsi est, c'est le contraire des raisons que tu as amenées : car nous te-
nons pour certain que la terre argileuse est froide
& seiche, comme tu peux auoir entendu en parlant des metaux & minereaux, en te prouuant que
en plusieurs terres argileuses se trouuent des marcasites, mesme du bois metalisé & petrifié. & si
la terre de marne estoit chaude, la terre d'argille le
seroit aussi, & tout ce que i'aurois escrit en parlát
des terres, pierres & metaux, seroit faux. Faut com-
mencer donc par ce bout & en fin conclure que la
terre de marne est vne espece d'argile, laquelle ay-

ant

nt demeuré plusieurs années à l'iniure du temps,
elle se seroit refroidie ou gelée voire des la premiere gelée : & ores qu'elle auroit esté chaude en
la matrice de la terre elle ne pouroit seruir à eschauffer la terre vne seule année. autant en di-ie du
fumier & de la chaux. Il est aisé à conclure puis que
la terre est ameilleurée par la marne l'espace de dix
ou trente ans, que cela n'est pas causé de chaleur
qui soit en elle : car en tirant ladite marne en plusieurs lieux, il s'en trouue qui ne se peut dissoudre
à l'iniure du temps, ny par les pluyes, iusques à ce
que la gelée y ayant besongné, laquelle gelée trouuant les pierres de marne dures comme craye, les
fera dissoudre & reduire en pousiere, comme ainsi
soit que cela auienne souuent és pierres tendres,
lesquelles pierres on appelle iolices, desquelles i'ay
parlé cy dessus, & pour faire fin à toutes disputes,
ie te dis que la marne estoit vne terre au parauant
qu'estant marne, est terre argileuse & commencement de pierre de craye à esté premierement
marne, & te di encores, que la craye qui est encores en la matrice de la terre deuiendra pierre blanche, & te dis encores autre chose qui te fachera
plus de croire, qu'en quelꝗ part qu'il y ait des pierres suiettes à calcination, elles ont esté marne au
parauant qu'estre pierres : car autrement estans
calcinees elles ne pouroyent meilleurer les cháps
steriles. *Theorique.*

Ie ne vis iamais homme plus opiniatre en ses
opini-

opinions que toy, cuides tu trouuer des hommes
ſi fols qui veulent croire les propos que tu as mis
en auant? tu en trouueras bon nombre qui s'en
mocqueront, & t'eſtimerôt deſtitué de toute raiſon: de ma part ie me ſuis dëliberé de ne rien croire de ce que tu dis ſi tu ne me dônes preuues aiſé-
es & intelligibles, par leſquelles tu me face croire
qu'il y à quelque cauſe qui ayde à la vegetatiô des
ſemences, autre que la chaleur qui eſt en la chaux,
Marne & fumiers. car comme ie t'ay dit, puis que
la Marne ne proufite gueres aux châps la premiere année, c'eſt ſigne côme i'ay dit que la trop grâd
chaleur qui eſt en elle empeſche ſon action.

Practique.

Tu t'abuſes & n'entens pas ce que tu dis, car ce
n'eſt pas vne choſe ordinaire n'y en tous lieux que
la marne fait mieux ſon deuoir la ſeconde année
& autres ſuyuantes ḡ la premiere: mais en ceſt endroit il te faut noter vn point ſingulier & de grand
pois, lequel tu peux auoir entendu par le propos
ſubſequent, qui eſt que la Marne ſe reduit en craye
ou autre pierre par vne longue decoctiô, & quand
vne marne commence à paſſer ſa decoction, elle
s'endurcit en telle ſorte que les pluyes ne la peuuent diſoudre au deuoir requis, ains demeure aux
champs par petits morceaux ſans ſe liquifier parmi la terre & aduient par ces cauſes, qu'elle ne
peut donner ſaueur en la terre iuſques à ce qu'elle
ſoit diſoute & liquifiée, & d'autant que cela ne ſe
peut

Peut faire si soudain de la premiere année, les gelées auront causé quelque téps apres la dissolution
de ladite marne, qui est ia commencée à putrifier,
& estant ainsi disoute & liquifiée, elle aidera à la
generation & germination des semences qui luy
seront presentées. Voila vn point que tu dois tenir
& garder comme chose certaine : cela est fort aisé
à connoistre au pays de Valois, Brie & Champagne, auquel pays se trouue de ladite marne abon-
dammět, & encores plus abondáment de la craye,
qui autrefois à esté marne & s'est reduite en pierre de craye par sa longue decoction. tu peux auoir
entendu vne partie de ces raisons en mon traité
des pierres.

Theorique.

Et ie te demande, si ainsi est que tu dis que la
terre de craye estoit premieremét marne, la craye
pouroit donc seruir de marne moyennant qu'elle fut bien puluerisée. car s'il est ainsi que tu dis la
mesme vertu qui estoit en la marne est encores en
la craye.   ### Practique.

Tu as fort bien iuge, mais la craye estant lapifiée
ne se pouroit dissoudre, & ce ne seroit pas assez de
la mettre en poussiere, aussi qu'elle cousteroit
trop à puluerifer, & pour vray si les gelées la pouuoyent dissoudre elle seruiroit de marne : & pour
le tesmoignage de ce que ie dis, ie te renuoiray à
ce que i'ay dit cy dessus, que la pierre de chaux
estant dissoute par le feu sert de marner ou fu-
V   mer

mer les terres. voudrois tu vn plus beau tesmoignage, il te faut encores passer outre & regarder à
la cause de la difference des couleurs, qui sont aux
marnes. La cause des marnes blanches, procede de
sa lōgue decoction, quand est des noires, il y peut
auoir plusieurs causes, dont la principale est, qu'il
n'y a pas long téps que les matieres sont cōmen-
cées à congeler, & telle marne sont de plus aisée
dissolution: ils peuuent aussi auoir de quelque bois
pourry ou mineralles qui peuuent auoir taint en
noir les matieres. Quant est des iaunes, les mines
de fer, de plomb, d'argent & d'antimoine, tous
ces mineraux peuuent teindre les marnes en iaune: voila pourquoy il s'en trouue de couleurs diuerses.   *Theorique.*

Et puis que tu dis que la chaleur de la marne,
des fumiers, & de la chaux, n'est pas la cause
actionale des vegetations seminales, donne moy
donc à entendre par quelle vertu la marne pourroit actionner ces terres infertilles.

            Practique.

Quand ie t'ay dit qu'il ne falloit pas attribuer à
la chaleur de la marne la vertu generatiue, ie n'ay
pas voulu pour cela destituer totalement la marne de chaleur: mais i'ay voulu par là destruire la
folle opinion de ceux qui veulent attribuer le total à la chaleur: ie dis le total interieurement & ex-
terieurement. l'on sçait bien que le sel est chaut interieurement; & pour ces causes l'on dit qu'il aide
                     à la

a la generation genitale: & toutefois en temps de
froidures tu trouueras le fel autant froid que de
l'eau ou des pierres, il faut conclure donc, que fa
chaleur ne peut actionner fi elle n'eft efmue par
vne côtre chaleur, fçauoir eft en ce qui confifte le
fait feminal, il faut donc philofopher plus loing &
regarder a la caufe effentiele, efmouuáte & oppe-
rante en ce fait icy, & l'on trouuera quelque chofe
de caché que les hommes ne peuuent entendre.

Theorique.

Ie te prie fi tu en as quelque connoiffance ne
me faits point languir, mais donne moy clairement a entendre ce que tu en penfes.

Parctique.

Si tu euffes amplement ouuert les aureilles
quand tu lifois le fubfequent de ce liure, tu euffes
aifément entendu ce qui en eft: car ie t'ay dit cy
deuant qu'il y auoit vn element cinqiefme, lequel les philofophes n'ont iamais conneu, & ce
cinqiefme element, eft vne eau generatiue, claire ou candile, fubtile, entremeflée parmy les autres eaux indiftinguibles, laquelle eau eftant ap-
portée auec les eaux communes, elle s'endurcift &
fe congele auec elles les chofes qui y font entremeflées, & tout ainfi que les eaux cômunes mon-
tent en haut par l'attraction du foleil, foit que ce
foit par nuées, exalations ou vapeurs, fi eft-ce que
l'eau feconde laquelle i'appelle element cinqiefme, eft portée auec les autres: & quand les

V 2 eaux

eaux cõmunes viennent à deſcendre & decouler le
long des valées ſoit par fleuues, riuieres ou ſources, ou par pluyes, ie dis qu'en quelque ſorte qu'elles deſcendent en quelque part qu'elle s'arreſtent,
il ſe forme quelque choſe & ſingulierement par
tel moyen les cailloux & pierres & carrieres ſont
formées, choſe bien certaine comme tu peux a-
uoir bien entédu en liſant mon diſcours des pierres: or venons à preſent au principal, voyons comment cela ſe peut faire apres que tu auras bien entendu qu'il y a vne eau generatiue & l'autre exalatiue , & comme tu pouras aiſément entendre que
leau congelatiue eſt generatiue, laquelle i'appelle
le cinqieſme element , que quand elle eſt remuée
par l'eau connue en quelque receptacle , ou lieu de
repos, elle eſtant en tel repos ſe viendra à congeler
& fera quelque pierre ſelon la groſſeur de la matiere qui y ſera arreſtée, & portera la forme de ſon
giſte, & apres qu'elle ſera ainſi congelée l'eau commune quelquefois ſera ſuccé par la terre & deſcen
dra plus bas, ou bien ſera exalée & s'en yra en vapeurs és nuées & laiſſera là ſa compagne, parce
qu'elle ne la poura plus porter. Voila vne ſenten-
ce qui te doit faire entendre qu'au parauant que la
marne fut marne, c'eſtoit de la terre dedens laquelle les deux eaux ſont entrées & ont repoſé
quelque temps, & eſtant en repos l'eau generatiue ayant trouué ſon repos s'eſt venue à congeler
& la vaporatiue a paſſé outre, ou bien s'eſt exalée
comme

comme i'ay dit cy deſſus, & la terre ou l'eau congelatiue s'eſt arreſtée & à eſté endurcie & conſequamment blanchie par l'effect de ladite eau congelatiue, qui a fait vng corps auec elle, & de la vient que quand la terre eſt reduitte en marne par l'action de l'eau generatiue, la terre qui l'oſt eſt portée aux champs & qui s'appelle marne ce n'eſt pas cela qui rend la terre fructueuſe, ains eſt l'eau congelatiue qui s'eſt arreſtée parmy la terre : laquelle eau eſtant arreſtée a cauſe comme i'ay dit, endurcit & blachit la terre, & quand les ſemences ſont iettées ſus la terre conuertie en marne, elles ne prennent pas la ſubſtance de la terre pour aider a leurs vegetatió, ains ſe repaiſſent de l'eau generatiue & congelatiue, que i'appelle le cinqieſme elemét, & quant les ſemences par l'eſpace de pluſieurs années ont attiré l'eau generatiue, la terre de marne eſt inutile comme le marcq de quelque decoction qui auroit eſté faite, autant eſt il du fumier & de la chaux.

Theorique.

Tu voudrois donc conclure que les ſemences vegetatiues ſucceroyent ce cinqieſme element que tu appelles eau generatiue, comme vn homme qui ſucceroit de l'eau ou du vin par le trou d'vne bonde, & laiſſeroit la lie faire ſon marcq au fond du tonneau.

Practique.

Tu dis vray & n'en faut rien douter, mais faut

V 3   entrer

entrer en confideration plus fubtile, car les feméces vegetatiuès ne pouroyent faire attraction de
l'eau generatiue, fans qu'elle fut humectée par les
eaux communes, & te faut noter que quand les
terres font humectées par les pluyes ou rofée, ou
autrement que les vegetatifs prenent de l'eau cômune auec la congelatiue, laquelle eau commune
luy empefche la trop hatiue congelation, & de la
vient que les froumêts & autres femences fe tiennent verds iufque à leur maturité, & quád ils font
meurs & que le pied laiffe fon fuccement & qu'il
n'a plus que faire de nourriture, l'eau exalatiue s'é
va & la generatiue demeure: & comme la decoction des plantes fe parfait, la couleur auffi change,
comme il fait femblablement és pierres & à toutes efpeces de mineraux, comme ie t'ay dit en mes
autres traitez parlant des mineraux, que toute efpece de fruits changent de couleur en leur maturité, fuyuant quoy ie t'ay toufiours dit en parlant de
l'element cinqiefme, que combien que c'eft vne
eau & parmy les autres eaux que c'eft celuy qui
fouftient pailles & foins, & toutes efpeces d'arbres & plátes, mefme les hommes & les beftes,
& t'ay dit mefme que les os de l'homme & de la
befte, font endurcis & formez de c'efte belle fubftance generatiue, & comme tu vois qu'au commencemét la marne eft vne terre, tendre & fluáte,
& puis de là deuiét en marne plus dures, & de marne en craye, & de craye en pierre, par la vertu de laquelle

quelle eau auſſi les os de l'homme & de la beſte
(qui ſont eſpece de pierre & caſſent quand ils ſont
ſecs comme pierre)iceux di-ie ſont en eau pareille
que deſſus. Premierement fort tendres comme ie
t'ay dit de la marne, & puis deuiennent durs comme pierre quand ils ſont paruenuz à leurs decoction & maturité, & tout ainſi que tu vois que
les pierres ou cailloux qui ſont generez & formez de ceſte eau congelatiue, endurét le feu & ne
ſe peuuent conſommer au feu, ains ſe vitrifient, tu
vois auſſi que c'eſt element generatif duquel ie t'ay
parlé ne peut eſtre conſommé eſtant aux pailles &
au foins, car ſi tu brule de la paille, du foin, ou du
bois, toute l'eau cómune s'en ira en fumée, mais
ceſte eau generatiue qui à ſouſtenu, nourri & a
creu le foin & la paille, demourera aux cendres &
ne poura eſtre conſommée, ains ſe vitrifiera eſtant
és fournaiſes ardátes, deſquelles cendres l'on poura faire du verre qui ſera tranſparent & candide,
comme l'eau generatiue eſtoit au parauant ſa cógelation, & ſi ainſi eſt des cendres des bois, des
pierres qui pour le fait de ceſte ſemence generatiue, ſouffre les effectz du feu, auſſi tu vois ſemblablement qu'il ny à rien qui reſiſte plus au feu que
les os de pluſieurs beſtes, comme tu as veu pluſieurs fois que i'ay fait bruller des os de pieds de
mouton, & quelque grande chaleur qu'il y eut és
fournaiſes, il n'eſt poſſible de les conſommer par
feu, n'y ſemblablement la coquille des œufs qui te

V 4 　　　　doit

doibt faire croire que Dieu à mis vn ordre en nature en telle forte, que les os ont attiré & attirent
ordinairement plus abondamment de ladite eau
generatiue: que non pas les autres parties, & comme i'ay dit autre part, ne faut douter qu'il n'y en
ait vne bonne partie en la prunelle des yeux, & par
ce qu'elle eft humectée & accompagnee de l'eau
exalatiue, cela empefche que ladite prunelle ne fe
petrifie, nous auons les miroirs & lunettes qui
nous rendent tefmoingnage qu'il y à quelque affinité enuers les yeux, les lunettes & les miroirs,
& ne faut croire que nulle chofe peut receuoir po-
licemét n'y feruir de miroir ou lunettes, fi n'eftoit
par la vertu admirable de ce cinqiefme element,
qui lient auec foy les autres matieres, & réd dures,
candides & poliffables par les efforts que le fouuerain luy à ordōnées. Autre preuue, cuide tu que les
poiffons armez qui font en la mer & és eftans &
riuieres douces, n'ayent quelque connoiffance de
l'eflement fufdit? & comment pouroyent ils former leurs coquilles au milieu des eaux & que la
coquille fe vient à endurcir & defecher au milieu
de l'vmidité s'il ne fçauoit choifir la matiere congelatiue au meilleur des eaux? tu fçais bié que ces
grands poupres & bufines ont leurs coquilles autant dures ou plus que pierre, & toutesfois la matiere eftoit liquide & à nous inconnue au parauāt
que le poiffon eut formé fa maifon. Il faut pour
conclufion venir à ce point comme ie prouue au

traité

traité des metaux, que le criſtal eſt formé de ladite
eau generatiue au meillieu des eaux communes,
que ladite ſeméce, ou eau generatiue n'eſt pas ſeu-
lemēt pour ſeruir à la generatiō des pierres, mais
auſſi eſt ſubſtance & generation de toutes choſes
animées & vegetatiues, ſelon le cours humain, en
enſuyuant l'ordre & vertu admirable que Dieu à
commandé à nature. Tu as entendu ci deuant qu'il
n'y à nulle eſpece de pierre qui ne ſoit candide en
ſa forme principale, & celles qui ſont tenebreuſes,
ne le ſont que par accident: par ce qu'il y à parmy
la matiere, de la terre, du ſable qui ſe cōgele & endurcit auec la matiere, & de là vient que la matiere
qui au parauant eſtoit candide ſe trouue obſcure,
toutesfois il n'y à pierre ſi obſcure que l'on ne ren-
dit en fin tranſpareñte à force de feu, par ce que
l'element principal duquel i'ay tant parlé rend les
choſes fixes & tranſparentes, comme il eſt tranſparent en ſón eſtre : cela ne ſe peut aiſemēt verifier, ſinō par les practiques, & la theorique ne ſçau
roit aſſeurement parler de ces choſes. Ie t'ay mis
toutes ces preuues en auant afin ſi tu as des terres
infertiles que tu mettes peine de trouuer de la
marne en ton heritrge pour fumer les terres ſteriles, afin qu'elles rendēt abondammēt des fruits
en leur ſaiſon, & en ce faiſant tu feras vn bon pere
de famille, & comme lumiere entre les pareſſeux,
tu feruiras de bon exemple & les voiſins mettront
peine de ſuyure tes traces.

Theori-

Theorique.

Ie te prie me faire ce bien de m'apprendre le moyen de connoistre la marne que tu dis: car si ie sçauoy le moyen de la connoistre ie ne faudroy de m'employer de toute mes forces, iusques à tãt que ie sçeusse s'il seroit possible, d'en pouuoir trouuer en mon heritage.

Practique.

Ie ne cuide pas que ceux qui premierement ont meilleuré les terres par la marne, qu'ils l'ayent fait par vne theorique imaginatiue: mais i'ay bié pésé que ceux qui ont trouué premierement l'inuen-tió, l'oht trouué sans la chercher, cóme plusieurs autres sciences se sont offertes d'elles mesmes, cóme tu peux penser que la moullerie peut auoir esté inuété par les pas d'vn homme qui marcha les pieds nuz sur vn sable fin, ou sur de la terre d'argile, en laquelle terre, ou sable l'on verra euidámment la forme touchée, rides, flaches, bosses & concauités de la forme de tout le pied: cela, di-ie est suffisant pour auoir premierement inuenté la moullerie & l'imprimerie, suyuár quoy, il est aisé à croire que quand la marne à esté premierement connue ç'à esté par le moyen de quelque fosse ou tranchée, comme ainsi soit qu' en iettant les vuidanges du profond des fosses au dessus du champ circonuoi-sin, l'on à trouué que le bled qui estoit semé audit champ, estoit plus gaillart & espoix à l'endroit ou les vuidanges des fossez auoyét esté iettees, quoy

voyant

voyant les proprietaires du champ peuuent auoir
prins l'annee fuyuâte de la terre dudit foſſé & l'ayant eſpandue par toutes les parties du châp, ils ont
trouué q̃ ladite marne eſtoit autant bône & meilleure q̃ fumier. La premiere inuentiô d'auoir trouué la marne, peut auoir auſſi eſté trouué en creuſât
les puits pour chercher de l'eau, & en quelq̃ lieu eſt
aduenu qu'ayant creuſé vn puits bien profond
l'on a ietté les vuidages & eſpandu par toute la ter
re circôuoiſine de la foſſe dudit puits, & apres que
le châp a eſté labouré & femé, ou l'on a trouué ce
qu'ô ne cherchoit pas, qui eſt que les feméces iettées és parties du champ couuert des vidanges du
puits, ſe ſont trouuées eſpoiſſes, belles & gaillardes. Voila deux effets qui ont peu aduertir les premiers qui ont vſé de la marne, & t'oſe dire & aſſeu
rer que l'vn & l'autre ſont veritables, & peuuent
encores feruir comme d'inuention aux lieux auſquels la marne ne fut onques vſitée, & te dôneray
vn argument inuincible, qui eſt que quelquefois
la marne ſe treuue des le commécement ou, bien
pres de la ſuperficie de la terre, & deſcédant touſiours en bas, tirant vers le centre, autre marne ne
ſe peut trouuer que premierement l'on n'aye fait
vne foſſe de quinze ou vingt pieds ; quelquefois
plus de vingcinq, & ayant trouué le commencement de ladite marne, il la faut tirer comme ſi on
tiroit l'eau d'vn puits auec grand labeur, voila
pourquoy ie t'ay dit & aſſeuré qu'ayant trouué la
                                        marne

marne par cas fortuit en creuſant les puits & foſſes, que depuis l'inuention eſtant trouuée l'on a
cherché apres ſi auant és pays où elle eſt vſitée &
conneue. Il faut donc conclure que la marne ne ſe
peut apprendre a trouuer par theorique non plus
que les eaux cachées ſans ſource , & que tout ainſi
que les terres argileuſes ſe trouuent quelquesfois
pres la ſuperficie & quelquesfois les faut chercher
profond, ſemblablement la terre de marne ſe trouue comme ie t'ay dit cy deſſus. Si tu veux donc
trouuer de la marne ie te conſeilleray retenir l'exemple d'vn bon pere de famille normand, lequel
habitant à vne paroiſſe de normandie, qui prenoit
grand peine a cultiuer ſes terres, & ce neantmoins
il eſtoit contraint toutes les années d'aller acheter
du bled hors de la paroiſſe : car toute ladite paroiſſe eſtoit infertille , & ne ſe trouuoit nul qui
cueilliſt du bled pour ſa prouiſion, & quand il venoit vne cherté , & que les hommes de ladite paroiſſe alloyent acheter du bled en la prochaine
ville, les autres paroiſſes les maudiſſyoent, diſans
qu'ils eſtoyent cauſe d'encherir le bled. Il aduint
que ce bon pere de famille que ie t'ay dit au commencement s'auança quelque iour de prendre
ſon chapeau plein d'vne terre blanche qu'il trouua dedens vne foſſe, & la porta en quelque endroit
d'vn champ qu'il auoit ſemé, & marqua l'endroit
ou il auoit mis ladite terre, & quand les ſemences
furent accreües il trouua que le bled eſtoit eſpoix

vert

vert & gailliard fans comparaifon plus qu'en nulle autre partie du champ : quoy voyant le bon
homme fuma l'année fuyuante tous fes champs
de ladite terre, lefquels apporterent des fruits a-
bondamment, & apres que fes voifins & tous
les habitans de ladite paroiffe furét aduertiz d'vn
tel fait, ils firent diligence de trouuer de ladite ter
re de marne, & en ayant fumé leurs champs ils re-
cueillirent plus abondemment des fruits que nulle de autres paroiffes. voila le moyen de chercher
de la marne le plus affeuré que ie fçaurois penfer,
& pour mieux te donner le moyen de la chercher
& cônoiftre ie te veux amplement donner à connoiftre, que la marne n'eft autre chofe qu'vne terre
repofée vn bien long temps , laquelle a efté toufiours humectée par les eaux qui ont efte retenues
en icelle, tellemét q̃ toutes les chofes petrifiables
qui eftoyent en elles fe font reduites en terrefine:
laquelle terre eftant purifiée de toute ordure co-
ruptible elle a retenu en elle l'vne des deux eaux,
fçauoir eft la congelatiue, & icelle eaux congelatiue ayant fait vn corps auec ladite terre , la terre
s'eft par ce moyen endurcie: non fi fort que la pierre, combien que ce foit vn commencement de
pierre: mais d'autant qu'elle a efté tirée de fa miniere au parauát fa perfaitte decoction , elle fe diffout en la defcente des pluyes & des gelées, apres
qu'elle eft tirée du lieu de fa formation: & d'autát
qu'elle eft pierre imperfaite, elle laiffe l'eau qui l'a
uoit

uoit congelée au lieu ou elle est dissoute & brisée,
& l'eau qui la soustenoit est liquifiée dedens le
champ & ramassée, succée & recuillie par les semences qui y sont iettées, comme ie t'ay dit cy
dessus: mais d'autant que ce propos est de grand
poix i'ay voulu repeter vne mesme chose auec
exemple plus intelligible, qui est (pour mieux te le
faire entendre) qu'vn lart ou la chair d'vn porc, ne
perdra pas sa forme pour estre salée, & quand elle
est dessalée elle demeure encore en sa forme, cōme tu vois ordinairement, que dedens vn pot il y
poura auoir plusieurs pieces de chairs fresches,
parmi lesquelles & au dedens du pot il y aura vne piece de lard, laquelle donnera saueur à toutes les autres qui seront de chair fraische, aussi que
tout le bouillon du pot sera sallé pour le sel qui e-
stoit dedens le lard, toutesfois le lard demeurera
en sa forme. Les distilateurs tireront de la canelle
la saueur, la senteur & la vertu; sans oster la forme
de la canelle : aussi tu peux connoistre par là, que
tout ainsi comme le lard n'a pas sallé leau du pot
par sa vertu, ains pour cause du sel ou il auoit re-
posé, lequel sel à esté extrait du lard par la vertu de
l'eau sans oster la forme du lard: aussi les semences
tirent à soy la vertu salsitiue de la marne, qui est
ceste eau generatiue, & quand toute la vertu salsitiue à esté attirée par les semences, la marne n'est
rien plus qu'vne terre infertile comme l'escorce
de la canelle, apres que l'essence en à esté tirée. Ie
tediray

té diray encores vn secret qui eſt que iamais le ſel
ne pouroit conſeruer la chair de porc, n'y la côuer-
tir en lard, n'y conſequemment les autres chairs, ſi
premierement le ſel n'eſtoit diſſout, & ſi le ſel ne
faiſoit que toucher a l'encontre ſans ſe liquifier, il
ne pouroit entrer au dedens n'y empeſcher la putrefaction. Voila pourquoy tu peux entendre que
la marne qui eſt ià commencee à petrifier, ſi elle
n'eſt premierement diſſoute parmi le champ, les
ſemences n'en pouroyent rien tirer, non plus que
feroit vne chair d'vn ſel qui ne ſe pouroit diſſoudre ou liquifier. Ie m'efforce tant que ie puis de
te faire entendre qu'il n'y a pierre, que ſi elle ſe
pouuoit diſſoudre à la cheutte des pluyes ou gelées qu'elle ne ſeruit de fumier aux champs: par ce
que toutes pierres ſont formees, ſouſtenues & endurcies par le meſme element cinqieſme, lequel
acompaigne toutes choſes depuis le commencement iuſques a la fin, & faut que pluſieurs choſes
ne craignent n'y le feu, n'y l'eau, n'y aucune iniure
du temps, teſmoings les terres argilleuſes leſquelles ont eſté cauſees de ſon action, & demeurent
dedens les eaux ſans aucun dômage, & eſtant formees en vaiſſeaux ou en briques, elles endurent le
feu des fournaiſes, & meſmes les fournaiſes en
ſont conſtruites.

Theorique.

Tu m'as dit ci deſſus beaucoup de raiſons, neât-
moins ie ne ſuis pas ſatisfait touchant le moyen le
plus

plus expedient pour trouuer promptement de ladite terre de marne.

Practique.

Ie ne te puis donner moyen plus expedient que
celuy que ie voudrois prendre pour moy : si i'en
voulois trouuer en quelque prouince ou l'inuention ne fut encore connue, ie voudrois chercher
toutes les terrieres desquelles les potiers, briquetiers & tuilliers, se seruent en leurs œuures, & de
chascune terriere i'en voudrois fumer vne portion
de mon champ pour voir si la terre seroit ameilleurée, puis ie voudrois auoir vne tariere bien longue, laquelle tariere auroit au bout de derriere vne
douille creuse, en laquelle ie planterois vn baston,
auquel y auroit par l'autre bout vn mâche au trauers en forme de tarriere, & ce fait, i'irois par tous
les fossez de mon heritage, ausquels ie planterois
ma tariere iusques à la longueur de tout le mâche,
& l'ayant tiré dehors du trou, ie regarderois dens
la concauité, de quelle sorte de terre elle auroit apporté, & l'ayant nettoyee i'otterois le premier
manche & en metterois vn beaucoup plus long &
remetterois la tariere dedens le trou que i'aurois
fait premierement, & percerois la terre plus profond, par le moyen du second manche, & par tel
moyen ayant plusieurs manches de diuerses lon-
gueurs, l'ô pourroit sçauoir qu'elles sont les terres
profondes, & non seulement voudroy-ie fouiller
dedens les fossez de mes heritages, mais aussi par
toute

toute les parties de mes champs, iusques à ce que
i'eusse apporté au bout de ma tariere quelque tefmoignage de ladite marne, & ayant trouué quelque apparence, lors ie voudrois faire en iceluy endroit vne fosse telle comme qui voudroit faire vn
puits.

Theorique.

Voire mais s'il y auoit du rocq au defoubs de tes
terres, comme l'on voit en plufieurs contrées, que
toutes les terres font foncées de rochers?

Practique.

A la verité cela feroit facheux, toutesfois en
plufieurs lieux les pierres font fort tendres & fingulierement quand elles font encores en la terre:
parquoy me femble que vne tariere torciere les
perceroit aifément, & apres la torciere on pouroit mettre l'autre tariere, & par tel moyen, on
pouroit trouuer des terres de marne, voire des
eaux pour faire puits, laquelle bien fouuent pouroit monter plus haut que le lieu ou la pointe
de ta tariere les aura trouuées: & cela fe poura faire moyennant qu'elles viennent de plus haut que
le fond du trou que tu auras fait.

Theorique.

Ie trouue fort eftrange de ce que tu dis que fi le
rocq m'épefche de percer la terre, qu'il faut auffi
percer le rocq, & fi c'eft du rocq que ay-ie q faire
de le percer, veu que ie cherche de la marne?

X   Practi-

Practique.

Tu as mal entendu, car nous sçauons qu'en plusieurs lieux les terres sont faites par diuers bans, & en les sossoyant on trouue quelque fois vn ban de terre, vn autre de sable, vn autre de pierre, & vn autre de terre argilleuse : & cómunement les terres sont ainsi faittes par bans distinguez. Ie ne te donneray qu'vn exempe pour te seruir de tout ce que ie t'en sçaurois iamais dire regarde les minieres des terres argileuses qui sont pres de Paris, entre le bourgade d'Auteuil & de Chaliot, & tu verras que pour trouuer la terre d'argile, il faut premierement oster vne grande espesseur de terre, vne autre espesseur de grauier, & puis apres on trouue vne autre espesseur de rocq, & au dessouz dudit rocq, l'on trouue vne grande espesseur de terre d'argille, de laquelle l'on fait toute la tuille de Paris & lieux circonuoisins. ce n'est pas en ce lieu seulemét qu'il conuient prendre la terre d'argille au dessouz des rochers : mais en plusieurs autres lieux. Si tu as bien retenu le discours du traité des pierres, tu à peu entendre que la terre d'argille estant venue en sa perfection, elle à serui de receptacle pour retenir les eaux congelatiues, qui ont causé le rocq qui est au dessus.

Theorique.

Nous parlons de trouuer la marne & tu me parles de la terre d'argile : il me semble que cela vient mal à propos. *Practique.*

Tu

Tu l'entens fort mal, ie t'ay dit cy deſſus que
l'eau congelatiue n'a pas ſeulement operé en la
terre pour la reduire en marne, ains à auſſi operé
en la terre d'argile & és pierres & bois, voire en
toutes choſes generatiues, voire iuſques és choſes animées: cuides tu que la ſeméce generatiue du
genre humain & brutal, ſoit vne eau cómune &
exaltiue? Ie t'oſe dire que tout ainſi cóme la ſeméce humaine apporte en ſoy les os, la chair, & toutes les parties diſtinctes de la forme humaine,
auſſi en la ſemence vegetatiue ſont comprins les
troncs, les branches, les feuilles, les fleurs, & les
fruits : les vertus, les couleurs, les ſenteurs, &
tout cela par vn ordre que l'admirable prouidence
de Dieu à commandé, & ne faut que tu trouues
eſtrange que ie t'allegue les exemples de la terre
argileuſe, pour te ſeruir en la marne : car depuis
quelque temps i'ay paſſé par le pays de Valois &
Champagne, ou i'ay veu pluſieurs champs ornez
de pluſieurs piles de marne, arangees en la forme
de pilots de fumier, & comme il pleuuoit ſur ladite marne, qui eſtoit par mottes grandes & petites, i'apperceu qu'elles ſe venoyent à diſſoudre à
la cheutte des pluyes: lors ie prins vne de ces mottes, qui eſtoit ia liquifiées comme paſte, & l'ayant
petrie entre mes mains i'en fis vn nombre de trochiſques, leſquelles ie fis cuire dedens vn grand
feu, & eſtant cuittes, ie trouuay qu'elles s'eſtoyent
endurcies en pareille forme que la terre d'argille:

X 2   lors

lors ie cõneuz que l'vne & l'autre pouuoit faire
vne mesme action, sinon en tous lieux, pour le
moins en quelque contrée.

Theorique.

Voire mais les terres d'argile sont de diuerses
couleurs & plus communement grises, & la marne est blanche:parquoy cela ne se peut accorder.

Practique.

A la verité la marne est communement blanche és pays de Valois, Brye, & Champagne, toutesfois i'ay bon tesmoignage qu'au pays de Flandres & Alemagne, mesme en quelque partie de
la France, il y en à de grise, noire & iaune, comme i'ay dit dés le commencement : parquoy ie te
copseille de ne t'amuser point à la couleur : car la
marne grise ou noire, peut deuenir blanche en
sa decoction;& tout ainsi qu'il y a de la marne blã-
che aussi il y à des terres argileuses blanches.Il me
souuient auoir passé de Partenay allant à Bresuyre
en Poitou, & de Bresuire vers Thouars, mais en
toutes ces contrées, les terres argileuses sont fort
blanches, & consequément les cailloux lesquels
sont en grand nóbre audit pays:qui me fait croire
q̃ les terres argileuses desdits pays pouroyét aussi
seruir de marne, & singulierement celle dequoy
les drapiers foulent & desgressent les draps. mais
voyós aussi que les creusets des orfebures qui sont
apportez du pays d'Anjou,d'aupres de Troye, &
plusieurs autres lieux, sont faits d'vne terre fort
blan

blanche semblable à la marne. En la basse Bourgongne, il y à vn certain village ou l'on tire de la
terre d'argile toute semblable à la marne, & cuide que ce ne soit autre chose : toutesfois elle endure le feu en telle sorte, que tous les verriers de
la plus grande partie des Ardennes, se seruent des
vaisseaux faits de ladite terre, & mesme les verriers d'Anuers qui besongnent de verre de cristal-
lin, sont contrains en enuoyer querir : combié que
l'on la vende bien chere, à cause qu'elle dure long
temps és fournaises ardantes. I'ay veu creuser
vn puits au pays des Ardennes qu'auant trouuer l'eau, il fallut creuser vne bien grande espesseur de terre, & apres la terre, on trouua vn fond
de rocq d'vne grande espesseur, & apres le rocq se
trouua d'vne terre d'argile autát bláche que crayé,
laquelle i'esprouuay, & la trouuay bonne à faire
vaisseaux : toutesfois combien qu'elle n'ait esté
approuué si est-ce que ie croy que c'est vne parfai
te marne. Si mon estat se pouuoit exercer en
peregrinant d'vne part & d'autre, ie pourois donner plusieurs aduertissements de ces choses, qui
seruiroyent beaucoup à la republique : toutesfois
voila vn chemin ouuert : si tu és homme curieux
de ton bien, tu pouras chercher par les moyés que
ie t'ay dit, en cherchant tu trouueras les choses
plus asseurées que ie ne te les sçaurois dire : car on
dit communement qu'il est facile d'adiouter à la
chose inuentée, aussi la science se manifeste à ceux

X 3   qui

qui les cherchent.

Theorique.

Et ne me suffira il pas de chercher la marne au manimét des mains? attendu que la marne est vne terre grasse comme celle d'argille : & puis que la terre d'argille est connue au manimét des mains, car il y a celuy que s'il manie de la terre d'argille destrempée, qu'il ne dit voila vne terre grasse & visqueuse: aussi les Latins disent, que terre d'argile veut dire terre grasse.

Practique.

Tu as fort mal retenu ce que i'en ay escrit au liure des terres: car ie t'ay dit que les Latins & les François abusent du terme, en appellant la terre d'argile terre grasse: car si elle estoit grasse il seroit impossible de la dissoudre par eau n'y par gelée: car toutes gresses & viscosités oleagineuses resistent à leau , & ne peuuent auoir quelque affinité: ains au contraire, la terre d'argille & la terre de marne chassent toutes taches grasses , visqueuses & oleagineuses: & pour ces causes, les foulons les font seruir à degresser les draps.

Theorique.

Ie trouue en quelque endroit de tes propos vne côtrarieté assez côneüe:car tu m'as dit ci deuant,q̃ mesme les rochers estoyent causés de la matiere mesme, qui aide à la generation des semences : & toutesfois i'ay veu des pays q̃ toutes les terres estoyét incrustées de rochers & pierres,& les terres

qui

qui font telles ont bien peu de terre fur le roc, & les femences qui y font ietées, ne peuuent gueres, proufiter, ains les bledz demeurent bas, ayant les efpics bien petits, par ce que la plante ne peut rendre nourriture fur le rocq.

Praƈtique.

N'as tu pas entendu vn propos que ie t'ay dit, que fi le fel ne fe venoit à diffoudre, les lards, poiffons, & toute efpeces de chairs ne pouroyēt eftre fallées, fi le grain du fel demeuroit en fon entier fâs fe difoudre & diminuer? Si le pays qui eft ainfi pierreux eft de telle nature que les pluyes qui tôbent deffus ayent en elles vne fi grande quantité d'eau congelatiue, qui tombant d'en haut, fait vne croutte en augmentant les rochers couuerts d'vn peu de terre, cela ne fait rien côtre mon propos: car ie t'ay dit que depuis que l'eau eft congelée & reduitte en pierre, les femences n'en peuuét tirer aucune liqueur, fi la pierre n'eft premieremēt diffoute: comme ie t'ay dit que la chair ne pouroit rien prendre du fel, finon en tant qu'il fe diffout & diminue. Voila vne conclufion toute certaine.

Theorique.

Si eft ce pourtant que i'ay veu plufieurs forefts és parties montaigneufes, efquelles les arbres font merueilleux en grandeur, combien que la fole d'iceux n'eft que rocq, auec vn bien peu de terre pardeffus la fuperficie des rochers, & les racines defdits arbres font à trauers & parmi les rochers des

mon-

montaignes.

Practique.

Si tu euſſes bien noté ce que ie t'ay dit entre
tant de pierres, tu n'euſſes mis vn tel argumét en
auant: car tu dois entendre que les racines des arbres ne ſçauroyent tranſpercer les rochers. Il te
faut donc croire que les arbres auoyent prins racine au parauant que la terre ou il ſont, fut congelée, & comme les arbres ont prins en leur croiſſance abondammét de l'eau generatiue, ils en ont di-
ſtribue auſſi bien aux feuilles & aux fruits comme
aux branches & comme aux racines: & par ce que
les feuilles & fruits tombét par chacun an deſouz
des arbres, ils ſe viennent à putrifier, & en ſe putrifiant (comme font les herbes des foreſts)
ils rendent en leur putrefaction l'eau cómune &
la generatiue parmy la terre, qui eſt cauſée parmi
des feuilles & fruits:& quelque temps apres par la
vertu du Soleil, l'eau commune ſe vient à exaler, &
la generatiue rend alors en pierre la terre qui à eſté
cauſée des feuilles, fruits, & autres plátes des fo-
reſts:car autrément ce ǵ tu dis ne ſe pouroit faire:
car ſi tu cóſideres la racine des arbres tu trouueras
qu'il n'y à celuy qui n'aye autant de racine que de
branches : car autrement, il ne pouroit endurer le
combat qu'il endure par l'iniure des vents. Et ſi tu
voulois contempler la cauſe pourquoy les arbres
ont les racines ainſi tortues, tu trouueras que la
cauſe n'eſt autre ſinon, que comme les hommes
                                                      cher-

cherchent par les montaignes les chemins & fen-
tiers plus aifez, auffi les racines en leur accroiffement cherchēt les parties de la terre les plus aifées,
plus tendres & moins pierreufes.: & s'il y à quelque pierre au deuant de la racine, elle laiffera la
pierre en fon chemin & fe tournera à dextre, ou à
feneftre : d'autant qu'elle ne pouroit percer les
pierres qui font au chemin.

Theorique.

Et toutesfois les branches des arbres qui n'ont
aucun empefchement en l'air, font auffi tortues &
fourcheües comme les racines : fi eft ce que l'aër
n'eft non plus dur en vn endroit qu'en l'autre.. Il
faut neceffairement quil y aye autre raifon que
celle que tudis.

Practique.

Quant aux racines, ie t'ay dit verité: mais quant
aux branches il y a vne autre caufe, qui eft que les
branches, pouffans l'augmentation des gittes, vne
chacune cherche la liberté de l'aër, & fe dilatent
en s'efloingnant des autres gittes tant qu'ils peuuent, afin d'auoir l'aër à commandemant, & par
vne telle caufe, les gittes fuyans le voifinage l'vne
de l'autre ne peuuent monter directement, ce que
tu peux connoiftre par les noyers, poiriers, &
pommiers, & plufieurs autres efpeces d'arbres,
qu'en leurs premiere croiffance la tige montera
directement en haut iufques a ce que la vertu radicale monte abondammēt, qui luy caufe fe four-

cher

cher, en pouſſant pluſieurs gittes, comme vne eau
desbordée. Ie conſidere ces raiſons en pluſieurs
exemplaires, premierement en ce que i'ay veu les
cheſnes, noyers, chaſtaigniers, & pluſieurs autres eſpeces d'arbres, plantez és lieux champe-
ſtres, entre leſquels ie n'en ay iamais trouué vn,
qui montaſt directement en haut, comme ceux
qui ſont és foreſts entourez d'autres arbres qui
les empeſchét a ſe dilater de part & d'autre. Ie n'ay
iamais auſſi trouué que les arbres des foreſts fuſſent fertiles habondemment, comme ceux des
campagnes, ny auſſi que le fruit d'iceux fut ſauou-
reux en telle ſorte, que ceux qui ont l'aër & le ſoleil a commandement; dont il eſt aiſé a conclure
que les arbres des foreſts qui ſont entourez d'autres arbres, ne pouuant iouïr du ſoleil & de l'aër,
és parties dextre & ſenextre, ſont contrains monter en haut pour chercher l'aër & le ſoleil, lequel
ils deſirent pour leur nourriture & accroiſſement:
& comme ie cherchois la connoiſſance de ces cauſes ie paſſay quelquefois par vne foreſt qui contenoit trois lieües de largeur, & afin de rédre le chemin aiſé, l'on auoit coupé tout au trauers de la foreſt, les arbres d'vne voye, contenant en largeur
huit ou dix toiſes: en paſſant ladite foreſt, i'apperceu que tous les arbres qui eſtoyent a dextre & à
ſenextre de ladite voye, auoyent pouſſé grand
nombre de branches deuers le coſté du chemin, &
deuers la partie de la foreſt, il y en auoit fort peu
                                                            qui

qui me donna certaine connoiſſance que le tronc
de l'arbre prenoit ſon plaiſir a pouſſer les branches vers le chemin ; par ce que c'eſtoit la partie
la plus aërée : i'apperçeu auſſi que les arbres de la
circóference de la foreſt ſe iettoyét &courboyent
ou s'enclinoyent deuers le coſté des terres , comme ſi les autres arbres leurs eſtoyent ennemis: &
a la verité bien ſouuent il y a pluſieurs arbres fruitiers tant és iardins que autres lieux qui ſont cour-
bez,pour cauſe de l'ombre de leurs voiſins, autres
arbres deſquels ils n'ayment eſtre accompagnez.

Theorique.

Par tes propos tu veux dire qu'apres que les
feuilles, fruits & branches des arbres & plantes,
ſont pourries, elles ſe peuuent reduire en pierre.

Practique.

Ie l'ay dit, & encores plus comme tu peux a-
uoir entendu au diſcours des metaux, que non
ſeulement les choſes putrifiées ſe peuuét lapifier,
ains ſe peuuent petrifier au parauant la putrefaction, comme tu as veu par les bois & coquilles,
& t'oſe dire encore qu'il n'y a nulle eſpece de terre
qui ne ſe puiſſe naturellement petrifier par l'effait
du cinqieſme elemét duquel i'ay tant parlé cy deſſus. Theorique.

Et le tripollit,qu'eſt-ce?ſe peut il petrifier?

Practique.

Non ſeulement le tripollit,mais auſſi l'ocre, le
boliarmeni,& tous ces mineraux qui ſont lapifiez
com-

comme la fanguine, l'orcane, & la pierre noire,
tout cela ne font que terres petrifiées, difficatiues
& aftringentes, comme vne efpece de terre figillée.　　　　　*Theorique.*

Et qu'appelles tu terre figillée?

Practique.

Terre figillée eft autrement appellée terre lemnie, aucuns luy attribuent ce nom a caufe du lieu
ou elle eft prinfe: & te faut notter que la terre
n'eft autre chofe qu'vne efpece de marne ou terre
argileufe, laquelle fe prent bas en terre, comme
font communement les terres argileufes, & les
marnes: l'on dit que ladite terre eft fort aftrin-
gente, & que par fon action elle preferue de poizon & retient les flux de fang par fa vertu aftrin-
gente: & pour ces caufes les hommes du pays ou
elle fe prend vont par chacun an ouurir la foffe, ou
le trou par ou ils defcendent pour la tirer, & en ayant tiré a leur difcretion, ils fermét le trou iufques
a l'autre année: & pour caufe qu'ils ont tribut de
ladite terre. Ils ouurent le trou auec grand pompe, accompagnéz de ceremonies. Le pays ou ladite terre fe prend, eft a prefent occupée par le Turc,
qui caufe qu'il en prend le proufit, & fe vent ladite terre par trochifques marquées des armoiries
du Turc. Voila pourquoy l'on l'appelle terre felée, & me femble que ce feroit mieux dit terre ca-
chetee, & parce qu'elle eft appellée terre marquée
ou cachetée, cela me fait croire qu'elle eft molle

quand

quand on la tire, comme cōmunēment eſt la terre
d'argile: car cōbien qu'elle ſoit aſſez dure & qu'on
la porte ſouuent a grand mottes ſur les eſpaules,
ſi eſt ce qu'elle eſt humide, en telle ſorte quelle
ſe peut ayſément cacheter. Venons a preſent a la
cauſe de ſon vtilité, d'òu eſt-ce que peut proceder
vne telle vertu ? Si tu as bien entendu le propos
que i'ay dit ſur les congelations, tu connoiſtras
que la vertu de ladicte terre ne procede, ſinon des
eaux communes & congelatiues, qui ayans perçé
a trauers des terres, iuſques a ce qu'elles ont trouué quelque rocher pour s'arreſter au lieu ou les
eaux ſe ſont arreſtées, la terre ſubtile & fine qui là
eſtoit a retenu la vertu de l'eau congelatiue, & là
s'eſt fait vne aſſociation & ligature, ſçauoir eſt la
terre & l'eau ont fait vne decoction moderée, &
cōmencement de petrificatiō, & en ce faiſant ont
laiſſé courir, deſcendre ou exaler l'eau commune,
& n'eſt demeuré parmy la terre que l'eau congelatiue, qui a perdu en ſe congelant la couleur & apparence qu'elle auoit au parauāt, & a prins la meſme couleur de la terre ou elle s'eſt iointe, & par ce
qu'elle n'eſt encores venue en ſa parfaite decoctiō
ou petrification, il eſt certain qu'eſtant prinſe par
la bouche, la vertu de l'eau congelatiue qui eſt en
elle ſe vient a diſſoudre a la chaleur & humidité de
l'eſtomac, & alors les matieres eſtant liquides, le
corps fait ſon proufit de la matiere congelatiue,
qui eſtoit en la terre, & la terre eſt enuoyée aux
excre-

excrements ſelon le cours ordinaire. Voila qui te
doit faire croire que ceſte eau congelatiue eſt de
nature ſalſitiue, comme ie t'ay fait entendre cy
deſſus, que le venin des ſerpents eſt gueri par la
vertu de la ſaliue, a cauſe du ſel. Ie t'ay allegué cy
deſſus vne iſle pleine de ſerpents, aſpics & viperes,
qui ſont en vne iſle appartenant au ſeigneur de
Soubiſe. Ie t'ay dit auſſi que ceux qui ſont mor
duz des chiens enragez ſont gueris par l'eau de la
mer, & meſme aucuns par le lard vieux, & cela ne
ſe fait que par vne vertu ſalſitiue. Ie t'ay aſſez don
né a entendre (en parlant des ſels) que tous ſels ne
ſont pas mordicatifs, ou acres, afin de te faire entendre que ie ne veux pas dire par là, que la vertu
ſalſitiue de la terre ſallée ſoit d'vn ſel commun:
ains ie veux ſeulement dire que ſon action n'eſt
cauſée que par vne vertu ſalſitiue.

Theorique.

Ie te prie me dire s'il ſeroit poſſible de trouuer
en France quelque terre qui fiſt la meſme action
que celle que tu dis : parce qu'en tous tes diſcours
tu ne faits point diſtinction des matieres qui cauſent la congelation des pierres, marnes & terres
argileuſes, & d'autant que tu attribues a la terre ſi-
gilée ſa vertu proceder de la meſme cauſe que les
terres, pierres, & marnes de ce pays, ſont congelées, pourquoy eſt ce qu'il ne ſe poura trouuer en
la France des terres qui feront meſme action, veu
qu'elles ſont cauſées d'vn meſme ſubiet ? comme
i'ay

j'ay dit.   *Practique.*

Ie ne te puis alleguer raison contraire, sinon
qu'és pays chauds, les fruits, ou pour le moins
partie d'iceux, sont beaucoup meilleurs qu'és
pays froids comme tu vois qu'és pays de France, depuis qu'on passe Paris, allant vers le Sep-
tentrion, on ne peut cueillir pompons, melons,
oranges, figues, ny oliues, ny beaucoup d'autres
especes de fruits, comme on fait és chaudes regions, & mesme les raisins ne peuuent venir en
maturité, comme ils font és parties meridio-
nales de la France, Champagne, & Picardie. Tu
sçais bien aussi que les espiceries, sucres, ne peuuent prendre accroissemét au royaume de France,
côme elle font és pays chauds. Tu sçais bien que
la casse & toute gomme odoriferantes sont prises
és regions chaudes, mesme la rubarbe & autres
simples, seruans a la medecine. Il est assez aisé a
croire que le soleil donne quelque vertu plus vio-
lente en certaines regions qu'en d'autres, &
mesme on voit qu'vne mesme region, vne mesme espece de plante operera merueilleusement
plus qu'vne autre, qui sera accreüe en mesme
pays, Ie t'ay baillé par exemple les vignes de la
Foye-Moniaut, qui sont entre saint Iehan d'An-
gely & Nyort, lesquelles vignes apportent du vin
qui n'est pas moins estimé qu'hippocras & bien
pres de là, il y a autres vignes desquelles le vin
ne vient iamais a parfaite maturitté, lequel est
                                          moins

moins eſtimé que celuy des raiſinettes ſauuages, par là tu peux penſer que les terres ne ſont
ſemblables en vertu, combien qu'elles ſe reſſem-
blent en couleur & apparence, toutesfois ie ne
veux par là conclure qu'il n'y puiſſe auoir en France de ladite terre lemnie, laquelle puiſſe faire la
meſme action que la ſigillée, & prendray argument ſur ce que les vaiſſeaux premiers faits furent
formez, comme aucuns diſent en argis,& depuis
tous les autres qui ſont formez, on les appelle
vaiſſeaux de terre d'argile, puis que l'on recouure
de la terre en tous pays ſemblable a celle d'argis,
auſſi il n'eſt pas difficile de croire qu'il ſe puiſſe
trouuer de la terre lemnie. Ie prendray autre argument plus certain: puis qu'aux iſles de Marennes,
& en la foye Moniaut, ſe cueille du vin ayant douceur & bõté d'hippocras,& que ſa bonté procede
d'vne vertu ſalſitiue que nous appellons tartare,
& qu'és pays de Narbonne & Xaintonge, il ſe fait
du ſel commun, & combien que la vertu ſalſitiue
de la terre lemnie ne ſoit pas de ſel cõmun, ſi eſt ce
que tout ainſi que comme en quelque partie de la
France, les raiſins & quelques autres fruits apportent en ſoy vne douceur autant grande que les dates, figues & autres fruits, qui viennent des regions chaudes, i'ay conclud qu'en quelque endroit
ſe pouroit auſſi trouuer de la terre lemnie, laquelle feroit la meſme action que celle que on prend
en Turquie,de laquelle nous auons parlé. Ie te diray

ray encores vne exemple, tu vois que les anciens
ont eu en grand estime le bol d'Armenie, a cause
de son action astringente, & toutesfois depuis
que l'usage en est en France, celuy mesme qui
se prend au pays : & combien qu'il se trouue en
plusieurs contrées de la France, si est ce qu'on
luy baille le mesme non de celuy d'Armenie, comme tu vois que les Latins l'appellent bollus armenus, en François bolearmeny. nous en auons encore vne autre espece qui est plus desiccatif que
le susdit, duquel les peintres font des crayons
a pourtraire, qu'ils appellent pierres sanguines,
elle est fort propre pour contrefaire les visa-
ges apres le naturel : elle est composée d'vn grain
fort subtil. Il y a autre espece de sanguine, qui
est fort dure, a cause de sa durete, on la peut tailler & pollir comme vne pierre de iaspe ou d'agate, combien qu'elle ne soit pas si dure : aucuns
on fait tailler desdites pierres pour se seruir a bru-
nir ou pollir l'or & autres choses, si tu consideres
bien ladite pierre tu connoistras qu'il n'y a difference aucune des deux especes de sanguine, sinon
que l'vne est petrifiée a cause qu'elle a plus receu
d'eau congelatiue qui l'à rendue plus pesante &
plus dure,& l'autre qui est demeurée tendre, de laquelle on fait des crayós rouges, est demeurée alterée par ce que l'eau luy deffaut au parauãt sa par-
faitte decoction,& par ce que le commencement
de nostre propos a esté seulement de parler de la

Y   marne

marne, ie te dis à prefent qu'en plufieurs lieux la
marne peut feruir a faire des crayōs blācs à pourtraire en blanc ; tout ainfi que la fanguine pourtrait des trais rouges.

Theorique.

Ie trouue ici vne chofe fort eftrange, qui eft de
ce que tu contredit à tant de millions d'hommes,
tant des paffez que des viuants, en ce qu'ils difent
tous,& le tiennēt pour chofe certaine,que la mar-
ñe & la terre d'argile eft graffe , & que les terres
font ameilleurée pour la caufe de la graiffe, qui eft
en la marne: & toy comme opiniatre inuetere,les
veus gaigner contre tous.

Practique.

Si tu auois bien confideré le propos que ie t'ay
tenu ci deffus en parlant de l'or potable,du reftau-
rēt d'or, des graiffes & des eaux,tu euffe connu par
là,que depuis que les hommes font abruuez d'vne
opinion fauffe , il eft dificile de leurs arracher de la
tefte:mefmement à ceux qui fe foucient bien peu
de confiderer les effects de nature . Te fouuient il
pas que i'ay affemblé autre fois à Paris , des plus
doctes medecins,chirurgiés & autres naturaliftes,
lefquels m'ont tous accordé que les philofophes,
phifyciens, paffez & prefens , auoyent abufé en ef-
criuant du reftaurent d'or,de l'or potable,des metaux,des eaux,& des pierres, & en plufieurs autres
inftances, defquelles tu fçais que i'ay fait lecture,
& n'ay iamais trouué homme qui m'aye cōtredit:
toutes-

toutesfois il se trouua vn alchimiste, lequel auoit
bruit de se tormenter apres l'augmentation des
metaux, pour de là venir à la mônoye. Iceluy di-ie
estoit fort mal content de ce que ie parlois de l'or
potable, pource qu'il pretédoit potager l'or pour
donner teincture à l'argent: ce qui est impossible,
sinon seulement sur la superficie pour en abuser:
& comme tu sçais que de l'abondance du cœur la
la langue parle, iceluy passionné de mes propos,
attendit que l'assemblée s'en fut allée, & puis me
vint dire qu'il sçauoit faire de deux sortes d'or po-
tables sa passió auoit causé, qu'il auoit mal entendu: car ie ne disois pas que l'or ne se peut rendre
potable, car ie sçay plusieurs moyens de le potager, mais ie disois que quand il seroit potagé, iamais ne se côuertirois en la nature humaine, pour
luy seruir de restaurét, par ce qu'il ne se peut digerer & pour reuenir à poursuyure les fauces opiniós
inueterée sur le fait des terres qu'ils appéllét grasse
ie t'allegueray la mesme raison que i'ay dit en parlant des terres argileuses, qui est qu'esdites terres
il y a deux eaux: l'vne est commune & exaltiue ennemie du feu, l'autre est congelatiue, qui cause que
la terre n'est q poussiere, qui se tient en vne masse,
qui s'édurcit au feu: ie demáderay à tous ces dictiô-
naires si l'humeur radicale qui ioinct les parties de
la terre, estoit grasse, pouroit elle endurer le feu?
ne sçait-on pas bien, que toute gresse espesse, oleagineuse brulent au feu, ne sçauons nous pas aussi

Y 2   que

que les drapiers defgraiſſent lurs draps auec de la
terre argileuſe, ou de celle de marne, ſi elle eſtoit
graſſe commet pouroit elle deſgreſſer? Il y à quelques vnsqui pour prouuer qu'elle eſtoit graſſe, ont
dit que pluſieurs puits eſtoyent fonſez de terre de
marne, voulàt par là prouuer qu'elle eſt graſſe: mais
vne telle preuue n'eſt pas bonne, car nous ſçauons
que toute eſpece de terres argileuſes, tiénent l'eau
durant le temps qu'elles ſont ſouſternées, mais e-
ſtant tirée de leur foſſe elle ne pouroit tenir l'eau,
ſinon durant le temps qu'elles ſeront molles comme paſte: mais apres que leſdites terres ſont ſuc-
cées, elles ſe viennent à diſſoudre ſoudain que l'on
les mettera dedens l'eau, & ſi elle eſtoit graſſe côme on dit, iamais elle ne ſe pouroit diſſoudre en
l'eau, non plus que le ſuif, la cire, la poix-raſine &
autres choſes graſſes. Il eſt bien certain, que ſi tu
prend deux pieces de marne, ou de terre argileuſe,
& que tu ayes deux vaiſſeaux, que l'vn ſoit plain
d'huille & l'autre d'eau, & qu'en chacun vaiſſeau tu
mette vne motte de marne, ou terre argileuſe, que
celle que tu metteras dedens l'huille, ne ſe diſſoudera iamais, mais celle qu'tu metteras dedens
l'eau, ſe crenera & ſe diſſoudera comme vne pierre de chaux, car nous ſçauons que les matieres
graſſes & oleagineuſes ſont repugnante à l'eau, &
leſdites terres ſont compoſée de matieres aucu-
ſes, parquoy il ne peuuent ſe ioindre n'y entremeller: il faut donc que ceux qui appellét les marnes

nes & terres argileuses grasses, qu'ils allent chercher autres raisons que celles qu'ils mettent en a-
uãt. S'ils appelloyét lesdites terres pateuses,ils par
leroyent beaucoup mieux & diroyent verité, car
nous sçauõs que la farine & l'eau õt telle affinité,q̃
soudain qu'elles sont entremeslées, elles se côuer-
tisset en vn corps pateux. Il les faut donc appeller
terres pateuses,& non point grasses ou visqueuses.

Theorique.

Ie trouue estrange que tu dis, que non seulement les choses putrifiées se peuuent reduire en
pierre, mais aussi aucune chose sans perdre leur
forme, comment est il possible que l'eau que tu
dis, puisse entrer dedens les corps solides, si premierement ne sont molifiées par putrefaction?

Practique.

Comment oses tu dire le contraire de ce que
i'ay dit, veu qu'en te parlant de l'escence.& forme
des pierres, ie t'ay monstre plusieurs coquilles reduites en pierre,combien que les coquilles estoyent au parauant autant solides que pouroit estre
vn vaisseau de verre,ou de quelque matiere metalique.   Theorique.

Il faudroit donc qu'il n'y eut rien qui ne fut
poreux, & si ainsi estoit les vaisseaux ne pouroyent côtenir l'eau de quelque matiere que ce soit,
& toutesfois l'on voit le contraire.

Practique.

Iẽ ne doute point que toutes choses ne soyent

poreufes, mais ces chofes qui font faites des
matieres plus condenfées ont les pores fi fubtiles
que les liqueurs ne peuuent paffer a trauers euidemment, finon par quelque accident: comme tu
as veu autrefois que quand ie voulois broyer mes
couleurs en hyuer, ie faifois chauffer la molette &
apres l'auoir pofée fur le marbre toute chaude,
icelle molette pour fa chaleur attiroit de l'eau dudit marbre, combien qu'iceluy marbre eut apparence d'eftre bien fec : voila vn argument qui te
doit faire croire que le marbre eftoit poreux, à tra
uers defquels pores, la chaleur de la molette faifoit attraction de l'humidité. Autre exemple : tu
fçais bien que les forgeurs d'armes & de taillans,
quand ils veulent endurcir les armes & taillans,
ils les font chauffer tant qu'ils foyent rouges, &
puis les mettent froidir dens l'eau, l'ors le trenchant des ferreméts & armures, deuiennét beaucoup plus dures. Ie te demande fi le fer ou l'acier,
eftant ainfi trempé, ne prenoit quelque fubftance
iufques au centre, & par toutes les parties s'ils
fe pouroyent endurcir par l'action de l'eau?
on fçait bien que non : car fi le trenchant, ou le
harnois ne s'endurcifoit que fur la fuperficie,
cela ne feruiroit de rien. Il faut donc conclure que les armures eftans chaudes, font imbi-
bées, & font attraction de quelqués eau, autre
que l'exalatiue laquelle fubuient & fe fortifie,
& pour fe monftrer, te faire mieux entendre
que

que les armures ne sont pas fortifiées par les eaux
exalatiues?Il faut que tu entendes que pour tremper lesdites armures , aucuns ont plusieurs secrets, aucuns metteront du sel dedens l'eau ou ils
veulent tremper leurs armures, aucuns metteront
des vinaigres, autres mettrôt des pierres de chaux,
autres mettront du verre subtilement broyé,& ne
fant que tu doutes que si le verre broyé ne pouuoit seruir a l'endurcissement du fer, ou acier, ie
ne dis pas qu'il y puisse seruir estant en verre,mais
estant bien broyé, le sel dudit verre se liquifie parmy l'eau cômune , & alors les armures qui y sont
trempées font leur proufit dudit sel liquifié, duquel ils font attraction pour se fortifier &non pas
de l'eau commune, car elle ne se peut fixer du
temps du feu Roy de Nauarre,il partit de Geneue
deux orfeures qui porterent en la court du sudit
Roy, vne masse & vn coutelas, au labeur desquels
ils auoyent employé l'espace de deux années pour
orner & enrichir ou tailler lesdites pieces : & parce qu'elles estoyent merueilleuses & de haut pris,
ils n'auoyent rien espargné a ce que ladite masse
& coutelas fussent forgez de bonnes estoffes : &
en cas pareil trempées en certaines eaux : qui cau-
serent vne dureté audites armes : ie ne sçay si elles
furent attrempées par le magnifique Maigret, lequel auoit bruit qu'en cherchant la generation de
l'or , ou pierre philosophale, il auoit trouué vne
eau qui causoit vne merueilleuse dureté aux ar-

Y 4   mures,

mures, ignorant donc celuy qui auoit fait la trem-
pe, ie fuyuray mon propos qui eſt que le coutelas
dont ie parle eſtoit ſi bien attrempé que l'on en
coupoit les chenets ou landiers de fer, comme lon
eut fait du bois ſans que le coutelas en receut aucun domage. voila des preuues qui te doyuent aſſez donner a entendre les propos que ie t'ay dit
ſur le fait de la marne, que comme les ſemences ne
ſont totalement nourries par l'effait des eaux có-
munes, auſſi ne ſont les metaux. Ie te donneray encores vn bel exemple pour la confirmation
de ce que i'ay dit, de ce qui cauſe la bonté de la
marne, elle cauſe auſſi la cógelation des pierres, il
y a certaines forges de fer aux Ardénes au village
de Daigny & Giuóne, autres forges au village de
Haraucourt leſquelles ne ſont diſtant pour le plus
que deux lieuës les vnes des autres, ce neàtmoins
és forges de Haraucourt ils mettent de la terre
blanche qu'ils prénent aſſez bas en terre, laquelle
ils mettent parmy la mine de fer pour aider a la
fonte d'icelle mine, & ceux la de Dagny & Giuonne, prennent pour la meſme cauſe de la pierre
de laquelle lon ſe ſert a faire de la chaux, qu'ils appellét pierre de caſtille, laquelle ils caſſent pour aider a la fonte de leurs mines cóme i'ay dit. Vois
tu pas par la vne preuue euidente, puis que les ſels
des arbres aident a faire fondre toute choſe qu'il
y a vne vertu ſalſitiue és pierres, & conſequemment és terres qui ne ſont encores lapifiées comme

me celle de laquelle l'on se sert a Haraucourt, puis
qu'elle fait la mesme action que font les pierres
de Dagny & Giuonne.

Theorique.

Il semble que tu te contredis, en ce que tu dis
quelquesfois que les pierres sont congelées par la
vertu du sel, & puis apres tu dis que c'est vne eau.

Practique.

Il me semble que tu as vne ceruelle bien dure,
car il me souuient t'auoir dit au precedent qu'on
n'a point accoustumé d'appeller l'eau de la mer
sel, combien qu'elle soit sallée : mais bien on l'appelle eau iusques a ce qu'elle soit côgelée & depuis
on l'appelle sel, on n'appelle pas aussi l'eau glacée
au parauant qu'elle soit gelée, mais estant gelée on
l'appelle glace : on n'appelle point le lait fromage
au parauant sa congelation, semblablement ie ne
puis appeller les choses susdites en autre terme
qu'é la forme, ou qu'elles sont alors que i'é ay par
lé depuis auoir escrit au precedent. Ie trouue tesmoignage certain contre ceux qui disent que la
marne ne prouffite gueres aux champs la premiere année, il est certain que si fait, autant bien que
la suyuante, moyénant qu'elle soit mise aux châps
au parauant que l'hyuer aye commencé, parce que
la marne ne peut de rien seruir, si elle n'est premierement dissoute par les gelées. I'ay esté aussi aduerty par les habitans de Champagne, de Brie &
Picardie, qu'en certains lieux, la marne n'est autre
chose

chofe que craye & d'autant qu'en plufieurs contrées defdits pays, il y a faute de pierre, & font
contrains quelquesfois de faire des murailles de
craye:quand ils trouuent quelque foffe ou elle fera bien condencée & reduite en craye, cela ne fe
peut faire en toutes marnieres, par ce qu'aucunes
ne fe peuuent tirer que par petites pieces & mefme il y en a qui font encores liquides & bourbeu-
fes. Et comme i'ay dit au precedent, ne font toutes
blanches ; ains y en a de diuerfes couleurs. As tu
pas confideré les femences qui eftant mifes dedés vne phiole, pleine d'eau elles viennét & fe pro
meinét dedés ladite eau, cóbié que la phiole foit
bien felée? & toutesfois nous tenós pour certain q̃
toutes chofes animées ne pouroyét viure fans aër,
il faut donc que l'eau & la phiole foyent tous deux
poreux, car autrément ces beftes enclofes dedens,
ne pouroyent viure. Autant en dis-ie des poiffons
de la mer, & des riuieres que fi l'eau n'auoit quel-
q̃ pore, les poifons ne pouroyont viure. As tu pas
confideré que quand le temps eft humide, & qu'il
aduient quelquesfois a plouuoir, ou neiger contre
les vitres, qu'elles ferót mouillées a trauers, par le
dedens és coftez de la chambre: cuides tu que le
foleil fut paffé a trauers des vitres, fi elles ne'ftoyent poreufes. Il eft certain que non auffi le feu ne
pouroit percer a trauers des pots & chaudieres
des metaux, s'il n'y auoit quelques pores, tu vois
auffi que combien que la coquille des œufs foit
bien

bien condencées, si est-ce qu'estants mises sur la
braise il pleurent certaines petites gouttes d'eau
a trauers de la coquille, procedante du dedens de
l'œuf.

COPPIE DES ESCRITS, QVI
sont mis au desouz des choses merueilleuses, que l'au-
teur de ce liure à preparé , & mis par ordre en son
cabinet, pour prouuer toutes les choses contenues en
ce liure: par ce qu'aucuns ne voudroyent croire, afin
d'asseurer ceux qui voudront prendre la peine de
les venir voir en son cabinet , & les ayant veu, s'en
iront certains de toutes choses escrites en ce liure.

TOVT ainsi que toutes especes de
metaux, & autres matieres fusibles,
prenants les formes des creux, ou
moules, la ou ils sont mis, ou iettez,
mesmes estans iettez en terres pré-
nent la forme du lieu ou la matiere sera iettée ou
versée, semblablement les matieres de toutes especes de pierres, prennent la forme du lieu ou la
matiere aura esté congelée. Et comme les formes
metaliques, ne sont connues iusques à ce qu'elles
soyent dehors du moule, auquel la matiere aura
esté congelée, autât en est il des matieres lapidaires,

res,lefquelles en leur premier effence, fõnt liquides, fluides, & aqueufes: & afin d'obuier aux calomnies qui pouroyent eftre faites par ignoráce,
ou par malice, n'ayant veû autre chofe que mes e-
fcrit,& plattes figures: Pour ces caufes dis-ie, ay
mis en ce lieu, en euidence vn grand nombre de
pierres par lefquelles tu pouras aifément connoiftre eftre veritables, les raifons & preuues que i'ay
mifes au traité des pierres. Et fi tu n'es du tout a-
liené de fens,tu le confefferas apres auoir eu la demonftration des pierres naturelles: lefquelles i'ay
figuré en mon liure, parce que tous ceux qui verront le liure, n'auront pas le moyen de voir ces
chofes naturelles: mais ceux qui les verront en
leurs formes naturelles, feront contrains confeffer, qu'il eft impoffible qu'elles euffent prins les
formes qu'elles ont, fans que la matiere eut efté
liquide & fluide.

Si tu veux bien entendre ce que deffus, entre au
dedens des carrieres,auquelles l'on aura tiré quantité de pierres, ou autres mineraux. Si lefdites ca-
rieres font encores demeurez voutees,tu trouueras en la plufpart d'icelles certaines mefches pendantes, & formées par les eau, qui defcendent
iournellement à trauers des terres, fus les voutes
defdits rochers. Et les eaux qui auront coulé en la
partie dextre ou feneftre,contre les mineraux defdits rochers, te donneront clairement à entendre
les preuues que verras ci apres. Par ce que tu connoiftras

noiſtras que les eaux, qui ſe ſont congelees depuis que les pierres ont eſté tirees deſdits rochers, ne, ſont ſemblables de couleur, n'y de forme, n'y de durté, à celles de la principale carriere.

Auſſi, en contemplant ce que deſſus, tu connoiſtras qu'il y a vn nombre infini de pierres, qui ont deux eſſences, & autres qui ont eſté formees par additions, le tout par matieres liquides, comme tu connoiſtras aiſément par les preuues, que ie t'ay miſes Icy par rangs.

Les pierres qui ſont congelees en l'aër, ne peuuent tenir autre forme que celles que tu vois, leſquelles ſont formees, partie d'icelles comme glaces pendues és goutieres.

Et par ce que i'ay dit, que toutes pierres ſont diaphanes & tranſparantes, ou criſtalines en leur eſſence premiere: il te faut donques entendre, que celles que tu vois ici ſont tenebreuſes, pour ce que les eaux communes iointes auec l'eau congelatiue, ont amené de la terre, ou ſable auec elles, lequel ſable ou terre eſtant congelée auec la matiere criſtaline, la rend tenebreuſe, meſmes la fait eſtre de ſa couleur, ſoit ſable ou terre; comme tu peux voir euidemment par ces figures, en conſiderant les formes d'icelles.

Tu peux auſſi iuger par icelles formes rudes & mal plaiſantes, que ce neantmoins elles ont eſté formées de matieres fluantes, en telle ſorte, que tu peux aiſément iuger lequel bout eſtoit en haut ou en en bas, comme si c'estoit vne matiere metalique.

Tu peux aussi connoiste par les autres pierres suyuantes, qu'elles ont estez formees le plat en bas, & quelles ont estez faites à diuerses fois, & par additions congelatiues, & non par croissance comme aucuns disent: les additiõs asses sont connues audites pierres.

Tu vois aussi que les pierres de platre, de talque & d'ardoise, s'esleuent, & se desassemblent par fuiellets en la forme d'vn liure : & ce d'autant que les matieres ont tombé à diuerses fois, à trauers des terres, parquoy les congelations estants faites à diuerses fois, ne se peuuent si bien lier comme si la matiere auoit esté cõgelee tout a vn coup: aussi cõme tu vois, il y à quelquefois de la terre, ou sable qui se trouuent entre deux congelations.

Par ces pierres tu peux aisément connoistre qu'elles ont esté formées a plusieurs fois & diuerses congelations adioutees, par les matieres distillantes.

Toutes ces especes que tu vois estre remplis de cailloux & diuerses especes de coquilles, ont esté formees dens terre en quelque lieu couuert d'eau, & sont les pierres de double essence : Car les coquilles & cailloux qui sont au dedens d'icelles, estoyent formez au parauant la masse & leur formation, pour ces causes, est plus poisante & plus dure que non pas la masse. Et quelque tẽps apres les eaux exalatiues s'en sont fuyes y ayãt delaissée

l'eau

l'eau congelatiue. Icelle à lapifé & petrifié les vases aufquelles eſtoyent les coquilles ou cailloux.
Et d'autant que la terre eſtoit defia alteree pour
l'abſence des eaux exalatiues, la maſſe principale
ſe trouue plus tendre & plus legere pour cauſe du
nombre des pores qui ſont en ladite maſſe.

Et ne faut que tu penſes q̃ nature ait formé leſdites coquilles ſans ſubiet: Ains te faut croire que
elles ont eſté formées par des poiſſons animez
comme les autres natures brutales, & ne dois nullement croire que ces choſes ayent eſté faites du
temps du deluge : car combien qu'il s'en trouue
ſur les montaignes ſteriles d'eau, ſi eſt-ce que
quand leurs coquilles prindrent leurs formes, il y
auoit pour lors de l'eau en laquelle y auoit pluſieurs choſes animées, leſquelles ont eſté retenues,
& ſe ſont trouuées encloſes quãd le bourbier s'eſt
reduit en pierre: tu l'entendras mieux en pourſuyuant la lecture des eſcriteaux ſubſequens.

Tu vois icy vn grand nombre de bois reduit
en pierre, lequel s'eſt petrifié dedés l'eau comme
les coquilles & ledit bois a eſté petrifié en meſme temps que la maſſe de la pierre, en laquelle ledit bois eſt attaché, & le tout n'a point eſté fait
hors de l'eau, & ne le peut eſtre.

Tu vois auſſi certaines pieces de bois qui ont
eſté petrifiées dens l'eau congelatiue, de laquelle
toutes choſes ſont commencées, & ſans laquelle
nulle choſe ne peut dire ie ſuis. Voila pourquoy
ie l'ay

ie l'ay appellé element cinqiesme, combien qu'il
deuſt eſtre appellé premier.

Pour te rendre certain que toutes choſes ſont
poreuſes, comme i'ay mis en mon liure, conſidere
ce grand nombre de poiſons armez de coquilles,
leſquelles i'ay mis deuant tes yeux, qui ſont à preſent tous reduis en pierre; & ce par la vertu de l'e-
au congelatiue, qui a penetré tout au trauers deſdites coquilles en les changeant de nature, en autre ſans leur oſter rien de leur forme.

Et a cauſe que pluſieurs ſont abreuuez d'vne
opinion fauce, diſant que les coquilles reduites en
pierres ont eſté apportées au téps du deluge, par
toute la terre, voire iuſques au ſommet des montaignes, i'ay reſpódu & reprouué vne telle opinió
par vne article cy deſſus, & afin de mieux verifier
les eſcrits de mon liure, i'ay mis deuát tes yeux de
toutes les eſpeces de coquilles petrifiées, qui ont
eſté trouuées, & tirées entre cent milliós d'autres,
qui ſe trouuét iournellemét és lieux montueux, &
au millieu des rochers des Ardennes: leſquels rochers plains de poiſſons armez de coquilles, n'ont
pas eſtés faits, ny generez depuis que la mótaigne
a eſté faite, ains te faut croire qu'au parauát que la
mótaigne fut de pierres, que ce lieu là, ou ſe trouuent leſdits poiſſons, eſtoyent pour lors eaux ou
eſtangs, ou autres receptacles d'eau, ou leſdits poiſons habitoyent, & prenoyent nourriture. Voila
pourquoy tu peux aiſément connoiſtre que i'ay
dit

dit verité, quand i'ay dit qu'il y auoit és terres douces auſſi bien trois eſpeces d'eaux, comme dans
la mer: car autrement les meſmes poiſſons qui viuent en la mer, & multiplient par habitations l'vn
auec l'autre, ils ont ſemblablement fait és montaignes, ou les armures deſdits poiſſons ſe trou-
uẽt toutes ſemblables a celles de la mer.

Et pour confirmation de ce que deſſus. Regarde toutes ces eſpeces de poiſſons que i'ay mis deuant tes yeux, tu en verras vn nombre deſquels
la ſemence en eſt perdue, & meſmes, nous ne ſçauons à preſent cõment il les faut nõmer: mais cela ne peut empeſcher qu'il ne ſoit notoire à tous,
que la forme diceux ne nous donne claire cõnoiſ-
ſance qu'ils ont eſté autre fois animes, & ces formes ne ſe peuuent faire nullement, ſi elles ne ſont
formees par choſes animees.

Il te doit ſuffire par les articles ſubſequente, que
les preuues ſont toutes notoires, que toutes pierres ſont en premieres eſſence de matieres liquides
fluides & criſtallines. Semblablement les matieres
metaliques ſont auſſi fluides, aqueuſes & criſtallines. Et tout ainſi que les pierres tenebreuſes le
ſont pour cauſe des melanges des terres & ſables
entremellez parmi la matierre eſſencielles, ſemblablement les metaux ne peuuent aucunement
apparoir diaphanes, ou criſtalins: ains ſont im-
purs pour cauſe des matieres entremellees auec
l'eſſence pure: leſquelles matieres entremeſlees

Z   ren-

rendent le metal impur, aigre & friable : ce qui
ne pouroit eftre, s'il n'y auoit vne oppofition des
terres ou fable, ou autre interpofitions : & mefmes le fouphre eft ennemi des metaux apres leur
congelation. Parquoy il faut qu'il foit mis hors
par les affineurs , aux rang des matieres excrementales.

Et pour bien t'inciter à preparer tes aureilles
pour ouir & tes yeux pour regarder, i'ay mis icy
certaines pierres & mineraux de toutes efpeces de
metaux, pour te faire entendre vn point fingulier
& de grãd poix, qui eft tel que par ces pierres metaliques mife deuant tes yeux, tu pouras aifément
connoiftre que tout autant d'alchimiftes qu'il y à
& qu'il y à eu par ci deuant, fe font trompé en ce
qu'ils ont voulu edifier par le deftructeur: d'autãt
qu'ils ont voulu faire par feu,ce qui fe fait par eau:
& par chaut ce qui fe fait par froid : qui m'à caufé
mettre ces preuues euidentes deuant tes yeux.

Notte bien ce petit argument bien prouué par
la chofe mefme & regarde bien en toutes minieres metaliques, tu trouueras fur la fuperficie du
metal vn nombre infini de pointes taillees par
faces naturellement, comme fi elles auoyent efté
taillees par artifice:dont la plus part d'icelles pointes font formees des matieres criftalines,ou pour
mieux dire , de criftal qui m'a caufé connoiftre directement & m'affeurer que iamais il ne fe forma
aucunes pointes naturellement hors de l'eau:mais
pour

pour chofes certaines toutes matieres qui font congelees dedens les eaux, fe trouuent fur la fuperficie fuperieure en forme triangulaire, quadrangulaire, ou pentagonne. Ie dis formées par vne nature merueilleufe & comme il eft donné aux vegetatiues de tenir vne ordre certain, cóme tu vois que les rofiers & groifiliers fe forment des efpines piquantes pour leur defence : auffi les matieres metaliques & lapidaires , fe forment comme vn harnois, ou corps de cuiraffe fur la fuperficie, en façon de pierres poinctues: comme il eft donné à plufieurs poiffons de fe former plufieurs efcailles, ainfi que tu vois aux efcreuices & plufieurs autres genres de poiffons.

Regarde donc fi ie fuis menteur, voit-tu pas plufieurs pieces de mines d'or & d'argent qui te monftrent euidemment qu'elles ont efté formees dans l'eau? entre les autres, n'en vois tu pas vne qui eft la premiere couche eftre de pierre, qui te monftre euidemment que la pierre à efté premierement congelée? & apres tu vois vne autre couche de mine d'argent. Et au troifieme degré, il y en à vne couche de criftal formée par pointes de diamant & puis que ie te dis, que fes formes pointues taillees à faces, ne fe peuuét former hors de l'eau, tu me confefferas donques, que la mine d'argét qui eft en la partie inferieure du criftal, eft auffi congelee au dedens de l'eau comme tu connoiftras en continuant la montre de ces chofes.

Z 2

Tu

Tu vois aussi par ces autres pierres metaliques, certaines pointes comme celles cy dessus nommees: Et toutesfois en icelles il y à plusieurs especes de metaux: comme or, argent, plomb, & cuyure, lesquelles choses sont aussi impures, à cause des terres sulphurees & autres escrements qui causent rendre les metaux aigres & freables. Et quand lesdits escrements sont discipez & separez par l'action du feu, lors lesdits metaux sont traitables, & maleables: comme on void par les metaux monnoyez.

Voici à presét vn article qui te doit faire arrester, à contempler & croire tout ce que dessus. Regarde l'ardoise que i'ay mis cy deuant tes yeux, laquelle est remplie de marcasites, formée en façon d'vn dé carré. Il est certain que l'ardoise à esté congelée dedens l'eau, & qu'au parauant sa congelation, la matiere metalique qui estoit inconnue au dedens de l'eau, s'est separée de ladite eau: comme l'huile qui n'à nulle affinité auec l'eau: & la matiere desdits marcasites qui sont formés de matieres metaliques, en se congelant & se diuisant d'auec l'eau se sont formees par faces penthagonnes & ont prins leur couleur en leur congelation. Et faut necessairement que lesdites marcasites ayent esté formez & congelez au parauant la formation de l'ardoise.

Vois-tu pas ces pierres Cristalines que i'ay mises icy, pour attestation de la plus rare & difficile demon-

demonstration qui soit en mon liure? D'autant
combien que lesdites pierres soyent autant claires , & cristalines que l'eau pure , si est ce qu'au
dedens d'icelles il y à de la matiere metalique, laquelle ne se peut aucunement connoistre dans la
masse , sinon que la matiere metalique soit mani-
festee par l'examen du feu bien chaut,comme tu
vois par vne piece de la mesme matiere qui est
deuenue en couleur d'argent apres son examen
fusible. Et par là tu te dois tenir asseuré & croire
fermement, que les metaux sont entremesléz , &
incónus parmi les eaux iusques à leur congelation.

Notte donques que les matieres metaliques
sont inconnues parmi la terre, & parmi les eaux,&
sont tellement liquides , & subtiles qu'elles pene-
trent à trauers des corps,ou matieres corporelles,
comme fait le soleil à trauers des vitres, car autrement les eaux metaliques ne pouroyent reduire
aucune forme en metail , si la forme n'estoit premierement dissipée. Nous voyóns toutesfois que
plusieurs coquilles de poissons,sont metaliques &
changees de substance,pour auoir croupi entre les
matieres metaliques,comme tu voix aussi presen-
témét plusieurs pieces de bois,qui se sont reduites
en metail pour auoir croupi parmi les eaux auquel les il y auoit des eaux metaliques.

Tu vois euidemment que toutes ces formes
de coquilles reduittes en pierres , ont esté autrefois poissons viuants & par ce que de toutes ces
                                           espe-

358

efpeces la memoire & vfage en eft perdue, ce neantmoins par les autres efpeces qui font en vfage,
fõt auffi reduites en pierres, nous pouuõs aifémét
connoiftre que nature ne fait rien de telles chofes
fans fubiet comme i'ay dit cy deffus. Et pour ces
caufes i'ay mis vn parquet à part & du genre que
tu voy eftre formé en façõ de lignes fpirale, i'en
ay veu vn qui auoit feize poulces de diametre.

I'ay mis cefte pierre deuant tes yeux pour te faire entendre, que tout ce que i'ay dit des tremblements de terre contient verité:car tu vois en cefte
pierre les effects de l'aër & de l'eau efmeus par le
feu : car combien que la pierre foit grande, ce neantmoins elle eft formeé de bien peu de matiere:
par ce que les trois elements l'ont enflée & rendue
fpongeufe en telle forte que tu vois, que fi la matiere eftoit referrée comme elle eftoit au parauant
qu'elle fut mife au feu, elle feroit cent fois plus
petite qu'elle n'eft à prefent: mais par ce qu'elle e-
ftoit liquide & bouillãte,lors que le feu à efté caufe de la tormenter, elle s'eft foudain congelée, &
l'aër qui la tenoit enflée par le mouuemét du feu,
à demeuré dedés iufques à prefent. Et voila pourquoy ladite pierre eft fi legiere qu'elle nage fur les
eaux,comme toutes autres chofes legeres.

Comme ie t'ay dit que les metaux eftoyent inconnus dens les eaux, femblablement font ils en
la terre au parauant leur congelation: & pour ces
caufes, ie t'ay mis deuant les yeux cefte grande
piece

piece de terre cuite, laquelle eſtoit formee en la
façon d'vn grand vaſe : mais quand elle à eſté touchée par le feu, elle s'eſt liquifiée, & ployé & entierement perdu ſa forme, en telle ſorte que ſi elle
eut eſté forgee toute chaude, elle ſe fut eſtendue
ſans ſe caſſer, cóme font les choſes maleables. Ne
te faut il pas bien croire par là, qu'il y à quelque
matiere metalique inconnue parmi la terre, de laquelle on fait ces vaiſſeaux? car autrement elle eut
pluſtot caſſé, que ployé.

Vois tu bien ces formes de poiſſons nommez
auaillons: ils ont eſtez trouuez en vn champ ioingnant les foreſts des Ardénes: & la partie de la terre ou ils ont eſtés trouuez, eſt fort creuſe ſur la
ſuperficie: qui m'à fait croire comme deſſus, que
les eaux s'arreſtoyent là anciennemẽt plus qu'en
nulle autre partie du champ, & leſdirs poiſſons y
eſtoyent generez & augmentez & y viuoyent
comme s'ils euſſent eſtez en la mer. Eñ la mer O-
ceane limitrophe de Xaintonge, ſe trouue grande
quantité deſdits poiſſons. Et cóme i'ay dit cy deſſus, l'eau dudit champ s'eſt exalee & tarie, & les
vaſes & poiſſons ſe ſont reduits en pierre, deſquelles s'en trouue vn nombre infini.

Et en vn autre champ, i'ay trouué vn nõbre infini de poiſſons que nous appellons ſourdons, deſquels les Michelets en enrichiſſent leurs bonnets
ou chappeaux en venants de ſaint Michiel. Et la
cauſe pourquoy les coquilles ne ſont blanches,

Z 4   com-

comme les autres, est par ce qu'il y à de la mine de fer au dedens, & parmi la terre ou lesdits poissons estoyent habitans.

Vois-tu pas icy des fruits reduits en pierre, par les mesmes causes que i'ay deduites cy dessus?

Toutes les pierres que tu vois en cest endroit, sont agates, ou cassidoines, qui ont esté autrefois terre d'argille, cóme tu verras au parquet suyuant.

Considere vn peu ces mottes de terre lesquelles ont la figure d'agate, ou Cassidoine & tu connoistras qu'elles estoyent preparees à se reduire en pierre & ne restoit plus que la decoction par laquelle les pierres viennent en perfection.

Regarde vn peu, voici deux pierres, lesquelles ont retenuz la forme des herbes sur lesquelles la matierre est tombee au parauant qu'elles fussent congelees.

Il y à des poissons & autres animaux qui ont des pierres en la teste lesquelles sont formees de matieres liquides comme les autres.

Par ces pierres cornues qui sont creuses dedens, ie prouue qu'elles ont esté plaines d'eau exalatiue, durant le temps de leur formation.

Ces pierres que tu vois ainsi plaine de trous sont formees des vases de la mer, auxquelles y auoit plusieurs poissons nómez dailles : iceux sont longs comme manches de couteaux, armez de deux coquilles:& quand la vase se reduit en pierre, lesdits poissons sont morts dedens;& la pierre est

demeuree

demeurée percee.

Et pour te monſtrer que toutes choſes formees dens l'eau, ſont par faces & autrement non.
Regarde ici la coperoſe ou vitriol, le ſalpetre &
toutes autres eſpeces de ſels, qui ſont couuertes
d'eau en ſe congelant.

EXTRAIT DES SENTENCES

Tou-

latiue & l'autre exalatiue.

La guerifon des eaux des bains,eft incertaine.28.

Les eaux qui font propres pour les taintures n'ont
leur action caufee que d'vne falfitude que les
eaux ont prife en paffant par les terres.

Les effects des eaux qui font propres pour endurcir & attremper les ferrements, ne procedent
que d'vne matiere falfitiue,qui eft efdites eaux.

Les fonteines artificielles font meilleures que les
naturelles.	57.58.59.

Il n'y à aucune eau mauuaife de foy. La caufe de la
mauuaiftie de celles qui le font, procede de la
terre du lieu ou elles paffent	18.

Les eaux des pluyes font meilleures & plus affeu-
rees que celles des fources.	58.59.

Si la terre n'eftoit foncée de pierres,ou de quelque
terre argilleufe, on ne trouueroit iamais fource
pour faire fonteine ou puits	48.49.

Les figures du cœur du bois qui font eftimees en
menuiferie & les figures qui font és marbres,
iafpes , porphires , agates , cafidoines & toutes
autres efpeces de pierres, ne font caufees que
par accident procedât de la defcente ou efgout
des eaux congelatiues.

Le poliffemét des pierres dures & compactes,réd
tefmoignage qu'elles font formees de l'eau inconnue : Et comme l'eau reprefente les Tours
Chafteaux,ou autres baftiments affis au pres de
la riuiere,auffi font les pierres polyes.

Les

Les metaux polis font le semblable par la vertu de ce cinqiesme susdit.

L'espouuantable masquaret, qui se fait en la riuiere de Dordongne, n'est causé que d'vn aër enclos, compressé par les eaux de la Garonne & de la mer, qui entre en la Gironde.   74.

Si les fleuues & fonteines des montaignes procedoyent de la mer comme lon dit, il faudroit necessairement que les eaux se partissent de la mer en quelque endroit ou elle fut plus haute que toutes les montaignes & qu'il y eut vn canal bien clos, contenant depuis la haute mer susdite, iusques au sommet des montaignes, que si le canal ne prenoit qu'au bord de la mer, l'eau ne monteroit iamais plus haut que le riuage de la mer: & si le canal qui ameneroit l'eau des fleuues au haut des montaignes se venoit à creuer, il est certain que tout le monde seroit submergé.   40. 41.

Si l'eau congelatiue n'estoit portée par la cõmune, elle ne pouroit actionner non plus.

Si toute l'eau de la terre estoit en nature congelatiue, bien-tost la terre se reduiroit en pierre.

Si en l'homme n'y auoit autre eau que la commune, ou celle de l'vrine, il ne pouroit iamais engendrer pierre en son corps.

Plusieurs eaux engendrent la pierre à ceux qui en boiuent, à cause que parmi la commune, il y à quantité de l'eau congelatiue.

                                Côme

Côme l'eau claire est propre pour receuoir toutes couleurs. Semblablement les terres blanches les peuuent aussi receuoir.

En la mer il y à trois especes d'eaux, la commune,
la salée & la vegetatiue, ou congelatiue.

La verité est contraire & se mocque de la lourdi-
se de plusieurs qui souftiennent que les glaces se forment au fond de la riuiere de Seine.

156.

Entre tous les esprits visibles, il n'en est pas vn
plus certain que l'eau commune, qui est vn tesmoignage que tous mineraux exalatifs, sont
composez de matieres aqueuses, & pour ces
causes ils sont sublimatoires.

Combien que la terre & la mer produisent iournellement nouuelles creatures, & diuerses plantes, metaux & mineraux, si est-ce que des la creation du monde, Dieu mit en la terre toutes
les semences qui y sont & seront à iamais: d'autant qu'il est parfait, il n'à rien laissé d'imparfait. 90.103.

Comme toutes senteurs couleurs & vertus sont
inconnues en la terre : aussi toutes matieres la-
pifiques & metaliques sont confuses & inconnues parmi les eaux & la terre, & ce iusques à
ce qu'elles soyét reduites en quelque forme par
vne congelation inconnue. 108.121.124.

Tous ceux qui cerchent à generer les metaux par
feu veulent edifier par le destructeur. 93.

Com-

Comme en toutes les matieres feminales de toutes chofes animees, on ne fçauroit diftinguer les os & le poil d'auec la chair, femblablement nul homme ne fçauroit connoiftre les matieres metaliques au parauant leur formation ou congelation. 121.122.

Si quelqu'vn pouuoit diftinguer les couleurs, faueurs, vertus, puis que les plantes fçauent attirer & desbrouiller de la terre, ie dirois qu'il feroit poffible à vn tel hôme faire de l'or & de l'argent. 120.135.

Les metaux n'ont aucune couleur ains font comme eau au parauant leur congelation & decoction. 91.105.

Iamais homme n'à conneu, n'y fouphre, n'y vif-argent, au parauant qu'il eut commencement de generation, non plus que on ne fçauroit voir les couleurs & fenteurs extraites de la terre par les plantes aromatiques, au parauant que lefdites plantes en euffent fait atraction. 114.121.137.

Si les matieres metaliques n'eftoyent fluides & liquides, il feroit impoffible qu'elles peuffent actionner les pierres monftreuffes, que i'ay mis en mon cabinet. 125.126.130.

Par l'action des matieres metaliques eftants encores fluides les corps de l'hôme & de la befte, & poiffons, & de toutes efpeces d'arbres & plantes, fe peuuent reduire en metail. 131.203.

L'or

L'or se peùt potager en diuerses sortes, mais non
pas pour seruir de restaurant.   178.
Potage l'or en quelque sorte que tu voudras que
si l'estomach du malade, à qui tu le donnes est
aussi chaut qu'vne fournaise ardante, la chaleur
de l'estomach en lieu de departir le potage d'or
és membres nutritifs, il le rendra à vn lingot:
car autrement l'or ne pouroit estre fixe.   143.
Les metaux se peuuent augmenter par art, mais
non pas legitimement.   95.96.97.98.99.
Antimoine est vn metail imparfait, qui cause vn
vomissement par les deux parties de l'homme,
a cause de la chaleur naturelle de l'estomach qui
le fait exaler : laquelle exalation veneneuse es-
meut tous les esprits vitaux.   145.146.
Par plusieurs especes de marcasites, ie prouue tous
metaux estre generez de matieres liquides.110.
                        111.112.122.131.
Ceux qui ont escript que les metaux croissent aux
minieres comme les arbres, n'ont rien entendu
& ont parlé contre verité.
Ceux qui disent & ont escript que les esprits inui-
sibles tuent les hommes dedens les minieres,
ont erré.
Autant qu'il y a, & qu'il y a eu d'alchimistes au
monde, se sont abusez en ce qu'ils ont pensé retenir les esprits esmeus par le feu és vaisseaux
clos & fermez.   132.
Quand vn vaisseau de terre, ou quelque metail que
                                ce soit

ce soit seroit aussi espoix qu'vne montaigne,&
qu'il y ait quelque matiere spirituelle,ou exalatiue au dedens dudit vaisseau,il faut necessairement que ledit vaisseau creue s'il est touché par
le feu , sçauoir est si ledit vaisseau n'à quelque
trou pour seruir de fuite à la matiere spirituelle
ou exalatiue, qui sera au dedens.   133.

Il seroit plus aysé à vn Alchimiste de faire tourner
en son premier estre, vn œuf pillé, broyé, ou
vne chataigne, ou nois puluerisee,que non pas
pouuoir generer les metaux.   102.

Côme l'huile dedens l'eau se separe par petits ron-
deaux: côme aussi fait le suif & toutes especes
de gresses. Aussi les matieres lapidaires & metaliques, se sçauent separer des eaux cômunes,
                         109.119.126.134.

Comme l'aër tient lieu & occupe place, semblablement fait le feu dedens les metaux fondus,
& pour ces causes le fer fondu & autres metaux
rapetissent en se congelant.   ·

Tout ainsi que Dieu a commandé à la superficie
de la terre de se trauailler à produire & germer
les choses necessaires pour l'homme & pour la
beste,il est certain que l'interieur & matrice de
la terre en fait le semblable, en produisant plusieurs especes de pierres, metaux & autres mineraux necessaires.   90.

Ceux qui lisent que les pierres estoyent crées des
le commencemét du monde errent,ne l'enten-

/   A a   dant

                                                    Com-

La terre figilée n'a aucune vertu contre la poizon
sinon a cause de l'action du sel ou eau congelatiue. 331.
Les cendres de toutes especes de bois, arbres &
arbustes sont bonnes a faire verres pour cause
du sel qui est esdits bois par les foins & pailles
168.
S'il n'y auoit du sel aux pierres elles estât calcinées
ne pouroyent seruir aux couroyeurs pour empescher la putrefaction des cuirs.
Les coquilles des poisons de la mer ne sont fort
bonnes a faire chaux, & est attestation de la
falcitude qui est en elle.
Le sel des raisins detruit le cuiure, le rendant en
vert de gris.
Il y a en toutes choses humaines vn commencement de forme soustenue par le cinqisme element & autrement toutes choses naturelles de-
meureroyent combustées ensemble sans aucune forme. 128.
Le nombre de diuerses especes de terre argileuse
est indicible. 156.
Les effaits desdites terres sont merueilleux, voire
indicibles. 257.258.259.
Toutes terres peuuent deuenir argilles.
Ceux qui disent que la terre argileuse est grasse &
visqueuse ne l'entendent pas. 254.255.
La mesme matiere qui cause argiler toutes terres
& cela mesme qui cause que la terre de marne
fait

fait produire & vegeter les fruits és terres fteriles.

Par les moyens mis en ce liure, on poura trouuer
de la terre de marne en toutes prouinces.

Toutes chofes quelqúes compactes, ou alifes
, qu'elles foyent, font porcufes.

La momie des modernes n'eft que charôgne. 167.

Le plôbufti des modernes n'eft fait au debuoir.

Les architectes & fculpteurs ne prennêt occafion
de fe glorifier finon en ce qu'ils fçauent imiter
les inuentiós des payens & veulent eftre hono-
rez comme inuenteurs.

Les œuures plus vaines des humains font les plus
eftimées.

De chofe que la langue ne peut faire atraction de
faueur, le corps n'en fçauroit prendre nourriture.   147.

Comme le côrps eft fubiect à corruption il veut
eftre nourri de chofes corruptibles 146. 147.

S'il ny auoit du cinqiefme fufdit en la prunelle de
lœuil les lunettes ne pouroyêt ayder à la veüe.312.

Tout ainfi que Dieu a ordonné qu'en chacune femence il y à toutes matieres requifes pour la
generation des nouuelles auenir, comme dens
la femence de l'œuf eft comprins le blâc, le iaune & la coquille & és noyers les noix, la robbe
d'icelle la coquille, l'arbre, fueilles & branches:
lefquelles matieres inconnues fe font apparoir
en leur maturité: femblablement la chair, les

os, le

os le sang & toutes les parties de l'homme sont
contenues & encloses en vne, & comme Dieu
à ordonné de separer les matieres de pierres en
dureté, semblablement la matiere des os de
l'hôme & de la beste sont endurcies & aussi en
partie de la matiere lapidaire: ce que l'on peut
veoir par les coquilles des œufs & par les os de
pieds de moutō & plusieurs autres bestes, desquelles les os resistent mieux au feu que nulle
pierre que l'on puisse trouuer.

Le mitridat des anciens n'estoit composé que de
quatre simples.   153.

Trois cents tant de simples que les modernes
mettent à leur mitridat ne sçauroyent s'accorder: Comme toutes les couleurs d'vn peintre
broyé ensemble n'en sçauroyét faire vne belle.
                                                   150.

Côme aussi vn bouquet de toutes fleurs ne sçauroit sentir si bon qu'vne seule rose.   150.

Plusieurs viandes broyes ensemble ne sçauroyent
estre si sauoureuses que vn chapon seul.   150.

Sans l'action de l'humidité nulle chose ne se pouroit corrompre ne putrifier.   178.

Dans les sepulcres bien sellez, les corps se tiennēt
à tousiours en la forme qu'ils y ont estez mis:
à cause de l'aër qui est enclos auec eux.

Tous arbres & autre choses vegetatiues monte-
royent directemēt en haut en leurs croisse-
mēt si ce n'estoir les accidés que i'ay mis en ce
                                            liure.

Comme les fleuues & ruiſſeaux ſont tortus à cauſe des môtaignes, auſſi les racines de tous arbres & plantes ne ſont boiteuſes que a cauſe de la poſition des pierres ou des terres qui ſont plus dures à percer a vn endroit que non pas en l'autre. 328.329.330.331.

La terre de marne eſt ennemie des plantes qui ne ſont ſemees par les laboureurs & ne les veut permettre vegeter parmi les bleds ſemez.

Le ſoulfre la geme la poix-raſine & le bitumen ne ſont autre choſe que huiles congelees.

En pluſieurs contrees & pays des terres douces lointaines de la mer, meſme au plus hauts lieux des Ardennes, il y a meſme ſemence qui eſt en la mer pour l'eſſence de toutes eſpeces de poiſſons, comme ie certifie & le prouue par les coquilles lapifiees qui ſont par millions audit pays des Ardennes & en pluſieurs autres contrees, que l'on poura veoir en ce liure.

Les vents ne ſont cauſez que par vne compreſſion d'aër.

Il y a bien peu de choſes en ce môde qui ne ſe puiſſent par art rendre tranſparantes.

La marne eſt vn fumier naturel & diuin, ennemi de toutes plâtes qui viennét d'elles meſme & generatiue de toutes ſemences qui ont eſté miſes par les laboureurs.

                                    EXPLI-

ACCRIMONIE, s'entend les choses mordicatiues, qui picquét la langue: côme aucunes especes de sels, comme la couperose, ou vitriol.

Additions, sont les matieres adioustées és pierres & metaux, congelées & attachées à diuerses fois à la premiere masse.

Aigres, sont choses qui se cassent aisément auec vn marteau.

Alizes, sont les choses serrées, comme le caillou, & le pain broyé, auquel n'à esté donné lieu de se leuer, & toutes choses qui sont si bien condécées qu'il n'y a aucuns pores apparents.

Alterées, sont les pierres imparfaites, comme la craye, le plastre, & toutes pierres legeres, ausquelles l'eau à deffailly au parauant leur parfaite decoction.

Amalgamé, est appellé par les Alchimistes l'or, quand il est dissout, & entremellé auec le vif-argent.

Antimoine, est vn metal imparfait, commencement de plomb & d'argent.

Appositions, sont les matieres terrestres entremeslées, lesquelles se mettent entre-deux congela-

gelations des pierres & metaux, & rendent en
cest endroit, la masse plus tendre & impure.

Aqueducts, sont les conduits d'eau, pour lesquels
les antiques faisoyent plusieurs arcades, pour
conduire les eaux.

Attraction, s'entend d'attirer la taincture ou la
vertu de quelque chose, comme l'eau bouillan-
te attire la couleur du bresil, & l'alun attire la sa-
liue de l'homme.

Bitumen, est vne espece de poix, de laquelle on
gresse les nauires pour resister à la pourriture: &
côbien qu'aucuns en vsent de certaine mixtion,
côme de iesme, grasse & poix-rasine, si est-ce
qu'il s'en trouue de naturel en diuerses côtrées.

Calciner, se dit de toutes choses, qui se rendent en
chaux ou en poussiere par l'action du feu.

Circonference, est la ligne qui est à l'entour d'vne
figure ronde ou quarree, & de toute figure.

Concasser, se dit des choses pillées grossement.

Concatenees, se dit des choses liées, enchainees
l'vne à lautre.

Congeler, se dit de toutes choses qui s'endurcissent apres la fonte : comme les eaux s'endurcissent au froit.

Decoction, s'entend des metaux paruenuz à leur
perfection : comme aussi les pierres quand elles sont endurcies en perfection: comme les
coquilles des noix.

Diaphane, s'entend de toutes choses claires, au
tra-

trauers desquelles on void les choses qui se pre-
sentent deuant les yeux.

Dilater, se dit des choses qui s'espandent d'vn
costé & d'autre: comme les riuieres debordées,
les arbres & plantes, cóme on voit les citrouil-
les & concombres.

Dissoudre, se dit des choses qui perdent leurs formes: comme la glace & les neiges, quand elles
sentent la douceur de temps.

Esmail, est vne pierre artificelle composée de plusieurs matieres.

Esmailler, se dit des choses qui sont peintes d'esmail liquifié ou fondu sur la besongne.

Spirale, est vne ligne faite par voute enuironnant
en forme de la coquille d'vne limace.

Esprits, ou matieres spirituelles, s'entendent l'argent vif, & toutes choses qui s'esleuent en haut
à la chaleur: Comme l'eau d'vn linge mouillé.

Euaporer, se dit des choses liquides, que lon fait
monter en haut par l'action du feu.

Fixes, sont choses qui endurent le feu iusques à la
fonte: comme fait le verre, l'or, l'argent, & autre metal.

Fossiles, sont les matieres minerales pour lesquelles recouurer faut creuser la terre.

Frangible, se dit des matieres aigres & cassables.

Fusibles, sont les choses qui se liquifient ou se
fondent, à la chaleur du feu: comme le plomb,
l'estain, & autres metaux.

Imbi-

Imbiber, se dit de choses qui pour leur alteration succent quelques matieres liquides.

Incliner, nous appellons inclination quand les vaisseaux sont pendants d'vn costé, pour tirer la liqueur de quelque chose, pour laisser le marc au fond du vaisseau.

Lamines, sont petites tablettes de plomb ou autre metal qui ont esté forgees pour calciner, ou employer à autres ouurages.

Lapifier ou petrifier, se dit des choses qui en premiere essence estoyét terre, ou eau, ou bois, qui se sont reduittes en pierre.

Liquides, se dit de toutes choses qui sont claires comme eau, ou comme le verre dedans la fournaise.

L'ocre iaune, est vne semence & commencement de fer, & en fin se rend en fer, quand il est suffisamment abreuué & nourri par les eaux, aussi tu vois que le fer rouillé retourne en couleur d'ocre.

Luter, les distillateurs & ceux qui font l'eau forte appellent lut, la terre de laquelle ils reuestent & couurent leur vaisseaux de verre, affin qu'il resistét au feu, ce qu'autrement ne pouroyent faire.

Maleables sont les choses qui endurét le marteau sans aucune fraction : comme fait l'or, & l'argent, & autres metaux dontables.

Marcasites, sont metaux imparfaits. Les matieres d'iceux se forment quelque fois en façon quarrée

rée cõme vn dé , quand elles sont congeléesS & formees dedans les eaux.

Marne, est vn fumier naturel, qui se prend en mine & quelquefois bien bas en terre , comme les carrieres de pierres & metaux.

Mordicatiues, sont appellees les choses qui picquent la langue, quasi iusques à l'inciser.

Obliques, sont lignes tortues.

Oleagineuses , sont choses qui tiennent la nature de l'huile , & s'accordent auec icelle : comme fait la cire, soulphre & poix-rasine & plusieurs autres choses.

Peintures & teintures, sont differentes: par ce que les teinctures sont toutes diaphanes, n'ayant aucun corps : & donnent couleur à l'interieur comme à l'exterieur : ce que les peintures ne peuuent faire, à cause qu'elles ont vn corps.

Pentagones, sont figures à cinq coings, Hexagones qui en ont six, Heptagones qui en ont sept, & ainsi des autres.

Petrifier, se dit des choses qui ont esté formees en bois, ou en coquilles, ou autres vegetatifs , en premiere essence, & depuis se sont reduites en pierres.

Pyramides, sont les figures pointues par enhaut, à limitation ou semblance du feu , sur lequel on à prins le mot de Pyramide.

Quadrangle, est vne forme quaree, & s'appelle quadrangle à cause des quatre coings.

Salsi-

Salfitiue ou falfitiues, font les chofes qui picquent
la langue, comme le fel, l'alun & les pierres calcinées.

Saphre, eft vne terre qui fe prent és mines d'or,
laquelle eft terre fixe autãt comme l'or mefme,
& d'icelle on fait vne couleur d'azur, en efmail.

Sel commun, eft celuy que nous mangeons ordinairement, lequel on diftingue des autres: par
ce qu'il y en à de plufieurs efpeces.

Souffleufes, font les chofes qui ne veulent receuoir
les fontes des metaux, comme terre, fable poreux, qui retiennent l'aër enclos, lequel empefche que les metaux ne prennent nettement la
forme des chofes qui font mifes dedens.

Soufterreines, font les chofes qui font fouz terre,
comme les canaux, par lefquels on fait venir les
fonteines.

Sublimer, fe dit des chofes qui s'efleuent & s'en
vont en haut en fumée, quand elles font touchées par le feu.

Sulphurées, font toutes matieres tenant du fouphre: comme font les metaux & toutes efpeces de marcaffites.

Superficies, s'entendent les chofes qui enuironnét
à l'entour quelque maffe ronde, ou quarrée, ou
d'autre forme, comme qui auroit doré quelque
piece d'argent, & que la dorure ne fuft que par
le deffus.

Tenebreufes, font les pierres aufquelles l'on ne
peut

peut rien voir au trauers, comme on fait au criftal & au verre.

Terreftres, font les matieres qui ne fe peuuent exaler, ou fublimer par l'action du feu.

Triangle, eft vne figure à trois coings.

Trochifques, font figures rondes comme pilules
& puis faittes plattes par vne compreffion faite fur la partie fuperieure.

Varenne, eft vne terre communement de couleur
rouffe (qui tient quelque peu de la nature argileufe) de laquelle on fait des moules pour toutes efpeces de fontes, & pour baftir les fourneaux & pour luter les vaiffeaux de verre.

Vifqueux vaut autant a dire comme gluant.

Vitrifier fe dit des chofes qui prennent poliffe-
ment & luftre de verre, quand elles font afpre-
ment chauffées dedens les fornaifes.

www.ingramcontent.com/pod-product-compliance
Lightning Source LLC
Chambersburg PA
CBHW061104220326
41599CB00024B/3904